DIE GRAUE EDITION
DÜRR / POPP / SCHOMMERS (Hrsg.)
ELEMENTE DES LEBENS

Neolithisches Höhlenbild – nach Hugo Kükelhaus

H.-P. DÜRR / F.-A. POPP / W. SCHOMMERS (Hrsg.)

ELEMENTE DES LEBENS

NATURWISSENSCHAFTLICHE ZUGÄNGE –
PHILOSOPHISCHE POSITIONEN

DIE GRAUE EDITION

DIE GRAUE REIHE 28

Schriften zur Neuorientierung in dieser Zeit
Herausgegeben von Prof. Dr. Walter Sauer und
Dr. Dietmar Lauermann in Zusammenarbeit mit der
Prof. Dr. Alfred Schmid-Stiftung, Zug/Schweiz

© 2000 Die Graue Edition
Prof. Dr. Alfred Schmid-Stiftung, Zug/Schweiz
SFG-Servicecenter Fachverlage GmbH, D-72127 Kusterdingen
ISBN 3-906336-28-X
Alle Rechte vorbehalten. Printed in Germany
Schutzumschlag: Werbe-Gilde Bock, Baden-Baden
Satz: Natascha Rieth, Karlsruhe
Druck: F. W. Wesel, Baden-Baden
Einband: G. Lachenmaier, Reutlingen

INHALT

Vorwort 7

Reinhard Eichelbeck
Alle Farben des Regenbogens in einem Wurm   13
oder: Was ist Leben?

Franz-Theo Gottwald
Leben – ein Problem des Forschungskontexts   43

Wolfram Schommers
Wahrheit in der Physik und Möglichkeiten der   63
Erkenntnis

Lev V. Beloussov
Die gestaltbildenden Kräfte lebender Organismen   91

Gunter M. Rothe
Von symbiotischen, elektromagnetischen und   123
informativen Wechselwirkungen im Reich
der Organismen

Roeland Van Wijk
Tote Moleküle und lebende Zelle   155

Hans-Peter Dürr
Unbelebte und belebte Materie: 179
Ordnungsstrukturen immaterieller Beziehungen.
Physikalische Wurzeln des Lebens

Lebrecht von Klitzing
Kommunikation – die Basis des Lebens   209

Jiin-Ju Chang
Substanzielle und nichtsubstanzielle Struktur 233
lebender Systeme

Hans-Jürgen Fischbeck
Zum Wesen des Lebens. 255
Eine physikalische, aber nicht-
reduktionistische Betrachtung

Gerard J. Hyland
Kohärente Anregungen in lebenden Biosystemen 279
und ihre Konsequenzen

Fritz-Albert Popp
Leben als Sinnsuche 305

Ke-Hsueh Li
Quantenkohärenz in der Biologie 337

Eberhard E. Müller
Bose-Einstein-Kondensation von Photonen: 355
Spielt sie eine vitale Rolle für das Verständnis
von Leben?

Anhang

Biographien 373

Index 381

VORWORT

Vom Altertum bis heute ist die mittlere Lebenserwartung der Bevölkerung von weniger als 20 Jahren auf weit über 70 angestiegen. Die mystischen Vorstellungen unserer Vorfahren über Leben wurden in diesen Jahrhunderten verändert und insbesondere durch die moderne Wissenschaft mit wachsender Prägnanz, bewundernswerten Detailkenntnissen und faszinierenden technischen Methoden korrigiert und zum größten Teil auch abgelöst. Man sollte meinen, daß die positive Korrelation zwischen Lebenserwartung und wissenschaftlichem Fortschritt kausal bedingt ist – so, wie das beispielsweise die epochemachenden medizinischen Erfolge nach Entdeckung und erfolgreicher Bekämpfung lebensfeindlicher Bakterien und Viren nahelegen. Die moderne Gentechnologie und Transplantationsmedizin weckt die Hoffnung, daß einer weiteren Verlängerung unserer Lebenszeit nichts im Wege steht.

Interessanterweise regt sich aber auch Widerstand. Er erklärt sich aus dem Unbehagen über den Verlust an „Menschlichkeit", beispielsweise durch die Standardisierungskonzepte einer „wissenschaftlichen" Apparatemedizin. Oft wird heute auch die Verminderung der „Lebensqualität" beklagt, was immer man darunter verstehen mag. Die Kostenexplosion im Gesundheitswesen, die verbliebene Hoffnungslosigkeit im „Kampf" gegen uralte Leiden, wie Rheuma oder Krebs, aber auch gegen neuartige Formen der Krankheit, wie Allergien oder Aids, der Wettlauf gegen Resistenzerscheinungen mikrobieller Infektionen, das vermehrte Auftreten von Gemütserkrankungen, Frustrationen und Depressionen, Umweltbelastungen, Fehlernährungen – all das sind Fanale, die eine Rückbesinnung und sorgfältige Analyse der Situation, besonders in einer Zeit scheinbar unaufhaltsamen Fortschritts, dringend nötig machen. Diese und verwandte Probleme unserer Zeit lehren uns, daß wir trotz gigantischer technischer Errungenschaften eben doch noch viel zu wenig von „Leben" verstehen.

In den Bemühungen, diese – im Mittelpunkt unserer gesellschaftlichen Entwicklung stehenden – Fragen zu klären, sollte einer sachlichen Auseinandersetzung der Vorrang gegeben werden gegenüber ideologisch verbrämten Besserwissereien oder gar latenten Inquisitionen. Es gilt auch, eine Diskussion zu führen, die Wissenschaft und Technik nicht verteufelt, sondern – im Gegenteil – die den wissenschaftlichen Fortschritt einbezieht, um unter Nutzung der modernsten Erkenntnisse die wesentlichen Fragen überhaupt erst einmal zu stellen, bevor die entscheidenden Antworten endgültig zu erwarten sind.

Das ist eines der wichtigsten Anliegen des Internationalen Instituts für Biophysik (IIB), das Vertreter der Natur- und Geisteswissenschaften aus aller Welt zur Aufbereitung und Lösung solcher Fragen zusammenführt. Das IIB hat seine Zentrale nun auf der Kulturinsel „Hombroich" etabliert, um sich den dringenden Aufgaben einer solchen „integrativen Biophysik" zu stellen, wobei die folgenden Voraussetzungen in idealer Weise erfüllt sind:

– Diese Forschung bedarf heute interdisziplinärer Zusammenarbeit.

– Sie muß unabhängig sein, frei von bürokratischen Blockaden und auf internationaler Ebene hervorragende Kräfte einsetzen können.

– Der Zugang zum modernsten Kenntnisstand der Wissenschaften muß gewährt bleiben.

– Die Forschung muß in einer Atmosphäre der Toleranz und des gegenseitigen Verständnisses stattfinden.

– Die Atmosphäre muß Kreativität entfalten lassen.

Bereits 1998 fand ein erster längerer Meinungsaustausch zwischen Biologen, Physikern und Medizinern des IIB und renommierten Wissenschaftlern deutscher Universitäten und Forschungsinstitute über ungeklärte Fragen eines Phänomens statt, das wir als „Leben" bezeichnen. Man war sich einig, daß der rein molekularbiologische Ansatz („Ist Biologie die Physik von gestern?") den Blick verengt und nicht unbedingt erweitern kann, daß die Reduktion auf die rein materielle (klassisch-atomistische) Ebene das eigentliche „Wesen" des Lebens möglicherweise sogar eher aus dem Blickfeld entfernt, anstatt die Erkenntnisse zu vertiefen. Diese Kritik soll die erstaunlichen Fortschritte der Molekularbiologie keineswegs verunglimpfen. Es soll auch nicht verkündet werden, daß „Ganzheitstheoretiker" vom Leben mehr verstehen als Biochemiker. Der Hinweis soll aber vor der Illusion schützen, daß die beeindruckenden technischen Fortschritte der Molekularpathologie notwendigerweise zu einem besseren Verständnis für „lebende Systeme" führen. Der „blinde Fleck", der beim Übergang von „ganzheitlichen Ansätzen" des Altertums zur modernen atomistischen Deutung des Lebens unausweichlich entstehen mußte, könnte sich vielmehr als das eigentliche Gebiet erweisen, dem verstärkte Aufmerksamkeit zuzuwenden ist. Entscheidende Erfolge in den Lebenswissenschaften lassen sich in Zukunft vermutlich nur in symbiotischer Kooperation von Molekularbiologie *und* integrativer Wissenschaft erzielen. Dabei dürfen Quantentheorie und Elektrodynamik nicht ausgelassen werden. Es sollte aber nicht der Eindruck entstehen, daß die zur Zeit diskutierte Form der Physik auch tatsächlich ausreicht, um Leben verstehen zu können. Denn möglicherweise werden wir bei der Analyse der komplexen Phänomene, die im Zusammenhang mit lebendigen Systemen beobachtet werden, auf Unvollkommenheiten bzw. Unzulänglichkeiten im elementaren Bereich der Physik selbst stoßen.

Diese Auffassung wurde verstärkt durch eine Klausurtagung, die das IIB im Herbst 1999 auf der Kulturinsel „Hombroich" erneut veranstaltete. Einige Biologen, Biochemiker und Physiker des IIB und Experten deutscher Forschungsinstitute und Universitäten vertieften ihre Erkenntnisse und Ansichten in den lebhaften Bemühungen, Antworten auf die berühmte Schrödingersche Frage zu finden „What is Life?"

Die Vielfalt und Originalität der Ideen, Vorschläge und Blickrichtungen dieser begeisterten Teilnehmer der Tagung, die sich in diesem Buch wiederfinden, soll und darf nicht darüber hinwegtäuschen, daß sich in *allen* Beiträgen bedeutende Gemeinsamkeiten finden, wie diese: Das Verständnis des Lebens setzt die Kenntnis *langreichweitiger Wechselwirkungen* in der äußerst komplexen dynamischen Organisation *lebender* Systeme – und nicht nur die Erforschung der Struktur *toter* Organismen – voraus. *Der Blick für das Ganze darf in einem System, das als „Ganzheit" imponiert, nicht verloren gehen.* Darin sind sich alle einig, und aus dieser neuen Sichtweise suchen die Teilnehmer – zum Teil äußerst detailliert – den Schlüssel zum Verständnis von bisher unerklärten Phänomenen wie Zellteilung, Differenzierung, Bio-Funktionalität, ..., bis hin zu „subjektiven" Eigenschaften wie „Wohlbefinden", „Krankheit", „Information", „Bewußtsein" und Evolution.

Die Reihenfolge der Beiträge wurde so gewählt, daß der Inhalt von allgemeinen Ansätzen ausgehend mehr und mehr in spezielle Abhandlungen übergeht. Die Aufsätze können natürlich auch „diagonal" mit Gewinn gelesen werden. Wer aber die Freude über die Originalität der Ideen mit der Überraschung verbinden möchte, in jedem Beitrag *wesentliche Gemeinsamkeiten* des Lebens in den vielfältigen Ausdrucksformen und Instrumenten der Autoren wiederzufinden, und wer den Horizont auch in der Sorgfalt der Details nicht aus den Augen verlieren möchte, der möge die bestehende Reihenfolge einhalten. Wir wollen nicht nur das Wissen über das, *was* geschrieben wurde, vertiefen – es zeigt bereits verblüffende Konsistenz im Aufbau eines ganzheitlichen Konzepts zum Verständnis des Lebens –, sondern uns liegt viel daran, mit den Beiträgen auf die große Bedeutung hinweisen, die dieser Thematik in der Lösung drängender Probleme unserer Zeit zukommt.

Und schließlich soll das Buch seinen Inhalt widerspiegeln: Solide, aber stets gut für Überraschungen, vielfältig, aber dennoch auf einfache Grundlagen aufbauend, widersprüchlich in einzelnen Erscheinungsformen, aber aus einem Guß, aufklärend und dennoch stets rätselhaft... C'est la vie!

Wir danken den Herren Heinrich Müller und Karl Schweisfurth für das Verständnis und die Gastfreundschaft, die wir auf der Insel Hombroich genießen konnten.

Die Autoren bedanken sich bei der Grauen Edition, die dieses Buch in Zusammenarbeit mit der Prof. Dr. Alfred Schmid-Stiftung herausgegeben hat. Einen besonderen Dank gilt Herrn Prof. Dr. Walter Sauer und Herrn Dr. Dietmar Lauermann, die als Herausgeber der Grauen Edition der Thematik ein besonderes Interesse entgegenbrachten.

Hans-Peter Dürr   *Fritz-Albert Popp*   *Wolfram Schommers*

Reinhard Eichelbeck

Alle Farben des Regenbogens in einem Wurm
oder: Was ist Leben?

Was ist Leben? Die wohl genialste Antwort auf diese Frage fand der Philosoph Friedrich Engels. „Leben", so meinte er, „ist die Daseinsweise von Eiweißkörpern." Und wer sich weiteres Nachdenken ersparen möchte, kann sich getrost auf dieser zwar nicht erschöpfenden, aber doch zumindest unwiderlegbaren Erklärung zur Ruhe setzen. Wer aber mehr über das Leben wissen und aussagen möchte, als solche Binsenweisheiten, kann sich auf eine Aufgabe gefaßt machen, angesichts derer die 12 Arbeiten des Herakles ein Kinderspiel waren.

Was also ist Leben? Eine allgemein gültige und umfassende Definition dieses in einer Fülle einzelner Aspektfacetten schillernden Begriffes gibt es zur Zeit nicht. Wir können ihn nur fragend umkreisen, seine Facetten beschreiben und so ihm behutsam und schrittweise näher kommen – ohne die Hoffnung allerdings, ihn jemals ganz erreichen und begreifen zu können.

Eine erste Annäherung läge vielleicht in der Aussage, Leben sei diejenige Eigenschaft, oder besser: die Summe all der Eigenschaften, die ein Lebewesen lebendig machen. Hierauf können wir mit einer Aufzählung beginnen, die zwar nie enden und zu einer definitiven Antwort führen wird, aber uns immerhin das Gefühl vermittelt, daß wir nicht nur ein Ziel haben, sondern ihm anscheinend sogar näher kommen.

An der Open University in Milton Keynes hat die englische Biochemikerin Dr. Mae-Wan Ho vor einigen Jahren zusammen mit ihren Studenten ein spezielles Verfahren entwickelt, mit dem man durch ein Polarisationsmikroskop Kleinstlebewesen – Einzeller, Wasserflöhe oder Fliegenlarven zum Beispiel – in einer außergewöhnlichen Farbigkeit beobachten kann. Allerdings nur, solange sie lebendig sind. Wenn sie tot sind, verlieren sie Licht und Farbe. Die Leuchtkraft ihrer Farben ist offensichtlich ein Maßstab für die Lebendigkeit von Lebewesen.

„Leben, das ist: alle Farben des Regenbogens in einem Wurm", sagte Dr. Ho 1995 in einem Fernsehinterview. „Ich denke, diese Definition ist ebenso gut wie jede andere." [1]

Und in der Tat: an vielen Beispielen in der Natur sehen wir, daß Sterbendes seine Farbe verliert. Der Mensch erbleicht im Tod, bei abgefallenem Herbstlaub weicht die Farbe der Lebendigkeit einem düsteren Braun und wird, ebenso wie bei verfaulendem Obst, am Ende zu Schwarz – das nicht umsonst bei uns als Farbe des Todes gilt.

In dem bekannten Kindermärchen vom „Gevatter Tod" wird die Lebenskraft eines Menschen durch eine Kerze symbolisiert. Wenn sie abgebrannt ist, stirbt der Mensch. In Anbetracht der Arbeit von Dr. Ho muß man sagen, daß jenes „Lebenslicht", von dem das Märchen spricht, offenbar mehr ist, als nur ein Gleichnis. Licht und Lebendigkeit gehören zusammen.

Diesen Zusammenhang bestätigt auch der Biophysiker Dr. Fritz Popp, der sich seit Jahren mit dem „Lebenslicht" – sprich: Biophotonen – beschäftigt. Anhand der Qualität ihrer Biophotonenabstrahlung kann er zum Beispiel die Keimfähigkeit – und damit die Lebendigkeit – von Getreidekörnern messen. Die Art und Weise, wie es mit Licht umgeht, zeigt, ob etwas lebendig ist oder nicht.

Mit den Mitteln der Chemie ist die Unterscheidung zwischen „lebendem" und „totem" Korn nicht möglich. Auf atomarer Ebene besteht kein Unterschied zwischen Korn und Mehl. Aber ein Sack voller Weizenkörner, die keimfähig und damit lebendig sind, bringt, wenn er ausgesät wird, ein ganzes Feld voller Weizenpflanzen hervor. Ein Sack Mehl aus gemahlenem und damit totem Weizen bringt, wenn er ausgesät wird, gar nichts hervor.

Ein Mensch, der gerade sein Leben ausgehaucht hat, ist auf atomarer Ebene genau der Gleiche wie eine Minute zuvor, als er noch lebte.

„Die Differenz zwischen einem Menschen und seiner Leiche ist das Leben", schrieb der Botaniker Johannes Reinke [2].

Anhand von Atomen läßt sich Lebendigkeit nicht definieren. Das Wesentliche an Lebewesen ist offensichtlich nicht der Stoff, aus dem sie bestehen, sondern die Organisation ihrer stofflichen Bestandteile. Sie ist es, die den Unterschied ausmacht – zum Beispiel zwischen einem Schimpansen und einem Menschen. Auf molekularer Ebene sind beide zu über 99 % gleich.

Lebewesen nehmen Stoffe auf, bauen sie in ihre Körper ein, bauen Stoffe wieder ab und scheiden sie aus: Stoffwechsel nennt man das gewöhnlich. Aber es ist mehr als nur einfach ein „Wechsel". Die Lebewesen verändern die Struktur der Stoffe und erhöhen dabei den Ordnungsgehalt, produzieren negative Entropie – auch dies eine spezifische Eigenschaft des Lebendigen. Was aber verhilft ihnen zu dieser Fähigkeit, gegen den Entropiestrom zu schwimmen?

Ganz zweifellos ihre Lebendigkeit – denn ein toter Organismus gehorcht wieder dem zweiten Hauptsatz der Thermodynamik und folgt der Fährte des Zerfalls in die Unordnung. Worin aber besteht diese Lebendigkeit? Sie ist, so könnte man nun sagen, eine Systemeigenschaft lebender Systeme, die durch spezielle Wechselwirkungen der einzelnen Bestandteile entsteht – und sich damit aus der Diskussion schleicht. Aber hier bleibt das schale Gefühl, zu früh aufgegeben zu haben und den Weg der Fragen nicht weit genug – von bis ans Ende wollen wir gar nicht reden – gegangen zu sein. Also weiter.

Lebewesen nehmen Stoffe auf, bauen daraus ihre Körper auf, verändern dabei die Struktur der Stoffe und erhöhen nicht nur den Ordnungsgehalt, sondern bilden auch eine ganz spezifische Form, eine eigene Gestalt. Sie wachsen und entwickeln sich und wandeln dabei diese Gestalt wieder, oder erhalten diese Gestalt und bleiben wie sie sind – aber alles immer in ständigem Stoffwechsel, in einem höchst dynamischen Prozeß – auch da, wo sich äußerlich nichts verändert, wo das Wachstum gewissermaßen schnellen Schrittes auf der Stelle tritt.

Die Gestalt ist nicht nur dynamisch, sie ist auch zweckmäßig, sie erfüllt bestimmte Funktionen, sie dient zu etwas. Dem Überleben zum Beispiel, das ist das mindeste, aber auch der Erbauung, dem Vergnügen, dem Selbstausdruck – bis hin zu höchst kunstvollen, artistisch-akrobatischen Formen der Selbstgestaltung. Der Biologe Adolf Portmann sprach zum Beispiel von einer „Selbstdarstellung" der Lebewesen durch ihre „Erscheinung" und vom „Darstellungswert" einzelner Merkmale oder Eigenschaften. „Selbstdarstellung ist eine der großen Funktionen des Lebendigen", so schrieb er, „und bei genauem Zusehen erfährt der Biologe, wieviele der bisher als 'elementar' aufgefaßten erhaltenden Funktionen in den Dienst der Selbstdarstellung genommen werden. Diese gehört eben selbst zu den elementaren, fundamentalen Tatsachen des Lebendigen." [3]

Und diese „Selbstdarstellung" findet dann auch noch auf der Basis sozusagen eines ästhetischen Grundkonsenses statt, der sich vor allem in der Benutzung eines besonderen Proportionsprinzips äußert, das wir als „Goldenen Schnitt" bezeichnen. Unsere Vorfahren nannten es „Proportio Divina" – die „göttliche Proportion".

In Architektur und Kunst war es früher weit verbreitet. Pythagoras soll es bereits gekannt haben, es findet sich in den Grundrissen griechischer Tempel wieder und in chinesischen Vasen, in den Schüsseln und Hüten von Naturvölkern, in den Bildern Leonardo da Vincis und den Aufzeichnungen Dürers, in einer Boing 747 und im Palast der japanischen Kaiser in Kioto.

Vor allem aber findet es sich in der gesamten belebten Natur wieder, quer durch alle Reiche, Klassen und Arten von Lebewesen, vom mikroskopisch kleinen Einzeller, einer Radiolarie zum Beispiel, bis zu den größten Lebewesen, die jemals existiert haben. Es findet sich in den Knochen eines Dinosaurierskeletts ebenso, wie in den Knochen einer menschlichen Hand, in Blättern und Blumen, in Fischen und Vögeln, im Körperbau von Käfern und im Flügelmuster eines Schmetterlings. [4]

Es ist eine uralte und universelle Formensprache, auf die sich – wie und warum auch immer – alle Lebewesen (oder jedenfalls die überwiegende Mehrheit) schon vor vielen hundert Jahrmillionen geeinigt zu haben scheinen. Wer möchte da noch ernsthaft behaupten, daß die Evolution vom Zufall regiert wird?

Das Prinzip des „Goldenen Schnitts" besteht darin, eine Strekke so zu teilen, daß der größere Teil zum Ganzen im gleichen Verhältnis steht, wie der kleinere Teil zum Größeren.

Die russische Biologin N.V. Budagovskaya fand diese Proportion bei Pflanzen im Verhältnis des photoautotrophen (Sproß) zum heterotrophen Bereich (Wurzel) – wenn sie gesund sind und unter normalen Bedingungen aufwachsen. Durch äußere Streßfaktoren aus dem Gleichgewicht gebracht, geht den Pflanzen die Beziehung zum „Goldenen Schnitt" verloren. [5]

Wenn wir uns das eindrucksvolle „Augenmuster" auf dem zum Rad entfalteten Schweif eines Pfaus anschauen, dann stellen wir fest, daß die „Augen" nicht beliebig verteilt sind, sondern sich jeweils genau auf den Schnittpunkten logarithmischer Spiralen befinden. Diese logarithmische Spirale – ebenfalls ein Kind des „Goldenen Schnitts" – findet sich in der Natur häufig: im Schneckenhaus ebenso wie in der Muschelschale, bei den vor Jahrmillionen ausgestorbenen Ammoniten und bei ihrem zeitgenössischen Verwandten, dem Nautilus oder Perlboot, in den Blütenständen der Sonnenblumen und Margeriten, in der Anordnung der Samen im Kiefernzapfen und in der Abfolge der Blattstände bei unzähligen Pflanzen.

Bei ihren Blüten fallen die radialsymmetrischen Formen als erstes ins Auge. Sie haben mehrere Symmetrieachsen, die vom Mittelpunkt nach Außen streben. Am häufigsten findet man die Fünfeck-Zehnecksymmetrie, dann folgt die Dreieck-Sechseck-Zwölfeck- und als Schlußlicht schließlich die Viereck-Achtecksymmetrie.

An der Fünfzahl orientieren sich zum Beispiel alle Rosengewächse. Auf der Hagebutte erkennt man, wenn die Blütenblätter abgefallen sind, ein klares Pentagon, die Kelchblätter bilden ein Pentagramm. Die Apfelblüte zeigt 5 Blütenblätter, und im horizontal halbierten Apfel findet sich das Pentagramm im Kerngehäuse wieder. Zwischen den Spitzen des Pentagramms sind Punkte zu erkennen, die eine Ergänzung zum Zehneck andeuten. In der Geometrie konstruiert man das Fünfeck mit Hilfe von Kreis und Zehneck. Verfährt die Pflanze hier ähnlich?

Es sind vor allem die zweikeimblättrigen Pflanzen, die Fünfeck- und, weniger häufig, auch Vierecksymmetrien zeigen. Die Einkeimblättrigen bevorzugen die Dreieck-Sechsecksymmetrie, besonders deutlich zu erkennen bei Tulpen und Lilien. Warum ist das so? Eine Frage, auf die man zur Zeit von den Biologen noch keine befriedigende Antwort bekommt.

Natürlich finden sich diese harmonischen, radialsymmetrischen Formen nicht nur bei Pflanzen. Vor allem auch bei Meerestieren, bei Seesternen beispielsweise, Quallen und Radiolarien, sind die Vier- Fünf- und Sechsecksymmetrien in unzähligen Variationen vertreten.

Die Dreieck-Sechseck-Zwölfeck- und die Viereck-Achtecksymmetrie findet sich auch in der Welt des Unbelebten, beim Wachstum der Kristalle wieder. Die Fünfeck-Zehnecksymmetrie, die in der Welt des Lebendigen überwiegt, ist dort hingegen extrem selten zu finden. Auch sie ist ein Kind des „Goldenen Schnitts".

Wäre dies also eine neue Definition für „Leben": lebendig ist, was die Proportion des „Goldenen Schnitts" benutzt? Leider müßten wir unsere eigene Art dann aussortieren – im menschlichen Bereich ist die „Proportio Divina" nämlich inzwischen aus der Mode gekommen. Unsere Kreditkarten liegen mit einem Seitenverhältnis von 1,5 (statt 1,6) ebenso knapp daneben, wie das neue Fernsehformat von 16:9 (statt 16:10). Von Architektur und Kunst ganz zu schweigen.

Morphogenese – die Bildung geordneter Formen und Gestalten, ist also ein wesentliches Merkmal des Lebendigen. Aber natürlich gibt es auch in der unbelebten Natur geordnete Formen und Muster – zum Beispiel beim schon erwähnten Kristallwachstum, oder bei von Wind oder Wellen geformten Sandriffeln. Wenn sich beim Erhitzen von Wasser wabenförmige Strukturen bilden, oder bei bestimmten chemischen Reaktionen spiral- oder kreisförmige Muster. Worin also besteht der Unterschied?

Bei all diesen Beispielen entsteht keine höhere Ordnung – es wird lediglich die in den chemischen Eigenschaften der Stoffe bereits vorhandene, „implizite" Ordnung gemäß den physikalischen Umweltbedingungen zum Ausdruck gebracht, und damit zu einer „expliziten" Ordnung (um Begriffe des Physikers David Bohm zu gebrauchen) – nicht aber zu einer Höheren. Diese Muster und Formen sind durch die Gesetze der Physik und Chemie hinreichend zu erklären – die Formen und Muster von Lebewesen hingegen nicht.

Alle Lebewesen benutzen die gleichen Grundstoffe für den Aufbau ihrer Körper – aber alle sind verschieden, auch unter gleichen Umweltbedingungen im gleichen Lebensraum. Sie alle halten sich selbstverständlich an die Naturgesetze, an die

Regeln der Physik und Chemie, ebenso wie ein Ingenieur, der ein Auto baut. Aber ebensowenig wie beim Auto ist ihre Entstehung und Formbildung allein durch die chemischen und physikalischen Naturgesetze zu erklären. Und schon gar nicht ihre erstaunlichen Verwandlungen im Verlauf der Evolution.

Was also – oder wer – ist verantwortlich für die Formbildung bei Lebewesen? Die Mehrheit der heutigen Naturwissenschaftler meint: die Gene. Extremisten, wie der englische Biologe Richard Dawkins, haben sie zu egoistischen kleinen Monstern hochstilisiert, die sich vielzellige Körper, auch menschliche, als „Überlebensmaschinen" basteln, und sie nach eigenem Gutdünken steuern und manipulieren: „Sie sind in dir und in mir, sie schufen uns, Körper und Geist; und ihr Fortbestehen ist der letzte Grund unserer Existenz." [6]

Sind es also die Gene, die uns formen und lebendig machen? Nüchtern betrachtet sind sie leider nur molekulare Strukturen auf der DNS, die ohne ihre Enzymgenossen völlig hilflos sind und von denen man mit Sicherheit nur weiß, daß sie „Baupläne" (der Ausdruck ist schon fast zu hoch gegriffen, Schablonen wäre zutreffender) für die Herstellung von Proteinen sind, oder Ein- und Ausschaltsequenzen für deren Kopierung. Und wenn man die klangvollen Namen – „Hox-Gene", „Homöogene", „Selektor"- und „Realisator-Gene", „Morphogene", und so weiter – einmal beiseite läßt, dann bleiben Moleküle, die von Molekülen reguliert werden, die von Molekülen reguliert werden...

Aber irgendwo in dieser molekularen „Hierarchie" muß dann einmal jemand oder etwas kommen, der oder das weiß, worum es eigentlich geht – nämlich einen Menschen zu bauen oder eine Maus, eine Katze oder einen Hund, eine Mücke oder einen Elefanten. Und wenn das auch Gene, sprich: Moleküle sind, dann müssen diese Moleküle intelligent sein. Intelligenter sogar als der intelligenteste menschliche Ingenieursverstand. Denn kein Mensch könnte bislang ein Lebewesen

– und nicht einmal das Einfachste – nachbauen. Wo aber sitzt bei den Genen, sprich: Molekülen, diese gewaltige Intelligenz?

Drosophila-Larven, bei denen bestimmte Gene beschädigt wurden, zeigen formale Mißbildungen – es fehlt beispielsweise der Kopf. Aber ist das schon ein Beweis dafür, daß diese Gene auch tatsächlich den Kopf produzieren? „Erbgesunde" Larven, die einem statischen Magnetfeld ausgesetzt wurden, das die Gene nicht verändert, waren ebenfalls mißgebildet und zum Teil kopflos. Wenn ich Teile eines Fernsehapparates demoliere, bekomme ich kein einwandfreies Programm mehr. Aber ist das ein Beweis dafür, daß der Fernsehapparat das Programm produziert?

Daß die Gene bei der Formbildung eine Rolle spielen, ist anzunehmen – aber daß sie die Alleinverantwortlichen sind, ist höchst zweifelhaft. Ein wesentliches Indiz dafür ist das „Gleiche Gene – andere Form, andere Gene – gleiche Form" - Paradox: der offensichtliche Mangel an Übereinstimmung zwischen der genetischen Struktur, dem Genotyp, und den äußeren Merkmalen, für die sie verantwortlich sein sollen, dem Phänotyp.

Bei manchen Tierarten, die äußerlich kaum voneinander zu unterscheiden sind, gibt es große Unterschiede im Genom, bei einigen Salamandern zum Beispiel, während andere, wie Menschen und Menschenaffen, deren Genom sehr ähnlich ist, eine sehr unterschiedliche Gestalt aufweisen.

Bei einigen Ameisen- und Termitenarten gibt es auffallende Unterschiede zwischen einzelnen Tieren – Arbeitern und Soldaten zum Beispiel – und doch haben alle die gleichen Gene.

Und warum gibt es bei einigen Tierarten so frappierende Unterschiede zwischen Männchen und Weibchen? Wobei einige Fischarten sogar in der Lage sind, von der einen in die andere Form zu wechseln.

Die Larven verschiedener Insektenarten sind oft kaum voneinander zu unterscheiden – während zwischen den Larven und dem erwachsenen Insekt große formale Unterschiede bestehen. Für viele Meeresbewohner gilt dies ebenfalls – die Garnele Peneus Potirim mag hier als Beispiel dienen.

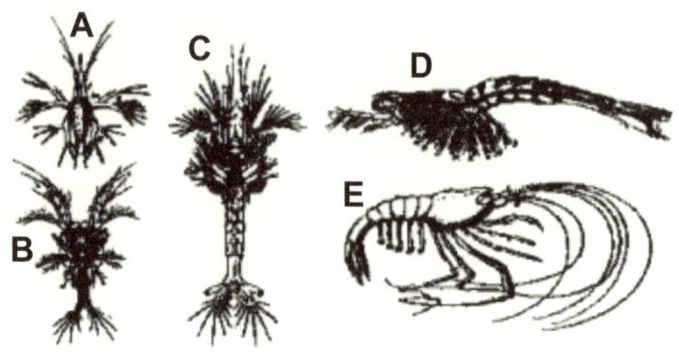

Verschiedene Larvenstadien (A - D) und die erwachsene Form (E) der Garnele *Peneus Potirim*. Nicht maßstabsgerecht.
Aus: August Weismann, „Vorträge über Descendenztheorie".

Wie kommt dieser seltsame Formenwandel zustande? Durch Anpassung? Durch Selektion? Alle Formen sind und waren überlebensfähig, wurden und werden also von der Selektion geduldet, oder gar „gefördert". Worin liegt dann aber der Selektionsvorteil der Verwandlung? Und wie steht es mit der Anpassung? Die Tiere leben in der gleichen Umgebung – und wie sollen sich durch Anpassung an die gleichen Lebensumstände unterschiedliche Formen entwickeln? Und ihre Gene sind ebenfalls identisch. Die darwinistischen Standardbegriffe können hier keine befriedigende Erklärung liefern.

Sogar bei Angehörigen unterschiedlicher Stämme – Muscheln und Ringelwürmern zum Beispiel – sind die Larven oft sehr ähnlich. Nicht nur äußerlich, sondern auch in ihrem inneren

Aufbau. Ungleiche Gene – ähnliche Form, gleiche Gene – unterschiedliche Form.

Ferner gibt es oft erhebliche Unterschiede bei Blüten auf ein und derselben Pflanze. So findet man häufig Viereck-, Fünfeck- und Sechsecksymmetrien auf dem gleichen Zweig – beim Jasmin zu Beispiel. Und gerade in dem Bereich, wo es um formale Schönheit und „künstlerisches Design" in der Natur geht, kann bis heute noch niemand erklären, wie die Gene solche schöpferischen Leistungen zustande bringen könnten.

Diese und andere Erfahrungstatsachen sprechen eher dagegen, daß die Gene die Haupt- oder gar Alleinverantwortlichen für Eigenschaften und Aussehen sind. In allen Zellen des menschlichen Körpers befinden sich die gleichen Gene – aber die Zellen selbst unterscheiden sich zum Teil ganz erheblich voneinander: Knochen- und Muskelzellen beispielsweise. Die gleiche Art von Zellen baut mit den gleichen Genen und Proteinen einmal eine Hand und einmal einen Fuß – und dann das gleiche noch einmal seitenverkehrt. Einen Daumen oder einen kleinen Zeh, ein Ohr oder eine Nase. Woher wissen die einzelnen Zellen, was sie zu bauen haben?

Und warum wissen sie es manchmal offenbar nicht? Wie kommen die sogenannten „spontanen Atavismen" zustande, wenn beispielsweise bei Pferden ein Rückfall in die dreizehige Fußform ihrer ausgestorbenen Vorfahren auftritt? Oder bei Menschen ein Stummelschwanz, in Erinnerung an unsere affenschwänzigen Ahnen aus der Primatenzunft? Oder bei den sogenannten „Teratomen", wo an bestimmten Körperstellen Organ- oder Gewebeteile auftauchen, die eigentlich an ganz andere Stellen gehören?

„Die Gene sind sicher der Faktor, der die Produkte liefert", sagte der Genetiker Prof. Dr. Walter Nagl 1995 in einem Fernsehinterview [7], „aber erklären tun sie nichts, sozusagen."

Bei der Entwicklung der Lebewesen im Verlauf der Evolution, bei der Formbildung einzelner Individuen und vor allem bei der Embryonalentwicklung wird eine enorme, räumlich und zeitlich sehr exakt koordinierte Organisationsleistung erbracht, die einfach ein hohes Maß an steuernder Intelligenz voraussetzt. Da eine solche Intelligenz nicht irgendwie mysteriöserweise aus dem Nichts auftauchen kann, muß sie irgendwo angesiedelt sein. Und da haben wir entweder die Möglichkeit, sie in die Gene, das heißt in Moleküle, oder allgemeiner gesagt, in die Materie zu verlegen – oder aber auf eine andere, nicht materielle Ebene.

Der griechische Philosoph Aristoteles nahm an, daß die Gestalt von Lebewesen durch eine besondere formbildende Kraft hervorgerufen wird. Diese den Körper bewegende und formende Kraft war für ihn die Seele, die er auch als „Entelechie" bezeichnete. Der Körper ist das Werkzeug (griechisch: organon) der Seele. Von dieser Auffassung leiten sich unsere Begriffe Organ, Organismus und organisch ab.

Der Arzt, Naturforscher und Philosoph Paracelsus (1493 - 1541) sprach von einem „geistigen Leib" oder „Archaeus", als einer formbildenden Instanz, die den Körper baut: „Der ist gleich dem Menschen (nämlich gleich einem Baumeister, Architekten) und ist die Kraft in den vier Elementen und macht aus dem Samen einen Baum und richtet ihn auf." [8]

Paracelsus meint damit nicht einfach eine Kraft im Sinne von Energie, sondern ein geistiges Prinzip, eine schöpferische und ordnende Intelligenz.

Anfang des 20. Jahrhunderts wurde diese Idee von dem deutschen Embryologen Hans Driesch wieder aufgenommen. Er war ein Schüler Ernst Haeckels gewesen, hatte sich aber später von dem „Materialistischen Monismus" seines Lehrers abgewendet. Um die seltsame Fähigkeit der Regeneration und die erstaunlichen Vorgänge bei der Embryonalentwicklung zu erklären, griff er wieder auf den aristotelischen Begriff der „Entelechie" zurück. Er war der Meinung, daß die Gene nur die materiellen Bausteine für die Formbildung liefern, die Organisation aber von einem weder physikalischen noch chemischen Prinzip gelenkt werde, eben jener „Entelechie". Sie ist weder dem Bereich der Kraft noch des Stoffes zuzuordnen, sondern dem der Information.

In den 20er Jahren hat der Biologe Alexander Gurwitsch den Begriff des „morphogenetischen Feldes" eingeführt, um jene für die Form des Lebendigen verantwortliche „Architekteninstanz" zu beschreiben. Da dieses Feld aber, ebenso wie die „Entelechie", ein nichtmaterielles, sozusagen „metaphysisches" Gebilde ist, wurde er, genau wie Driesch, von der Mehrheit seiner Kollegen nicht ernst genommen. Und im Wirbel der unruhigen Zeit geriet das Ganze in Vergessenheit, bis der englische Biologe Rupert Sheldrake das formbildende Gespenst Anfang der 80er Jahre wieder aus der Versenkung holte.

Der Haupteinwand der materialistisch orientierten Naturwissenschaftler gegen die Existenz morphogenetischer Felder war in der Vergangenheit immer der, daß sie nicht nachweisbar seien. Und in der Tat lassen sie sich bis jetzt auch nicht direkt messen. Aber es gibt inzwischen indirekte Beweise für ihre Existenz.

In einer Reihe von Experimenten hat die englische Biochemikerin Mae-Wan Ho Fruchtfliegenembryos während einer frühen Entwicklungsphase schwachen Magnetfeldern ausgesetzt. Es entstanden dabei ähnliche Mißbildungen wie bei Gendefekten. Teils fehlte die Kopf-, teils die Schwanzregion, teils jede innere Struktur. Aufeinanderfolgende Körpersegmente waren verkürzt, oder sogar zu Spiralen aufgedreht [9]. Nach allgemeiner wissenschaftlicher Ansicht können Gene durch schwache Magnetfelder nicht verändert werden. Was also verursacht die Mißbildungen? Es liegt nahe, hier ein morphogenetisches Feld anzunehmen, dessen Form durch die Magnetfelder überlagert und verzerrt wird.

Ende der 80er Jahre haben Mitarbeiter des Schweizer Pharmakonzerns Ciba in einer Reihe von Versuchen lebende Objekte im statischen Elektrofeld getestet: Mikroorganismen, Fischeier und Samen von Pflanzen, Farnsporen zum Beispiel und Maiskörner.

Die Objekte wurden in Laborschalen eingeschlossen und dann einige Tage lang zwischen Kondensatorplatten gestellt, an die eine hohe Spannung angelegt war. Da die Platten nicht in Verbindung stehen, fließt kein Strom – es entsteht lediglich ein statisches elektrisches Feld.

Es zeigte sich nun, daß beispielsweise der Mais im Elektrofeld nicht nur besser keimte und schneller wuchs – es veränderte sich auch die Form der erwachsenen Pflanze: sie bildete, wie es ihre Vorfahren früher einmal getan haben, ganze Büschel von Kolben aus. Aus den Eiern von Regenbogenforellen, die im Elektrofeld behandelt wurden, wuchsen Fische heran, die in Gestalt und Verhalten der Wildform dieser Forellen entsprechen. Und aus den Sporen eines gewöhnlichen Wurmfarns entstand eine Farnpflanze mit Blättern, wie man sie von 300 Millionen Jahre alten Versteinerungen von Farnpflanzen kennt. [10]

Was geschieht da im Elektrofeld? Da kein Strom fließt, wird man eine chemische Veränderung der Gene im Sinne einer Mutation ausschließen können. Wenn aber die Gene nicht verändert sind, können sie auch nicht für die Veränderung der Form verantwortlich sein. Aber wer ist es dann? Auch dies ist ein ernstzunehmender Hinweis darauf, daß tatsächlich morphogenetische Felder existieren und daß sie durch elektrostatische Felder beeinflußt werden können.

Im Jahre 1917 entwickelte der Engländer D'Arcy Thompson ein Verfahren, das er „kartesische Transformation" nannte.

Dabei zeichnete er die Gestalt von Lebewesen, oder einzelne Skeletteile, in Koordinatenfelder ein und verzerrte diese dann nach bestimmten mathematischen Regeln. Die neuen Gestalten und Formen, die dadurch entstanden, entsprachen ebenfalls Lebewesen, die in der Natur vorhanden, und mit den Ausgangsformen verwandt waren. [11]

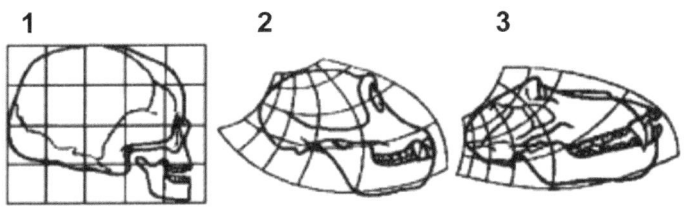

„Kartesische Transformation" eines Menschenschädels (1) in den eines Schimpansen (2) und eines Pavians (3), (nach D'Arcy Thompson)

Der menschliche Schädel ließ sich beispielsweise durch eine leichte Verzerrung in den eines Schimpansen verwandeln, und eine weitere Verzerrung erbrachte einen Pavianschädel. Das bemerkenswerte dabei ist, daß sich der Grad der Verwandtschaft am Ausmaß der Verzerrung ablesen läßt – je entfernter die Verwandtschaft, desto größer die Verzerrung.

Was D'Arcy Thompsons Arbeiten aus heutiger Sicht besonders interessant macht, ist die Möglichkeit – wenn man einmal die Existenz morphogenetischer Felder ins Auge faßt – Formen- und Artenwandel in der Natur durch einfache Koordinatentransformationen des morphogenetischen Feldes zu erklären.

Aber wie hat man sich nun ein morphogenetisches Feld vorzustellen? Wo befindet es sich? Woraus besteht es? Wie wirkt es? Wäre es möglich, daß jener größere Teil der DNS, dessen Funktion noch nicht geklärt ist, eine Art Antenne darstellt, eine molekulare Empfangsstruktur für morphogenetische Felder?

Ist also das morphogenetische Feld der „große Lebendigmacher"? Oder nur sein Instrument? Wenn die Form der Lebewesen von ihm abhängt, wem verdankt es dann selbst seine Form? Wem verdanken die Atome ihre Form? Sind sie ebenfalls Produkte morphogenetischer Felder? Alles noch offene Fragen. Aber immerhin zeigt sich hier ein neuer, vielversprechender und in die Zukunft weisender Forschungsansatz, der die Chance bietet, aus der materialistisch-mechanistischen Sackgasse herauszukommen.

Formbildung entsteht durch Wachstum – das ist auch im Anorganischen so. Aber hier, bei den Kristallen beispielsweise, sind es äußere, chemische oder physikalische Kräfte, die das Wachstum – und damit die Form – bestimmen.

Bei Lebewesen ist es anders. Ihr Wachstum ist durch innere Faktoren bestimmt, es ist koordiniert und kooperativ – setzt also irgendeine Form von Kommunikation voraus, die wiederum eine gewisse Form von Intelligenz oder Bewußtsein voraussetzt. Alles Eigenschaften, die das Lebendige vom Toten unterscheiden. Bei der Embryonalentwicklung wird dieser kooperative Wachstumsprozeß besonders deutlich.

Und wir wissen inzwischen auch, wie die Zellen eines Organismus miteinander kommunizieren: durch chemische Botenstoffe und durch Licht. So wie wir etwa bei einer Gelegenheit Briefe schreiben und bei anderer Gelegenheit, wenn es schnell gehen muß, zum Telefon greifen.

Krebszellen allerdings, das haben die Untersuchungen von Fritz Popp und anderen ergeben, kommunizieren nicht mehr mit ihrer Umgebung. Unkoordiniertes Wachstum ist die Folge, Wucherung, Mißbildung und am Ende: Zerstörung des Lebendigen – Tod. Ein lebensfeindliches Prinzip also.

Kommunikation und Kooperation sind ganz wesentliche – um nicht zu sagen: unabdingbare – Aspekte des Lebens. Sowohl des individuellen, als des kollektiven, sowohl der Ontogenese als auch der Phylogenese. Allerdings wurden sie bis vor kurzem von der schulwissenschaftlichen Biologie nur wenig beachtet. Das Konkurrenzprinzip stand – und steht weitgehend immer noch – im Vordergrund.

Charles Darwin ist in seinem Evolutionsmodell von 1859 davon ausgegangen, daß alle Lebewesen sich ungehemmt vermehren – sein erster großer Irrtum – weil ihnen „keine vorsichtige Enthaltung vom Heiraten" [12] möglich ist, und dadurch ein gewaltiger „Bevölkerungsüberschuß" entsteht. Demzufolge herrscht in der Natur ein heftiger Krieg („war of nature"), ein ständiger „Kampf ums Dasein" („struggle for life") bzw. um Nahrung und Lebensraum. Dieser Kampf ist – so Darwins zweiter großer Irrtum – besonders heftig zwischen Angehörigen der gleichen oder einer nahe verwandten Art.

Wenn nun ein Lebewesen durch irgendeine erbliche Veränderung einen Vorteil im Kampf ums Dasein bekommt, sagt Darwin, wird es sich durchsetzen, stärker vermehren und die schwächeren Artgenossen verdrängen: „die Stärksten siegen und die Schwächsten erliegen". [13]

Diesen Vorgang nannte Darwin „natural selection" (natürliche Selektion), später verwendete er alternativ dafür auch den von Herbert Spencer übernommenen Begriff „survival of the fittest" (Überleben des Tüchtigsten). Und er glaubte, daß dieser Prozeß, indem er über sehr lange Zeiträume hinweg schrittweise kleinste Verbesserungen akkumuliert, die Grundlage der Evolution bildet – Darwins dritter großer Irrtum.

Diese Sichtweise, gewöhnlich „Darwinismus" genannt, hat sich im Verlaufe unseres Jahrhunderts – wenn auch fast bis zur Unkenntlichkeit verwässert – als das mehrheitlich anerkannte naturwissenschaftliche Denkmodell der Evolution durchgesetzt. Und weil Darwin den Kampf in den Vordergrund gestellt hatte und seine Anhänger dem Meister nicht widerdenken oder gar widersprechen wollten, haben sie die kooperativen Aspekte in der Natur weitgehend verdrängt, oder, wo es sich beim besten Willen nicht übersehen ließ, in einen verkappten Egoismus umdefiniert – Stichwort: „Verwandtschaftsselektion" (kin selection). Ein Konstrukt, das auf Richard Dawkins absurder Hypothese von den „egoistischen Genen" beruht, die näher zu erläutern hier nicht der Platz ist.

Unvoreingenommene Naturbeobachtung zeigt indessen, daß Kooperation und Kommunikation in der Natur wichtiger sind als Kampf und Konkurrenz. Dafür gibt es eine Fülle eindrucksvoller Beispiele: Soziale Gemeinschaften (wie beim Wolfsrudel), Symbiosen (wie bei Flechten, Einsiedlerkrebsen und Seeanemonen), Kooperation zwischen Tieren und Tieren (wie bei den Putzerfischen, -garnelen und -vögeln), zwischen Pflanzen und Tieren (Ameisen und Akazien, Insekten und Blütenpflanzen), zwischen Pflanzen und Pflanzen (die Bäume im Wald verbinden ihre Wurzeln miteinander, so daß sie Information und Nährstoffe austauschen können), und zwischen Pflanzen und Pilzen (die Flechten und die Pilzfäden an den Wurzelspitzen) – derartiges gibt es praktisch in allen Lebensbereichen.

Ein besonders eindrucksvolles Beispiel dafür, daß Not – in diesem Fall Nahrungsmangel – nicht zu einem gnadenlosen „Kampf ums Dasein" im darwinistischen Sinne führt, sondern durch eine kooperative Strategie überwunden wird, liefert eine unscheinbare Amöbe, der Schleimpilz Dictyostelium discoideum. Der Name Schleimpilz ist ein wenig irreführend, denn es handelt sich hier nicht um einen Pilz im üblichen Sinne, sondern um einzellige Amöben, die normalerweise jede für sich allein herumkriechen, Bakterien fressen und sich durch Teilung fleißig vermehren. Nichts besonderes im Reich der Einzeller. Ungewöhnlich ist nur ihre Reaktion, wenn die Nahrung knapp wird.

Sobald eine Amöbe zu hungern beginnt, sendet sie einen chemischen Botenstoff aus. Andere Amöben, die das Signal auffangen, geben es weiter, indem sie ebenfalls diesen Botenstoff produzieren. Wenn er eine bestimmte Konzentration erreicht hat, strömen alle Amöben im Umkreis zusammen – manchmal bis zu 100000 Stück – und formen ein schneckenartiges Gebilde.

Indem sie jetzt alle koordiniert und synchron handeln, bewegen sie sich wie eine winzige Nacktschnecke, von ihren Wärme- und Lichtsensoren geleitet, in Richtung auf einen warmen, sonnigen Platz. Dort formen sie eine Halbkugel, aus der ein Stil emporwächst, der dadurch entsteht, daß einige der Amöben sich aufrichten, verhärten und absterben, andere an ihnen emporklettern, sich ebenfalls verhärten und absterben und so weiter.

Nachdem etwa 20 Prozent der Amöben sich so für die Allgemeinheit geopfert haben, klettert der Rest den Stiel empor, bildet einen Fruchtkörper und verwandelt sich in Sporen. Bei Gelegenheit platzt der Fruchtkörper auf, Wind oder Regen tragen die Sporen davon, in nahrungsreichere Gefilde, aus jeder Spore wird ein Amöbe – und das Spiel beginnt von neuem.

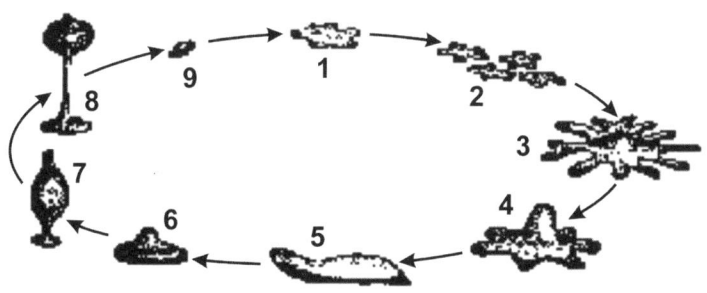

Lebenszyklus des Schleimpilzes *Dictyostelium discoideum*:
1 einzelne Amöbe, 2 Wachstum und Vermehrung, 3-4 Versammlung, 5 Wanderung, 6-7 Aufrichtung, 8 Reifer Fruchtkörper, 9 Spore.
(aus: Reinhard Eichelbeck „Das Darwin-Komplott")

Hunger und Not führen hier also nicht zu einem darwinistischen „Kampf ums Dasein", sondern werden durch eine kooperative Lösung, durch Zusammenarbeit und gegenseitige Hilfe – bis hin zum Opfer für die Allgemeinheit – überwunden.

Ich habe an anderer Stelle [14] den Aspekt der gegenseitigen Hilfe ausführlich behandelt und will hier nur noch ein weiteres, in der Natur weitverbreitetes und sehr wichtiges Beispiel anführen: die Symbiose von Pflanzen und Pilzen, die an ihren Wurzeln sitzen, sie mit Wasser und Nährsalzen versorgen und sich dafür mit Zucker belohnen lassen. Das unterirdisch wuchernde Pilzgeflecht verbindet aber auch unterschiedliche Pflanzen miteinander und gibt ihnen die Möglichkeit, Nährstoffe auszutauschen.

Botaniker an der englischen Universität Sheffield haben dies schon vor Jahren im Laborversuch nachgewiesen. Von zwei Pflanzen, einem Schaf-Schwingel (der zu den Gräsern gehört) und einem Spitzwegerich, die durch ein Pilzgeflecht verbunden waren, wurde eine unter eine Glasglocke gesetzt, und ihrer Atemluft eine Spur von radioaktivem Kohlendioxid hinzugefügt. Der von ihr produzierte, jetzt leicht radioaktive Zucker konnte dann mit einem Strahlenmeßgerät verfolgt werden. Wenn die zweite Pflanze nun dunkel gehalten wurde und „hungerte", erhielt sie über das Pilzgeflecht Zucker von der anderen Pflanze. Da beide unterschiedlichen Arten angehörten, kann man hier wohl kaum die Gene und ihre „Verwandtschaftsselektion" verantwortlich machen, wie es die Darwinisten bei Fällen akuter Kooperation so gerne tun.

Man hat bei den Ameisen von einem „sozialen Magen" gesprochen, weil alle Mitglieder eines Ameisenstaates ihre Nahrung miteinander teilen und sich bei Bedarf gegenseitig füttern. Auch Wiese und Wald bilden offenbar, mit Hilfe des Pilzgeflechts, so etwas wie einen „sozialen Magen". Das unterirdische „soziale Netz" macht aus einer Ansammlung von Pflanzen einen ökologischen Organismus.

Diese Form der Symbiose hat man bereits in 270 Millionen Jahre alten Versteinerungen gefunden, und die Biologin Lynn Margulis nimmt sogar an, daß dies eine der Voraussetzungen dafür war, daß die Pflanzen das trockene Land besiedeln konnten.

Kooperation ist die Basis des Lebens und der Evolution – das zeigt sich schon auf der Ebene einfachster Einzeller. Der amerikanische Wissenschaftler James Shapiro fand bei seinen Untersuchungen heraus, daß Bakterien organisierte Gemeinschaften bilden, in Gruppen auf Beutejagd gehen, und eher den Einzelzellen eines Organismus ähneln, als autonomen Einzelgängern. Er kam zu dem Schluß, „daß die meisten – wenn nicht so gut wie alle – Bakterien ihr Leben in Gemeinschaft verbringen." [15]

Cyanobakterien, die sich, wie Pflanzen, durch Photosynthese ernähren, leben oft in Zellketten oder gewebeartigen Kolonien zusammen. Bei Stickstoffmangel stellen einzelne Zellen ihren Stoffwechsel durch eine Art „Genmanipulation" um, und können dann auch Stickstoff aus der Luft binden und verwerten. Durch winzige Kanäle, die sie verbinden, tauschen die beiden Zelltypen der Bakterienkolonie ihre Stoffwechselprodukte aus: Arbeitsteilung, wie sie sich sonst nur bei vielzelligen Organismen findet.

Bakterien sind vermutlich die ältesten, sicher aber die erfolgreichsten Lebewesen auf unserem Planeten – und vielleicht auch noch anderswo. Und ihr Erfolg beruht offensichtlich nicht darauf, daß sie egoistische, kriegerische Monster sind, sondern auf ihrer Fähigkeit und Bereitschaft zur Kooperation. Die Bakterien waren und sind die großen „Macher" der Evolution. Ohne sie gäbe es kein Leben auf der Erde.

Nachdem die Einzeller, Bakterien und Algen, einige Milliarden Jahre lang daran gearbeitet hatten, die Voraussetzungen für die Entfaltung des Lebens zu schaffen, begann vor etwa 600

Millionen Jahren die eigentliche große Zeit der Evolution damit, daß Einzeller sich zu vielzelligen Organismen zusammenschlossen. Und auch dies ist eindeutig ein kooperatives Verhalten, das auch die Fähigkeit und den Willen zur Kommunikation voraussetzt.

Mit der Vielzelligkeit kam auch das Energieproblem. Bezogen auf das gleiche Körpergewicht braucht ein Vielzeller zehnmal mehr Energie als ein Einzeller. Bessere Methoden der Energieumsetzung waren nötig, und es entstand ein neuer Zelltypus, die sogenannte „Eucyte", der Grundbaustein aller modernen Vielzeller, einschließlich des Menschen. Sie verfügt über einen Zellkern, in dem die Erbsubstanz sicher untergebracht ist, und über eigene „Zellkraftwerke", die für die Energieversorgung zuständig sind, sogenannte „Mitochondrien". Bei den Pflanzenzellen kommen noch kleine „Photosynthesefabriken" hinzu, die sogenannten „Plastiden". Mitochondrien und Plastiden verfügen über eigene DNS und können sich eigenständig vermehren. Die Wissenschaft geht heute davon aus, daß die Eucyten ursprünglich durch den Zusammenschluß verschiedener Einzeller entstanden sind, indem eine Wirtszelle andere Einzeller aufnahm, die dann zu Mitochondrien und Plastiden wurden.

Wer oder was auch immer die Vielzelligkeit bewirkt und die Eucyten geschaffen hat – es war jedenfalls ein Prinzip, das Kooperation im Sinn hatte, nicht Kampf. Und dieses Prinzip ist immer noch wirksam, und es war und ist der eigentliche Motor der Evolution – dies zeigt sich ganz eindeutig an ihrem Ergebnis: sie hat schließlich nichts geringeres geleistet, als den Aufbau und Ausbau eines ganzen Planeten. Von einem toten Steinklotz, wie man ihn von Bildern des Mars oder Merkur her kennt, zu einem blühenden, lebendigen Kunstwerk.

Ein ständiger „Krieg der Natur", ein fortwährender „Kampf ums Dasein" kann derartiges nicht leisten. Jedes Geschehen, jeder Prozeß, bei dem die Konfrontation die Kooperation überwiegt, ist destruktiv. Andererseits muß bei jedem Aufbauprozeß die Kooperation stärker sein als die Konfrontation. Konkurrenz belebt nur dann das Geschäft, wenn sie in den Rahmen einer übergeordneten Kooperation eingebettet ist – sonst führt sie in den Ruin. Die Natur (oder die schöpferische Instanz, die sich hinter diesem Begriff verbirgt) hat das – im Gegensatz zu vielen Menschen – schon längst begriffen.

Ein Mensch kann sein Leben lang leben ohne Kampf – aber nicht ohne Kooperation. Ohne die koordinierte Zusammenarbeit der Zellen wäre sein Körper ein einziges Krebsgeschwür. Ohne die Symbiose mit seinen Darmbakterien würde er verhungern. Und das gilt für unzählige andere Lebewesen auch. Bakterien waren die Basis des Lebens am Beginn der Evolution und sie sind es auch heute noch: Verdauung – und damit fängt das organische Leben an – ist Sache der Mikroben. Und Verdautwerden – womit es endet – ebenfalls.

Leben ist Zusammenleben. Miteinander, füreinander und voneinander leben. Denn das Leben baut auf dem Leben auf, das Leben lebt vom Lebendigen – und eben vor allem auch dadurch, daß ein Lebewesen andere Lebewesen auffrißt und verdaut. Die grundsätzliche Eßbarkeit jedes Lebewesens ist eine der wichtigsten Grundlagen für die natürliche Vielfalt des Lebens. Fressen und Gefressenwerden gehört dazu, aber es ist nicht, wie manche meinen, alles im Leben. Und wie alles in der Natur muß auch dieses Prinzip differenziert betrachtet und von dem ungerechtfertigten Stigma der Grausamkeit befreit werden.

Alle Tiere fressen, aber viele werden selbst nicht gefressen, außer, wenn sie tot sind, von den Würmern und anderen Recyclingorganismen. Fast alle Pflanzen (von den „fleischfressenden" einmal abgesehen) werden gefressen, fressen aber selbst nicht.

Nicht alle Fresser fressen ihre Opfer ganz – von den Maulwürfen beispielsweise wird berichtet, daß sie die Regenwürmer oft nur zur Hälfte fressen, um dem Rest Gelegenheit zu geben, sich zu einem ganzen Wurm zu regenerieren. „Für intelligent", sagte der Verhaltensforscher Konrad Lorenz, „gilt ein Wesen mit hochentwickelter Fähigkeit, einsichtig zu handeln." Die Maulwürfe sind in diesem Sinne – wenn die Geschichte stimmt – offenbar intelligenter als die meisten Menschen.

Das Fressen und Gefressenwerden folgt in der Natur klar erkennbaren Spielregeln. Sich beschränken, anderen etwas übrig lassen und dadurch „ökologische Nischen" schaffen, in denen andere Arten Platz finden: etwas ganz selbstverständliches bei den Lebewesen dieses Planeten – wenn man vom Menschen einmal absieht.

Raubtiere fressen nur einen kleinen Teil ihrer Beutetiere – etwa 10 Prozent – sie begrenzen ihre Anzahl und verhindern dadurch, daß sie sich übermäßig vermehren und ihre Nahrungsquellen erschöpfen. Sie halten den Bestand quantitativ und qualitativ – indem vor allem Jungtiere, Alte und Kranke gefressen werden – stabil, gefährden ihn aber nicht. Unter diesem Gesichtspunkt könnte man das Verhältnis von sogenannten „Freßfeinden" durchaus als eine quasi symbiotische Beziehung ansehen. Auch hier ist die Konkurrenz offensichtlich eingebaut in ein übergeordnetes Kooperationsprinzip.

Und auch das ist ein wesentlicher Aspekt der Lebendigkeit: Lebewesen sind zur Kooperation *und* zur Konkurrenz fähig – und sie können entscheiden, welches Verhalten jeweils das Sinnvollere ist. Das Lebendige kann gestalten oder zerstören, es kann kommunizieren oder die Kommunikation verweigern – und es kann selbst darüber entscheiden, was es tun will.

Sicher gibt es dabei Grenzen – eine völlig freie Entscheidung gibt es nicht. Denn jede Freiheit ist nur ein Spielraum zwischen den Abhängigkeiten, die – von wem oder was auch immer –

vorgegeben sind. Aber kein Lebewesen ist eine Marionette – auch das Einfachste nicht.

Ein gewisses Maß an Autonomie im Rahmen eines größeren Ganzen, entsprechend der jeweiligen Entwicklungsstufe: das ist ein weiterer wesentlicher Aspekt des Lebendigseins.

Leben ist auf allen Stufen gekennzeichnet durch irgendeine Art von Entscheidungsfreiheit – wenn auch im Rahmen einer übergeordneten Gebundenheit – und dies setzt irgendeine Art von Bewußtsein voraus. Bewußtsein ist somit ebenfalls ein unverzichtbarer Bestandteil der Lebendigkeit.

Und diese beiden Aspekte haben in der Evolution des Lebens ganz offensichtlich sehr viel stärker zugenommen, als zum Beispiel die darwinistischen Tugenden Giftigkeit, Aggressivität und Fortpflanzungsmaximierung.

Nicht „Anpassung" – beliebtes Allerklärungszauberwort – war das wesentlichste Element der Evolution, sondern „Gestaltung". Sie war es, die die Welt verändert und auf den heutigen Stand gebracht hat. Und zwar von Anfang an. Die Arbeit von Photosynthese treibenden Einzellern hat unsere Atmosphäre hervorgebracht und den Ozonschild, der die harte UV-Strahlung abschirmt – unverzichtbare Grundlagen unseres Lebens.

Die Erfindung der Photosynthese war keine „Anpassung". Wenn unsere Urahnen, die Einzeller, sich nur an die „Ursuppe" angepaßt hätten – dann säßen sie immer noch dort, und die Evolution wäre ausgefallen.

Was die Evolution vorangetrieben hat, war die Erfindung von „Neuheiten" – Photosynthese, vielzellige Organismen, Kiefer und Zähne, Flossen, Beine, Flügel, Herz und Lunge, Nerven und Gehirn. Und diese „Erfindungen" standen hauptsächlich im Dienste zunehmender Autonomie, waren immer perfektere Werkzeuge, um den Zwängen der Umwelt zu entgehen, mehr Freiraum zu gewinnen und die Naturgesetze – wenn man sie schon nicht ausschalten kann – so doch wenigstens zu überlisten.

Die Schwerkraft hindert eine Raupe daran, zu fliegen – aber sie konnte sie nicht daran hindern, sich in einen Schmetterling zu verwandeln. Die Schwerkraft hindert einen Menschen daran, zu fliegen – aber sie konnte ihn nicht daran hindern, das Flugzeug zu erfinden und mit dem Gesetz des Auftriebs das Gesetz der Schwerkraft zu überlisten.

Wenn man das Nervensystem der kambrischen Würmer mit dem des Menschen vergleicht – inklusive Großhirnrinde – dann ist nicht zu übersehen, daß die Fähigkeit zur Informationsverarbeitung im Verlauf der Evolution ganz deutlich zugenommen hat. Wenn einige Wissenschaftler nicht an einen Fortschritt in der Evolution glauben, so liegt dies meiner Meinung nach daran, daß sie nur auf Überlebens- und Fortpflanzungsfähigkeit schauen – und in dieser Hinsicht hat es in der Tat keinen Fortschritt gegeben, denn die Bakterien, mit denen die Evolution begann, sind darin nach wie vor die Weltmeister. Aber wenn man die Vierrädrigkeit als einzigen Maßstab nimmt, hat es auch in der Entwicklung des Automobils keinen Fortschritt gegeben.

Nichtsdestoweniger haben in der Evolution des Lebendigen vom „Urschleim" bis zum Menschen doch offensichtlich einige andere Dinge erheblich zugenommen, vor allem: Intelligenz und Bewußtsein, kurz – die Fähigkeit zur Informationsverarbeitung – sowohl auf der Hardware- als auch auf der Softwareebene.

Ferner Schönheit, oder – da dieser Begriff ja doch einem subjektiven Geschmacksempfinden unterliegt – neutraler gesagt: ästhetische Komplexität – sowohl von Merkmalen, als auch von Eigenschaften. Bestes Beispiel: das bunte Outfit und das Balzverhalten der Vögel. Und wenn man den Bereich der

Musikalität betrachtet, dann ist auch hier ein erheblicher Fortschritt zu verzeichnen: von den Amöben zu den Amseln – und schließlich bis zu Amadeus.

Außerdem: technologische Komplexität der Merkmale, im Dienste der Autonomie und der Emanzipation von Umweltbedingungen, weit über das zum Überleben nötige Maß hinaus – wie das überwiegende Vorhandensein einfacher Lebewesen in allen Lebensbereichen zeigt: es gibt bei den Schwämmen etwa 11 % mehr unterschiedliche Arten als bei den Säugetieren. Und bei den Würmern beträgt die Zahl der Arten sogar das Achtfache.

Und, last not least, die Fähigkeit, Gefühle zu empfinden und auszudrücken, über Sexus zu Eros und Agape, bis hin zu romantischen Liebesdramen und dem Bedürfnis, die Tragödie von Romeo und Julia aufs Theater zu bringen: auch hier ist doch offensichtlich, von den Saprophagen bis zu Shakespeare, ein wesentlicher Zuwachs zu verzeichnen.

Und alles das sind Eigenschaften des Lebendigen – und beileibe keine nebensächlichen, denn sie markieren ganz markante Trends der Evolution – die zeigen, daß es dem Leben weiß Gott nicht nur um Überlebensmechanismen und Fortpflanzungsmaximierung geht. Und damit wird auch klar, daß das Leben nicht mit quantitativen und mechanistischen Begriffen, nicht mit Kraft und Stoff, nicht mit Physik und Chemie allein zu beschreiben, geschweige denn zu erklären ist. Denn es ist in seinen wesentlichsten Eigenschaften metaphysisch, metachemisch, metamateriell, metaenergetisch und metamechanistisch.

Das Leben und seine Geschichte können mithin nicht Gegenstand der Natur*Wissenschaft* sein – denn über zu viele wesentliche Aspekte ist gesichertes Wissen nicht verfügbar – sondern nur der Natur*Philosophie*. Und hier ist grundsätzlich jede Meinung zulässig, vorausgesetzt sie ist mit der Logik in Übereinstimmung und den beobachtbaren Tatsachen – sofern es welche gibt. Und niemand hat das Recht, seine Position als die allein gültige und seligmachende zu verkaufen oder gar anderen aufzuzwingen.

Ich persönlich folge in der eingangs gestellten Frage Jesus von Nazareth, der sagte: „Spiritus est, qui vivificat, caro non prodest quidqam." [16] Und des weiteren Giordano Bruno mit seinem: „Natura est Deus in rebus" [17], das ich ergänzen möchte mit einem: „Vita est Deus in materia." [18] Damit kann ich mich zur Zeit zufrieden geben – auch wenn ich dabei keineswegs das Gefühl habe, schon zu wissen, worum es eigentlich geht.

LITERATUR UND ANMERKUNGEN

[1] „Licht ist Leben", ZDF 1996.
[2] „Das dynamische Weltbild", Leipzig 1926, S. 69.
[3] Kugler, Rolf, „Philosophische Aspekte der Biologie Adolf Portmanns", Zürich, 1967, S. 36.
[4] siehe: Doczi, György, „Die Kraft der Grenzen", Glonn 1987.
[5] 2nd International Alexander Gurwitsch Conference, Moscow, September 1999.
[6] Dawkins, Richard, „Das egoistische Gen", Berlin 1978.
[7] „Jurassic Park in Nachbars Garten?", ZDF 1996.
[8] G. W. Surya, „Paracelsus", Bietigheim 1980, S. 141.
[9] Mae-Wan Ho et al., „Can weak magnetic fields (or potentials) affect pattern formation?", Open University, Milton Keynes, 1994.
[10] „Jurassic Park in Nachbars Garten?", ZDF 1996.
[11] D'Arcy Thompson, „On Growth and Form", 1917.
[12] „Über die Entstehung der Arten", Stuttgart 1872, S. 76.
[13] Ebenda, S. 316.
[14] Eichelbeck, Reinhard, „Das Darwin-Komplott", München 1999.
[15] Spektrum der Wissenschaft, August 1988.
[16] „Der Geist ists, der da lebendig macht, das Fleisch ist kein nütze." , Joh. 6 / 63, nach Luther.
[17] „Die Natur ist: Gott in den Dingen.", Dialoghi italiani, Firenze o. J., S. 776.
[18] „Das Leben ist: Gott in der Materie."

Franz-Theo Gottwald

Leben – ein Problem des Forschungskontexts

I. Erkenntnislogische und sprachphilosophische Vorüberlegungen

„Hier ist nun vor allen Dingen der Hauptpunkt zu beachten: daß alles was ist oder erscheint, dauert oder vorübergeht, nicht ganz isoliert, nicht ganz nackt gedacht werden dürfe; eines wird immer noch von einem anderen durchdrungen, begleitet, umkleidet, umhüllt; es verursacht und erleidet Einwirkungen, und wenn so viele Wesen durcheinander arbeiten, wo soll am Ende die Einsicht, die Entscheidung herkommen was das Herrschende, was das Dienende sei, was voranzugehen bestimmt, was zu folgen genötigt ist?" (Johann W. v. Goethe, 1825).

Die Geschichte menschlicher Erkenntnisbemühungen quer durch alle Kulturen belegt, daß eine Frage stets am Anfang aller Wissenschaft und Philosophie steht: „Was ist Leben?" Das jahrtausende alte und kulturgeschichtlich vielfältige Ringen um Einsichten, die ein tieferes Verständnis geben können, von dem was Leben bedeuten mag und wie Menschen mit dem Lebendigen umgehen sollten, bestätigt aber auch, daß es keine endgültige Antwort gibt auf diese Frage, was denn das Leben sei.

Kaum ein Konzept, ein Begriff, ein Wort ist mehrdeutiger als „Leben". Definitionen bewirken deshalb immer nur eine sektorale, beispielsweise philosophische, biologische oder physico-chemische Ausgrenzung und bringen prinzipiell einen Verlust an Bedeutungen mit sich. Derzeit kulminiert die kognitionswissenschaftliche Theorie lebender Systeme – zumindest in der Santiago-Theorie der Kognition, wie sie Maturana und Varela erarbeitet haben – in der Aussage, daß der Prozeß des Erkennens mit dem Prozeß des Lebens gleichzusetzen ist. Und der Blick auf die Geschichte philosophischer Annäherungen an den Begriff des Lebens bestätigt diese Auffassung, daß der denkende Mensch, als einer, dem Leben ständig widerfährt, sich nicht von diesem abheben kann. Es ist immer schon Leben, das sich an ihm, mit ihm, durch ihn vollzieht. Die Erfahrung von Leben ist dabei weder reine Selbsterfahrung noch reine Fremderfahrung. Philosophen wie Husserl, Wittgenstein und Habermas reden deshalb auch mehr von „Lebenswelt" und „Lebenspraxis" als von Leben. Sie nehmen damit Abstand von jedem Erkennen des Lebens im Sinne transzendentaler, universaler Kategorien. Statt dessen begreifen sie Leben mehr und mehr als kommunikatives Geschehen, als Erkenntnishandeln lebendiger Menschen, die Hypothesen über Leben prüfen und falsifizierbare ausschalten helfen.

All diesen erkenntnistheoretischen Bemühungen ist gemeinsam, daß die mit „Leben", „Lebenspraxis", „Lebenswelt" bezeichneten Bereiche prinzipiell im Dunkeln bleiben müssen und sich als ein a priori der Kommunikation über Leben, der Erfassung durch exakte Wissenschaft entziehen. Die moderne Philosophie setzt damit konsequent die zwei Goedelschen Theoreme um, die eine grundsätzliche Unvollständigkeit von Aussagen über das Leben und eine prinzipielle Unentscheidbarkeit postulieren.

Goedel konnte 1931 den exakten Beweis dafür bringen, daß es unmöglich wäre, eine „Wissenschaft", beispielsweise vom Leben, aus axiomatisch festgelegten Grundannahmen und einem Katalog geeigneter heuristischer Regeln zu konstruieren. Jede Disziplin wäre immer eine „unvollständige Wissenschaft", da es stets Aussagen gibt, die obschon sie dem behandelten Gegenstandsgebiet angehören, dennoch nicht aus dem beliebig zu erweiternden, axiomatischen System von Aussagen und Regeln, stringent deduzierbar sind.

„Axiome in den Wissenschaften sind Aussagen, die weder mit den Methoden dieser Wissenschaft, noch innerhalb ihres Sprachspiels als wahrheitsdefinit bewiesen oder prinzipiell nicht 'verifiziert' werden können. Sie haben – als pure sentences – sprachspielimmanent keine Bedeutung. Das schließt jedoch nicht aus, daß man eine kognitive Wissenschaft entwikkeln kann, die ein umfassenderes Objektgebiet besitzt, in dem die Axiome der engeren Wissenschaft als hergeleitete Aussagen auftauchen. Auch wäre eine Metawissenschaft denkbar, die, obschon an sich außer dem gleichen Objektbereich wie die ursprüngliche Wissenschaft, nur deren Sprache abdeckend, doch durch Veränderung (Erweiterung) des Formalobjekts den gleichen Effekt hätte. Doch liegen auch einer universelleren Wissenschaft, wie einer Metawissenschaft, stets wiederum Axiome (als Basisaussagen und heuristische Regeln) zugrunde, so daß sich die Problematik nur verschiebt. Da dieser Prozeß nicht zu Ende kommt, sind letztlich alle Axiome (und damit auch alle aus ihnen mit Hilfe von Regeln deduzierten Sätze) nicht voll wahrheitsdefinit oder doch voll verifizierbar und nur über Entscheidungen abzusichern." (Lay, 1971, S. 127/128.) Dieses Goedelsche Theorem hat u. a. die Konsequenz, daß wissenschaftliche Konzepte über das, was das Leben sei, stets wenigstens eine Aussage enthalten, die nicht aus ihren Axiomen folgt, sondern sich der Lebenspraxis und willentlicher Festlegung verdankt.

Nimmt man die Unvollständigkeit ernst und die Konsequenz, daß es letztlich bei Aussagen über das Leben um Entscheidungen geht, kommt man darüber hinaus zum Zweiten Goedel-Theorem, dem Unentscheidbarkeits-Theorem. Aussagen über das Leben finden in Sprachspielen statt, die wenigstens so reich sind, daß man mit ihrer Hilfe eine Theorie der natürlichen Zahlen entwickeln kann. Goedel konnte zeigen, daß im Falle solcher reichen Sprachen ein Teil der wahren Sätze, wie auch ein Teil der falschen Sätze unentscheidbar sind. Ein Satz ist dann entscheidbar (wahr oder falsch), wenn er oder sein kontradiktorischer Opponent beweisbar oder widerlegbar ist. Andernfalls ist er unentscheidbar. Wenn also ein Aussagensystem S über das Leben widerspruchsfrei konstruiert ist, dann gilt nach Goedel:

1. Das Aussagensystem S ist formal unvollständig und

2. es gibt wenigstens einen Satz A, der ein Beispiel abgibt für einen unentscheidbaren Satz.

Allgemeiner formuliert muß festgehalten werden, daß es unter der Voraussetzung formaler Widerspruchsfreiheit von S keinen Widerspruchsfreiheitsbeweis geben kann, der mit den in S selbst entwickelten und formalisierten Methoden erbracht werden könnte. Mithin sind alle von den einzelnen Disziplinen der Natur-, aber auch der Geisteswissenschaft erbrachten Aussagen über das Leben unvollständig und hinsichtlich ihrer Wahrheit oder Falschheit in bestimmten Bereichen unentscheidbar.

Church hat hier eine Weiterentwicklung vorgenommen. Er konnte zeigen, daß es gar kein Entscheidungsverfahren geben kann, daß es erlaubt festzustellen, ob eine vorgegebene Formel ein Theorem einer auf der Prädikaten-Logik aufbauenden Quantifikationstheorie ist. Da fast alle wissenschaftlichen Aussagen (natürlich auch über das Leben) quantifizierte Aussagen sind oder sie enthalten, ist es also nicht möglich, eine Maschine zu konstruieren, die für eine beliebige vorgelegte, quantifizierte Aussage auf die Frage, ob diese Aussage wenigstens logisch wahr in S sei, entweder „ja" oder „nein" antworten könnte. Deshalb müssen alle Wissenschaften auf ihre logisch/sprachlichen Voraussetzungen reflektieren und können nur in äußerst eingeschränkter Weise gültige Aussagen über das Leben machen.

Allerdings muß festgehalten werden, daß von dieser negativen, Aussagen über „Leben" relativierenden methodologischen Beobachtung, nicht verhältnismäßig schwache Theorien betroffen sind. Alle nicht fundamentalen, also alle eher phänomenologischen oder aus dem Erfahrungswissen stammenden Aussagengebäude über „Leben" können konsistent oder vollständig sein. Dazu gehört beispielsweise das altindische Medizinsystem „Ayurveda", was übersetzt nichts anderes heißt als

„Wissenschaft vom Leben". Auch die chinesische „Fünf-Elemente-Lehre" die für sich beansprucht, die Dynamiken wie Strukturen lebendiger Einheiten zu beschreiben und zu bewerten, ist in sich stimmig. Jedoch mit Blick auf naturwissenschaftliche Forschungsprogramme und ihre mathematische Basis, werden Zonen fundamentalerer Art betreten, werden Versuche unternommen, mittels starker Theorien, quantifizierbare Aussagen über „Lebenszusammenhänge" zu machen, die unvermeidlich zirkulär inkonsistent oder unvollständig sein müssen. Wenn beispielsweise Schrödinger Leben mit Negentropie oder Ordnung verbindet (1967) und damit den Boden für eine quantifizierbare, mathematisierbare Annäherung an „Leben" bereitet, so wird dies, gerade weil es fundamentale, starke Theoriebildung ist, letztlich methodologisch die Schwierigkeiten der Unentscheidbarkeit und der Unvollständigkeit oder der Unvollkommenheit auf den Plan rufen.

II. Die Weltbildabhängigkeit von Deutungen über „Leben"

„In neueren, entfernteren, noch verwickelten Gebieten, wo es darauf ankommt, erst sehen und fragen zu lernen, ist es anders, bis Tradition, Erziehung und Gewöhnung eine Bereitschaft für stilgemäßes, d. h. gerichtetes und begrenztes Empfinden und Handeln hervorrufen. Bis in der Frage die Antwort größtenteils vorgebildet ist und man sich nur für ein Ja oder Nein oder für ein zahlenmäßiges Feststellen entscheiden muß. Bis Methoden und Apparate den größten Teil des Denkens für uns von selbst ausführen." (Ludwig Fleck, 1980).

Leben ist mithin ein nicht exakt definierbarer, oder im Sinne mathematischer Theoriebildung erfaßbarer Fundamentalbegriff. Jede Auseinandersetzung mit dem Begriff „Leben" muß selbst lebensgemäß erfolgen. Das heißt, sie setzt Leben oder einen Vorbegriff voraus. Damit kommt immer etwas Zirkelhaftes ins Spiel. Jedwedes alltägliches Erfassen von Lebendigsein ist immer schon wahrnehmungspsychologisch-evolutionär und kulturgeschichtlich geprägt. Es wird ästhetisch, praktisch-funktionell, normativ, religiös oder wissenschaftlich-theoretisch mit dem Lebendigen umgegangen. „Leben" ist mithin immer kontextabhängig. Je nach Kontext werden unterschiedliche Zusammenhänge als Leben oder als lebenswert angesehen. Damit kann davon ausgegangen werden, daß Leben sich grundsätzlich nicht intrinsisch, sondern nur bezüglich eines Kontexts charakterisieren läßt.

Wenn es also erkenntnislogisch und sprachphilosophisch Aussagen über das Leben immer nur auf der Grundlage eines evolutions- oder naturgeschichtlichen wie auch kulturellen Gewordenseins gibt oder durch weltbildabhängige, teils sogar religiöse Normierung vorgegebenen Entscheidung ein Erkenntniskontext kreiert wird, dann wird es verständlich, warum es so zahlreiche Deutungen mit Erklärungsanspruch gibt, was denn das Leben sei. Zur Veranschaulichung der (Forschungs-) Kontextabhängigkeit jedweden Verstehens und Erklärens von „Leben" sei auf die drei prominentesten Ansätze einer Wissenschaft vom Leben im 20. Jahrhundert hingewiesen, die in ihren verschiedenen Variationen gerne miteinander ringen:

1. der vitalistische Forschungskontext,

2. der materialistische Forschungskontext,

3. der organizistische Forschungskontext.

ORGANIZISTISCH
Erklärung von Lebensprozessen und Gestaltbildungen des Lebendigen mit Hilfe nichtmaterieller Wesenheiten (z. B. Pläne, morphogenetische Felder, geistige Kräfte oder geistige Wesenheiten)

VITALISTISCH
Erklärung von Leben mit Hilfe eines nichtphysikalischen Energie-Kausalfaktors (z. B. Entelechie, elan vitale, Organenergie, ...)

Erklärung von Leben

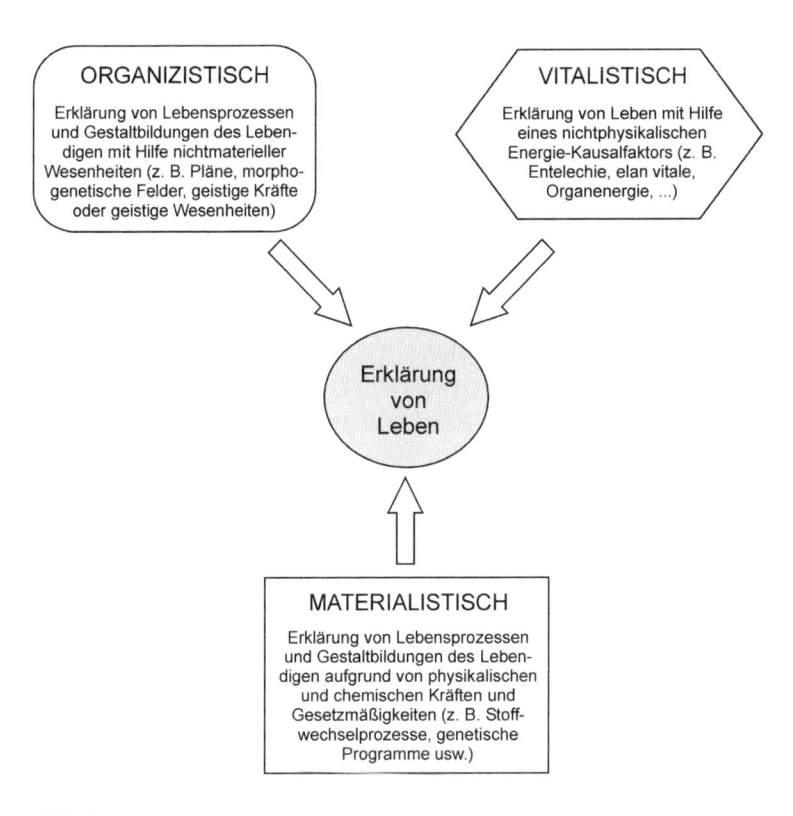

MATERIALISTISCH
Erklärung von Lebensprozessen und Gestaltbildungen des Lebendigen aufgrund von physikalischen und chemischen Kräften und Gesetzmäßigkeiten (z. B. Stoffwechselprozesse, genetische Programme usw.)

Abb. 1:
Die prominentesten Forschungskontexte im 20. Jahrhundert.

Ohne hier auf Einzelheiten dieser drei Forschungskontexte einzugehen, möchte ich festhalten, daß das Verständnis und die Deutung von Lebensprozessen einer Logik folgt, die eine des Wettbewerbs konkurrierender Sinnstrukturen ist. Schon mit Blick auf Goedels Theoreme wurde klar, daß Entscheidungen, die ihrerseits in nicht mehr axiomatisierbaren Auffassungen gründen, zu prinzipiellen theoretischen wie praktischen Engpässen führen. Etwas weiter gefaßt kann man sagen, daß Entscheidungen, die in Forschungskontexte über „Leben" eingehen, eben weltbildabhängig sind und gerade deswegen begrenzt sind. Ihre Güte, Qualität, Brauchbarkeit mißt sich an der besseren Beherrschbarkeit von Lebensprozessen wie Bausteinen. Wobei über das, was besser oder schlechter ist bezüglich des Umgangs mit realem Leben, wiederum der kulturelle oder religiöse Kontext entscheidet. Wenn wir nur einmal das biologische Deutungsangebot nehmen, können wir allein hier mehrere biologische Weltbilder identifizieren, in denen Lebensprozesse interpretiert werden können. Sie unterscheiden sich nicht nur in ihrer theoretischen Deutung von Leben, sondern auch hinsichtlich ihres praktischen Umgangs und ihrer Alltagserfahrung mit lebenden Systemen. Die obige Abbildung zeigt, daß aus bestimmten, weltbildabhängigen Naturerfahrungen oder Naturwahrnehmungen einerseits, aus nachmaterialistischen Weltbildern mit naturwissenschaftlicher Basis andererseits und schließlich aus Konzepten herrschender physikalistischer Naturwissenschaft, jeweils eine Vielzahl von Annäherungen an Leben unter biologischen Blickwinkeln möglich ist.

Hinter jedem dieser Annäherungsversuche steht ein Weltbild, das zweifelsohne kein reines Hirngespinst ist, da alle Zugänge durchaus komplexere, theoretische Deutungen von Lebensprozessen erlauben und auch auf eine in diese Deutung problemlos integrierbare Empirie zurückgreifen können. Sowohl für die Medizin als auch für die ökologische Forschung und Praxis haben die jeweiligen weltbildabhängigen Zugänge eigene, teils dramatische Konsequenzen. Verschiedene biologische Auffassungen von Leben führen zu verschiedenen Heilverfahren. Sie stehen teils im Widerspruch zu den Verfahren der konventionellen Medizin und unterstützen mehr die Naturheilmedizin, einschließlich der Homöopathie, der Akupunkturmedizin, oder aber Heilverfahren, die aus dem Bereich der humanistischen Psychologie oder aus schamanischen Quellen entspringen. Und im Umgang mit der natürlichen Mitwelt macht es einen gewaltigen Unterschied, ob man beispielsweise bei der Wasserwiederaufbereitung mit Naturtechnologien à la Schauberger arbeitet oder industriell physico-chemische, mechanische Verfahren einsetzt.

Derzeit herrscht eine hohe Konkurrenz zwischen verschiedenen kulturabhängigen Prämissen, über das, was Leben sei. Der Streit um eine neue gesellschaftlich anerkennbare, definierte Sicht von Welt respektive von Leben, ist speziell mit der Sicht auf die Risiken der atomtechnologischen, nanotechnologischen und gentechnologischen Veränderungen der Lebenszusammenhänge auf der Erde voll entbrannt. Für das 21. Jahrhundert darf vielleicht damit gerechnet werden, daß eine neue Sinnstruktur oder ein neues Weltbild entsteht, daß der multidisziplinär gespeisten, komplexen Wissenswelt von den vielfältigsten und reichhaltigsten wechselseitigen Abhängigkeiten allen Lebens auf der Erde gerecht wird.

Für die zukünftige Diskussion zur Frage „Was ist Leben?" sind vor allem holistische Forschungskontexte relevant, die an moderne Systemtheorie anknüpfungsfähig sind. Hierzu gehört insbesondere die reiche Arbeit von Jakob von Uexküll. Er hat sich dem erkenntnisleitenden Interesse der Frage nach Ganzheiten in der Natur gestellt. In seiner Umweltlehre unternimmt er es, die Gegensätze zwischen der organizentrischen und der vitalistischen Auffassung von Leben zu überwinden. Dabei knüpft er an alte, beispielsweise aristotelische Weltdeutungen an, die von einer Planmäßigkeit in der Natur ausgehen. Er nimmt ferner an, daß sich die Mannigfaltigkeit der in der Natur zu beobachtenden Erscheinungen auf einfache Grundprinzipien zurückführen läßt. Solche Prinzipien nennt er „Pläne". Mit ihnen erscheint Natur als planmäßiger Zusammenhang. Das Gesamtkontinuum der Planmäßigkeit, also das Ganze, wird von ihm als Ineinandergreifen einzelner Pläne beschrieben. Sein Forschungsprogramm zielt darauf ab, Einzelpläne hinsichtlich Inhalt, Struktur im Zusammenhang mit anderen Plänen zu erkunden. Dabei betrachtet er Lebewesen und die ihnen zugeordneten Naturausschnitte immer als Einheit (Umwelt eines Lebewesens).

Jakob von Uexküll entwickelte das Modell des Funktionskreises, um einen neuen Zugang zum Verständnis biologischer

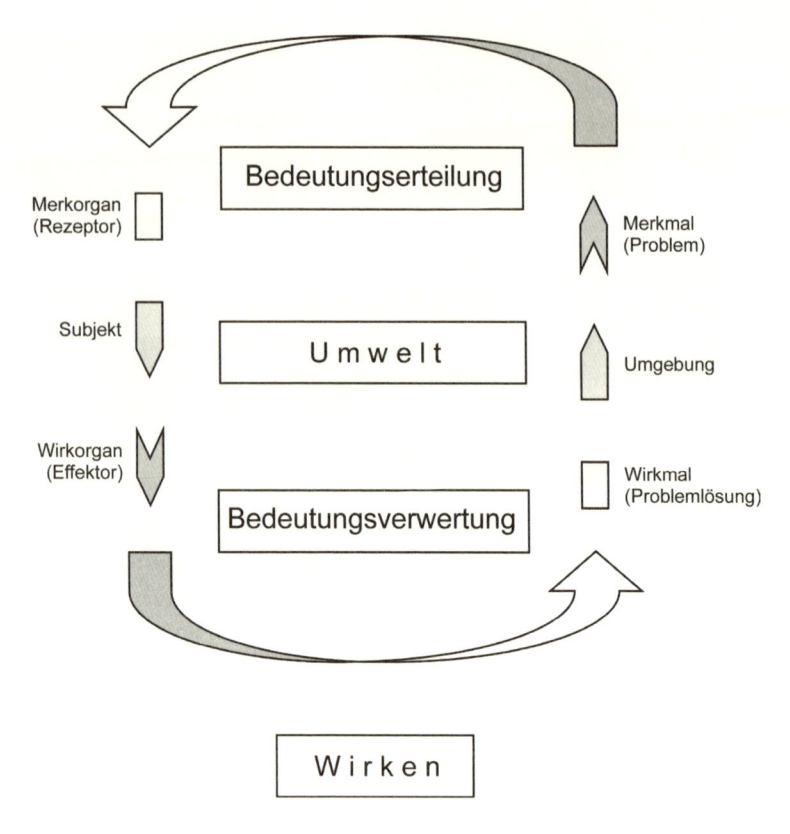

```
                    Bedeutungserteilung
   Merkorgan    ┌──────────────────────┐         Merkmal
   (Rezeptor)   └──────────────────────┘         (Problem)

   Subjekt      ┌──────────────────────┐
                │       Umwelt         │         Umgebung
                └──────────────────────┘

   Wirkorgan                                     Wirkmal
   (Effektor)   ┌──────────────────────┐         (Problemlösung)
                │ Bedeutungsverwertung │
                └──────────────────────┘

                      ┌──────────┐
                      │  Wirken  │
                      └──────────┘
```

Abb. 2:
Der Funktionskreis.

Phänomene zu finden, der sich von einer, auf das stoffliche reduzierenden Biologie unterscheidet. Er sucht weniger danach, die einzelne Kraft oder den einzelnen Stoff- bzw. Energieumsatz zu definieren und zu messen, sondern fragt vielmehr nach der Form und der prozessualen Struktur, in der diese Umsätze ablaufen und miteinander verknüpft sind.

„Die Beziehungen von Subjekt zu Objekt werden am übersichtlichsten am Schema des Funktionskreises erläutert. Er zeigt, wie Subjekt und Objekt ineinander eingepaßt sind und ein planmäßiges Ganzes bilden. Stellt man sich weiter vor, daß ein Subjekt durch mehrere Funktionskreise an das gleiche oder an verschiedene Objekte gebunden ist, so erhält man einen Einblick in den ersten Fundamentalsatz der Umweltlehre: Alle Tiersubjekte, die einfachsten wie die vielgestaltigsten, sind mit der gleichen Vollkommenheit in ihre Umwelt eingepaßt. Dem einfachsten Tier entspricht eine einfache Umwelt, dem vielgestaltigsten eine ebenso reichgegliederte Umwelt" (s. von Uexküll, 1956, S. 11).

Mit dem Modell des Funktionskreises im Hinterkopf erforschte Jakob von Uexküll ordnungsstiftende Grundfiguren in Umwelten von Tieren. Dazu gehören u.a.: der bekannte Weg, Heim-Heimat, der Kumpan, Suchbilder/Suchtöne oder magische Umwelten (innere Bilder ohne Vorerfahrung, Zuordnung von traumatischen Erlebnissen zu Orten). Diese Annäherung an Funktionszusammenhänge kann zu einer Zeichenlehre oder Kommunikationstheorie lebender Systeme erweitert werden, wie Thure von Uexküll das in der Folge auch getan hat. Damit lassen sich die Gedanken von Jakob von Uexküll auch mit der modernen biokybernetischen Betrachtung von Leben, ebenso wie mit dem Systemkonzept verbinden.

Diese Annäherung an Leben mittels Funktionszusammenhängen paßt zum systemwissenschaftlichen wie zum kognitionswissenschaftlichen Weltbild unserer Tage. Seit den bahnbrechenden Arbeiten von Bateson (1984), der Geist und Natur als eine notwendige Einheit deutete, hat es einen Paradigmenwandel gegeben. Das neue Paradigma vom Leben, also das, was den Mitgliedern der systemtheoretisch oder kognitionswissenschaftlich arbeitenden Gemeinschaft an modernen Glaubenssätzen über das Leben gemeinsam ist, hat im Sinne von Kuhn (1970) dazu geführt, daß zwar nicht das Leben mit dem Wechsel, insbesondere des vorherrschenden materialistischen Paradigmas wechselte. Jedoch arbeiten die Wissenschaftler, die sich mit Fragen des Lebens auseinandersetzen, seit Batesons bahnbrechenden Erkenntnissen in einer anderen Welt. Bateson, der auf Arbeiten von Uexkülls und der Kybernetiker und

Systemtheoretiker zurückgreifen konnte, hat die Basis dafür gelegt, daß heute weite Kreise der Wissenschaft behaupten können, daß lebende Systeme kognitive Systeme seien und Leben als Prozeß immer ein Prozeß der Kognition ist. Dieses Verständnis von Leben als Lebensprozeß gipfelt in der Aussage, Leben überall dort aufspüren zu können, wo Tätigkeiten mit einer ständigen Verkörperung des (autopoetischen) Organisationsmusters eines Systems in einer physikalischen (dissipativen) Struktur oder Umwelt verbunden sind. Durch gegenseitige, strukturelle Koppelung sind individuelle, lebende Systeme jeweils ein Teil der Welt anderer Systeme. Sie kommunizieren miteinander und koordinieren ihr Verhalten. Diese „Ökologie von Welten" wird durch wechselseitige Erkenntnisakte hervorgebracht. Erkennen heißt über Information beziehungsweise Bedeutung verfügen zu können, Entscheidungen zu treffen, komplex, rekursiv und ohne Algorithmus. Erkennen als Leben führt zu Emergenz: neue Seinsschichten entstehen, die in keiner Weise aus den Eigenschaften einer darunter liegenden Ebene ableitbar, erklärbar oder voraussagbar sind.

Zu betonen ist an dieser Stelle, daß auch diese modernen Vorstellungen von Leben keinen Absolutheitsanspruch haben können, sondern sich schlichtweg einem modernen Weltbild oder einem Paradigmenwandel verdanken, der im 20. Jahrhundert stattgefunden hat und immer noch weiter explosiv stattfindet. Das neue Weltbild fußt auf der Abkehr von mechanistischen, monokausalen Erklärungsversuchen unter Hinwendung zu nichtlinearen Kausalitätsmustern, dissipativen Strukturen, Quantensprüngen, Handlungs-Reflexions-Kopplungen und Autopoiese, wie morphogenetischen Feldern, als einem Bündel jüngerer Detailerkenntnisse über Leben, das als Ganzes dazu führt, in ein nachmaterialistisches Lebensverständnis zu gelangen. Wenn die Welt nicht mehr im Sinne einer, für den Mesokosmos gültigen Mechanik gedeutet wird, sondern eine Vielzahl mikroskopischer, empirischer Erkenntnisse, wie makroskopischer Einsichten, das alte Weltbild transzendieren helfen, dann ist jetzt die Zeit für einen neuen holistischen Forschungskontext, der sicherlich seinerseits auch hinsichtlich des in ihm gültigen Paradigmas vom Leben wieder überschritten werden wird. Der Mensch ist auch als Erkennender immer ein Homo viator, also unterwegs zu einem immer neuen ganzheitlichen Verständnis vom Leben.

III. Nachmaterialistische Naturwissenschaft: Unterwegs zu einer ganzheitlichen Lebensforschung

„Das Ziel der Wissenschaft sollte in einem Mehr an Verständnis liegen, nicht nur in einem Mehr an Technik. Wir müssen uns mit den Anwendungen zurückhalten und erst einmal assimilieren, was wir auf dieser Ebene wissen, dürfen nicht gnadenlos die Anwendung immer weiter treiben. Das ist Gewalt." (Terence McKenna, 1993)

Diese jüngsten, ganzheitlichen Vorstellungen von Leben als Selbstorganisation, als Autopoiese, Emergenz, Information und Bedeutung bauen vielleicht Brücken in einen Forschungskontext, in dem die konkurrierenden Annäherungen an „Leben" gesamtheitlich integriert werden, einen nachmaterialistischen Forschungskontext. Zweifelsohne ist ein Ansatz wie der von Jakob von Uexküll nicht im Sinne konventioneller, materialistischer oder reduktionistisch-physikalistischer Naturwissenschaft hoffähig. Aber Theoretiker der Selbstorganisation wie Küppers und Krohn zum Beispiel (1992) bemühen sich transdisziplinär eine Grundlage, einen neuen Forschungskontext zu schaffen, der vereinheitlichendes Potential auch und gerade methodologisch hat. Für die Zukunft steht es also an, lebend Wissensformen über das Leben zu finden, die als Brücke und Vermittler zwischen konventioneller Naturwissenschaft und unkonventionellen (auf nichtmaterialistischen Konzepten beruhenden) Formen im Umgang mit Leben dienen können.

Bechmann, einer der Verfechter neuer Wege in eine nachmaterialistische Naturwissenschaft, umreißt die Kernaufgabe nachmaterialistischer Naturwissenschaft als das Stellen der Frage nach der Organisation von lebenden Systemen und Lebensprozessen. Diese Frage steht zugleich auch im Zentrum moderner konventioneller naturwissenschaftlicher Forschung. Dabei zeigt sich, daß herkömmliche, materialistische Naturwissenschaft zwar viele Detailerkenntnisse zur Klärung von Lebensprozessen beiträgt, ohne Leben jedoch in seiner Ganzheitlichkeit oder in seinen wesentlichen Grundzusammenhängen vollständig zu begreifen. Die Krebsforschung oder die Psychosomatik liefern hierfür sichtbare Beispiele.

Umgekehrt steht materialistische Naturforschung dem Umgang mit Leben, wie er in der Homöopathie, Akupunktur, bioenergetischen Therapie oder im biologisch-dynamischen Landbau praktiziert wird, „verständnislos" gegenüber. Obwohl die eben genannten Formen des Umganges mit Leben unzweifelhaft erfolgreich sind, ignoriert materialistische Naturwissenschaft sie. Dies dürfte vor allem daran liegen, daß es ihr nicht gelingt, im Rahmen ihres Wissenschaftskonzeptes, Erklärungen für die Wirkungsweise von Homöopathie u.ä. anzugeben (vgl. Bechmann, 1994. S. 89). Ferner drängen bisher am praktischen Erfolg orientierte, unkonventionelle Formen des Umgangs mit Leben (Naturmedizin, ökologischer Landbau, alternative Ernährungskonzepte) auf ein besseres Verständnis der ihnen zugrundeliegenden Funktionszusammenhänge und mithin auch auf Verwissenschaftlichung.

Nachmaterialistische Naturwissenschaft steht vor vielfältigen Aufgaben:

1. Sie muß in der Lage sein, geeignete Begriffsbildungen zu entwickeln, um „wissenschaftlich" über „transmaterielle Organisationsentitäten" sprechen zu können. Diese Begriffsbildungen müssen an die konventionelle Naturwissenschaft anschlußfähig sein.

2. Nachmaterialistische Naturwissenschaft sollte Wahrnehmungsmöglichkeiten erschließen, über die auch transmaterielle Entitäten einer Beobachtung oder Messung zugänglich werden.

3. Sie muß in der Lage sein, Wege zu finden zur angemessenen experimentellen Überprüfung ihrer Interpretationen von Lebensprozessen und von anderen Naturzusammenhängen.

4. Sie muß fähig sein, bislang vorliegende transmaterielle Konzepte von Leben zu integrieren oder zumindest zu ihnen wissenschaftlich fundiert Stellung zu beziehen.

5. Nachmaterialistische Naturwissenschaft sollte entscheidende Impulse für die Gewinnung neuer naturwissenschaftlicher Erkenntnisse über Lebensvorgänge geben können, die in verschiedensten Fachdisziplinen zu Veränderungen führen sollten.

Abbildung 3 zeigt eine Vielfalt möglicher Zugänge zu dem neuen Forschungskontext einer nachmaterialistischen Naturwissenschaft. Sie knüpft an Ansätzen ganzheitlicher Lebensforschung an, wie das Beispiel Jakob von Uexküll gezeigt hat. In diesem Sinne beabsichtigt sie, und gerade das macht sie ganzheitlich, über den Wandel und die Anreicherung von Erkenntnissen über lebende Systeme zu einem angemessenerem und realitätsgerechterem Umgang mit ihnen zu gelangen.

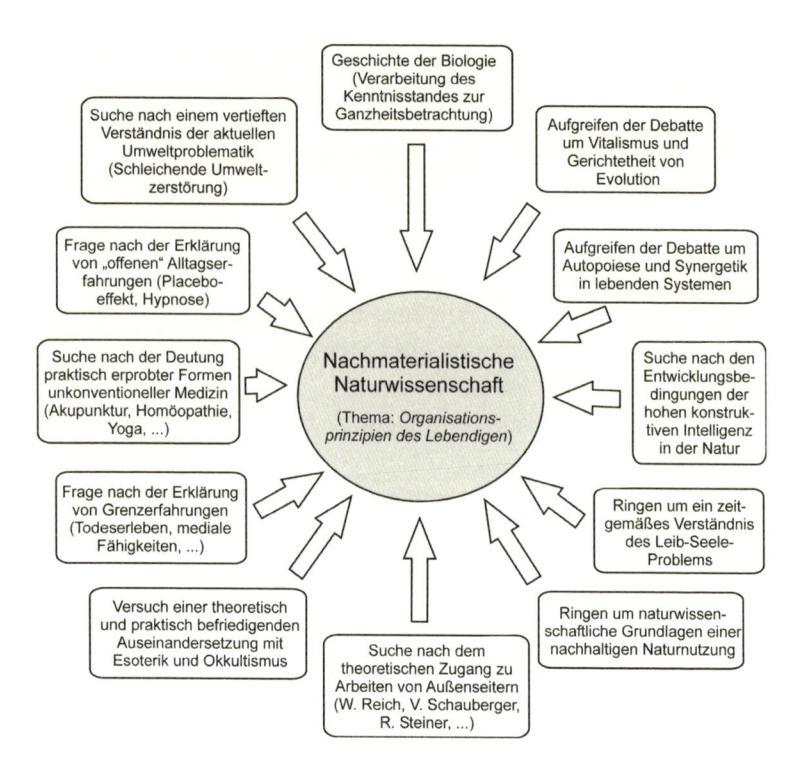

Abb. 3:
Mögliche Zugänge zu einer Nachmaterialistischen Naturwissenschaft.

LITERATUR

Bateson, Gregory, „Geist und Natur. Eine notwendige Einheit.", Suhrkamp, Frankfurt, 1984.

Bechmann, Arnim, „Nachmaterialistische Naturwissenschaft – Versuch der Rückkehr zu einer ganzheitlichen Lebensforschung – Argumente für einen Paradigmenwandel in der Lebensforschung", Unveröffentl. Manuskript, Barsinghausen, 1994.

Fleck, Ludwig, „Entstehung und Entwicklung einer wissenschaftlichen Tatsache", Suhrkamp, Frankfurt, 1980.

Goethe, Johann W. v., „Versuch einer Witterungslehre", Bd I ii 1825, Böhlau, Weimar, 1947, S. 244-268.

Krohn, Wolfgang; Küppers, Günter (Hg), „Emergenz: Die Entstehung von Ordnung, Organisation und Bedeutung.", Suhrkamp, Frankfurt, 1992.

Kuhn, Thomas, S., „Die Struktur wissenschaftlicher Revolutionen", Suhrkamp, Frankfurt, 2. revidierte Auflage, 1970.

Lay, Rupert, „Grundzüge einer komplexen Wissenschaftstheorie I", Knecht, Frankfurt, 1971.

Schrödinger, Erwin, „What is Life? Mind And Matter.", Cambridge University Press, London, 1967.

Sheldrake, Rupert; Mc Kenna, Terence; Abraham, Ralph, „Denken am Rande des Undenkbaren", Scherz, München, 2. Auflage, 1993.

Uexküll, Jakob v.; Kriszat, G., „Streifzüge durch die Umwelten von Tieren und Menschen", Rohwolt, Hamburg, 1956.

WOLFRAM SCHOMMERS

WAHRHEIT IN DER PHYSIK UND MÖGLICHKEITEN DER ERKENNTNIS

Einleitung

Was ist Leben? Wenn man diese Frage beantworten möchte, so begibt man sich auf den Weg, das Leben aus diesem selbst heraus verstehen zu wollen. Denn derjenige, der Aussagen über das Leben machen möchte, stellt selbst ein lebendiges System dar.

Das Lebendige will sich selbst verstehen. Inwieweit ist das überhaupt möglich? Zum Teil wird das sicherlich möglich sein. Aber kann man so zu einem *umfassenden* wissenschaftlichen Wissen über das Leben kommen? Zu dieser Frage wollen wir einige allgemeine, aber keinesfalls umfassende Bemerkungen machen.

Versuchen wir die Frage „Was ist Leben?" mit den Mitteln der Theoretischen Physik zu beantworten, so versucht man, das Leben auf der Grundlage mathematischer Prinzipien zu erfassen; wir wollen annehmen, daß das grundsätzlich möglich, aber keineswegs selbstverständlich ist.

Die Physik versteht sich als Basiswissenschaft, aus der sich alle Erkenntnisse über die Welt draußen herleiten bzw. bestimmen lassen, jedenfalls wird dieser Anspruch nicht selten erhoben, und zwar nicht nur von gewissen Physikern allein. Mit anderen Worten, solchen Dingen, die nicht als Elemente der Physik eingeordnet werden können, die also der Physik nicht angehören, kommt aus dieser Sicht keine eigentliche Realität zu.

Aber hier ist Vorsicht geboten, denn es ist sehr wahrscheinlich, daß bei der physikalisch theoretischen Analyse einige Aspekte prinzipiell nicht berücksichtigt werden können; einige Beispiele hierfür werden wir im folgenden noch kurz ansprechen.

Versuchen wir also die Elemente des Lebens mathematisch-physikalisch zu fassen, dann wird ein lebendiges System zu einem mathematischen System, das gewisse physikalische Prinzipien erfüllt. Inwieweit dieser mathematisch-physikalische Bereich Anspruch auf Vollständigkeit erheben kann, bleibt zunächst offen.

In diesem Kapitel sollen einige Bemerkungen dazu gemacht werden, ob bzw. in welcher Weise der Mensch sich selbst verstehen kann, und zwar aus der Sicht der Mathematik und Physik. Welche Art von Wahrheit kann der Mensch ergründen und welche Möglichkeiten hat er zur Erkenntnisbildung bei der Analyse der Welt draußen und in bezug auf sich selbst? Insbesondere stellt sich in diesem Zusammenhang die Frage, ob der Mensch bei alledem ohne Metaphysik auskommen kann.

KANN LEBEN AUS DIESEM SELBST HERAUS VERSTANDEN WERDEN?

Die Frage „Was ist Leben?" läuft – wenn man sie mit den Mitteln der Theoretischen Physik beantworten möchte – auf die Frage hinaus, ob ein mathematisches System Aussagen über sich selbst machen muß, denn – so haben wir oben festgestellt – Aussagen über das Leben zu machen bedeutet, das Leben aus diesem selbst heraus verstehen zu wollen. Es stellt den Versuch einer selbstbezogenen Analyse dar.

Wenn man mit einem mathematischen System Aussagen bei sich selbst machen möchte, wird man sofort den *Satz von Gödel* ins Spiel bringen [1]. Kurt Gödel zeigte, daß kein mathematisches System zugleich vollständig und konsistent sein kann. Ein konsistentes System wird immer Aussagen enthalten, über deren Wahrheitsgehalt – ausgehend vom System selbst – nicht entschieden werden kann. Andererseits kann ein System nicht konsistent sein, wenn es die vollständige Wahrheit enthält. In der Mathematik sind konsistente Systeme relevant.

Nehmen wir an, daß wir ein konsistentes mathematisches System vorliegen haben (ein System wäre inkonsistent, wenn es neben wahren noch falsche Aussagen enthält), so wird es wahre Aussagen geben, die das System nicht enthält und wird damit unvollständig sein. Dem System fehlt etwas, und zwar deswegen, weil es Aussagen gibt, die sich mit systemspezifischen Axiomen und Regeln weder als wahr noch als falsch beweisen lassen. Das System ist nicht etwa deshalb unvollständig, weil wir gewisse Informationen noch nicht kennen, sondern es ist eine Vollständigkeit prinzipiell nicht erreichbar, und zwar deswegen, weil wir hier mit den Problemen konfrontiert sind, die dann auftreten, wenn man mit einem (mathematischen) System Aussagen über das System selbst machen möchte.

Enthält aber ein (mathematisches) System unbeweisbare Aussagen, so hat das System metaphysischen Charakter, und dieser metaphysische Charakter – so lehrt es der Satz von Gödel – ist unüberwindbar.

Bei der Beantwortung der Frage „Was ist Leben?" wird das Ergebnis somit immer eine Überlagerung von wahren Tatsachen mit metaphysischen Komponenten sein, jedenfalls dann, wenn wir – wie oben vorausgesetzt – das Leben mathematisieren. So gesehen enthält das Leben unausweichlich metaphysische Komponenten, die – wie gesagt – deshalb ins Spiel kommen, weil es immer Aussagen geben wird, die sich mit systemspezifischen Axiomen und Regeln, also Merkmale, die das zu untersuchende System selbst charakterisieren, weder als wahr noch als unwahr beweisen lassen.

Zusammenfassend können wir somit festhalten, daß selbst der rational faßbare Bereich des Lebens, also der Bereich, der mathematisierbar ist, prinzipiell metaphysische Elemente enthalten muß. So gesehen ist das Leben mit streng naturwissenschaftlichen Methoden allein nicht faßbar. Es bleibt immer ein metaphysischer Aspekt übrig, der prinzipiell mit wissenschaftlichen Mitteln nicht eliminiert werden kann.

Nicht alles ist mathematisierbar

Offensichtlich ist aber nicht alles mathematisierbar, insbesondere liegt es nahe, diese Vermutung im Zusammenhang mit lebenden Systemen als zutreffend anzunehmen. Es ist zum Beispiel ziemlich sinnlos, eine Symphonie von Beethoven nur mathematisch als Variation von Druckschwankungen der Luft zu beschreiben. Eine Symphonie ist eben mehr als nur ein physikalisches Phänomen.

Weiterhin gibt es Bilder bzw. Menschen, bei denen die Gesichter in beeindruckender Weise *mehr* sind als nur eine Äußerlichkeit. Was dieses „Mehr" letztlich ist, läßt sich nur schwer oder überhaupt nicht formulieren, aber ganz offensichtlich am wenigsten mit mathematischen Mitteln. Aber fast jeder weiß irgendwie, was mit diesem „Mehr" gemeint ist, weitere Erklärungen sind da kaum gefragt.

Ergebnis

Selbst an der äußersten Grenze der Sachlichkeit läßt sich die Metaphysik nicht umgehen, also selbst für den mathematisch logischen Bereich trifft das zu, denn darauf bezieht sich zunächst nur der Satz von Gödel. Aber, so muß man festhalten, solche strengen Beweise lassen sich nur für mathematische Systeme durchführen. In Bereichen, die für die Mathematik nicht zugänglich sind, sind solche strengen Beweise erst gar nicht möglich, also auch nicht der Beweis, ob ein System Metaphysik enthält oder nicht, selbst das wird zur reinen Glaubenssache.

Zusammenfassend kann also gesagt werden, daß selbst solche Aspekte des Lebens, die mathematisierbar sind, unausweichlich metaphysisch durchwoben sind; von den anderen, nicht mathematisierbaren Aspekten ganz zu schweigen.

NEWTON, GÖTTER, HALBGÖTTER UND LAUNISCHE FEEN

In der Physik hat man sich immer bemüht, metaphysische Elemente zu eliminieren, zu umgehen oder auch einfach zu ignorieren. Wir wollen zu dieser Thematik einige grundlegende Bemerkungen machen.

Eine neue Sicht der Dinge

Das, was wir heute unter Physik verstehen, begann im wesentlichen mit Isaac Newton. Newton lebte vor mehr als 300 Jahren, und er befaßte sich unter anderem mit der Bewegung von Himmelskörpern. Newton brachte neben Kepler und Galilei wirklich etwas Neues ins Spiel, eine neue Methode, die Welt zu verstehen. Mit Newton, Kepler und Galilei begann man die Verhältnisse in der Welt wissenschaftlich-mathematisch zu analysieren bzw. zu ordnen. Um zu erkennen, was gemeint ist, muß man sich darüber im klaren sein, was vor der Zeit Newtons unter der Bewegung von Himmelskörpern verstanden wurde.

Vor der Zeit Newtons glaubte man durchweg, daß die Ereignisse in Feld und Wald – und natürlich erst recht am Himmel – von Göttern, Halbgöttern, launischen Feen und anderen mystischen Erscheinungen maßgeblich beeinflußt würden. Das änderte sich grundlegend mit Newtons neuer Sicht. Denn Newton konnte etwas über die Bewegung der Himmelskörper aussagen, auch ohne Götter oder gar launische Feen bemühen zu müssen. Im Rahmen der Newtonschen Analyse können Phänomene am Himmel nicht durch mystische Individuen verursacht werden.

Wie weitgehend bekannt ist, fand Newton ein mathematisches Gesetz, das in der Lage ist, die Bewegung eines Himmelskörpers, der unter dem Einfluß (der Gravitation) eines anderen Himmelskörpers steht, zu beschreiben, seine Bahn am Himmel genau vorherzusagen oder auch zeitlich zurückzuverfolgen.

Die Details sind für unsere Diskussion unwichtig. Der Klarheit wegen wollen wir dennoch einige wesentliche Punkte hervorheben:

Sehen wir uns die Verhältnisse an einem Beispiel an, nämlich am Beispiel der Erde bei ihrer Bewegung um die Sonne. Erde und Sonne wechselwirken miteinander, sie ziehen sich an, und für diese Anziehung konnte Newton eine mathematische Beziehung angeben. Wenn wir weiterhin die Position und die Geschwindigkeit der Erde zu einem bestimmten, aber beliebigen Zeitpunkt kennen, dann ist die Bewegung der Erde um die Sonne für *alle* Zeiten festgelegt, jedenfalls im Prinzip. Man weiß, mit anderen Worten, an welcher Stelle im Raum sich die Erde im Jahre 2010 aufhalten wird oder auch wo sie sich beispielsweise im Jahre 1900 aufgehalten hat. Um das in Erfahrung bringen zu können, müssen wir nur die zugehörige Newtonsche Gleichung lösen, die in ihrem Aufbau recht einfach ist und folgende Form hat: $m_E d^2 r_E/dt^2 = -G m_E m_S (r_E - r_S)/|r_E - r_S|^3$, wobei r_E und r_S die Positionen von Erde und Sonne sind, m_E und m_S sind ihre Massen, G ist die Gravitationskonstante. Mehr geht in das Bewegungsgesetz nicht ein. Die weiteren Details dieser Gleichung sind für unsere Diskussion uninteressant.

Auch ist es für unsere Diskussion unwichtig, wie die Gleichung – es ist eine Differentialgleichung – gelöst wird. Das Ergebnis einer solchen Rechnung ist jedenfalls, daß wir den Ort und die Geschwindigkeit der Erde zu einem anderen Zeitpunkt (in bezug auf die Startbedingungen, siehe oben) bestimmen können, also letztlich die gesamte Bahn der Erde durch den Raum unter dem Einfluß der Gravitation der Sonne.

Eine vollständige Beschreibung

Der entscheidende Punkt ist, daß die Newtonschen Bewegungsgleichungen die Bewegung der Himmelskörper *vollständig* beschreiben. Es sind also außer der von Newton eingeführten Gravitation keinerlei sonstigen Einflüsse wirksam, also auch keine Götter, Halbgötter oder gar launische Feen. Denn die Rechnungen decken sich so präzise mit den Beobachtungen, daß es geradezu abwegig wäre anzunehmen, daß bei der Bewegung noch irgendwelche anderen Faktoren wirksam wären, die nicht in den Newtonschen Bewegungsgleichungen enthalten sind.

Die unmittelbare Erfahrung deckt sich also mit den Aussagen der Theorie. Da kommt nicht irgendeine launische Fee daher und wirft den Himmelskörper willkürlich aus der Bahn, nichts dergleichen; kein Zittern, kein Schlenker, den man nicht mathematisch im Griff hätte. Nur die Gravitation im Newtonschen Sinne ist wirksam. Mit anderen Worten, mit dem Newtonschen Ansatz wurden die Götter, die launischen Feen usw. eliminiert.

Mit der Newtonschen Theorie glaubte man die Wahrheit in den Händen zu haben. In ihrer extremen Anwendungsform sogar die Wahrheit über den Menschen, die Wahrheit über das Leben.

Bei der Anwendung der Newtonschen Theorie beschränkte man sich also keineswegs auf angemessene Probleme, denn den Menschen, das Leben in all seiner Komplexität mit all seinen körperlichen, geistigen und seelischen Zuständen als ein Newtonsches System aufzufassen, erscheint aus folgendem Grunde unangemessen bzw. nicht akzeptabel:

Im Rahmen des Newtonschen Weltbildes ist alles durch die Bewegungsgleichungen bestimmt, und diese Gleichungen haben – wie oben beschrieben – die Eigenschaft, daß, wenn man den Zustand eines Systems zu einem bestimmten Zeitpunkt kennt, die Zustände für alle zukünftigen Zeitpunkte exakt festgelegt sind. Das heißt, ein Mensch erscheint hier als eine Art Automat, ohne jegliche Spontanität und Kreativität.

Wie gesagt, mit der Newtonschen Theorie glaubte man die Wahrheit in den Händen zu haben, auch die Wahrheit über den Menschen oder das Leben überhaupt. Aber das glaubt man heute auch noch im Zusammenhang mit neueren Theorien, die die Relativitätstheorie und die Quantentheorie zur Grundlage haben. Viele Bücher sind bereits auf den Markt gekommen, die direkt oder zumindest unzweideutig suggerieren, daß wir den „Plan Gottes", also die *absolute Wahrheit*, bald in den Händen haben werden.

ERKENNTNIS UND WAHRHEIT

Man muß sich natürlich fragen, ob die Sache mit der *absoluten Wahrheit* so einfach zu handhaben ist. Fangen wir von vorne an und stellen zunächst die folgenden Fragen: Wie kommt man in der Physik überhaupt zu einer spezifischen Erkenntnis?

Mit welcher Art von Wahrheit haben wir es in der Physik zu tun? Darauf aufbauend können wir dann abschätzen, zu welcher Art von Aussagen der Mensch überhaupt über das *Leben* kommen kann.

Wir sprachen im vorherigen Abschnitt davon, daß manche Wissenschaftler davon überzeugt sind, den Plan Gottes, also die absolute Wahrheit, bald in den Händen zu haben.

Können wir wirklich mit unseren Mitteln die absolute Wahrheit erfassen? Das ist die Frage. Kann der Mensch bis auf den letzten Grund der Welt blicken? Ist ihm diese Möglichkeit gegeben? Kann insbesondere das, was wir unmittelbar vor Augen haben, mit der absoluten Wahrheit identifiziert werden?

Die Physik, so haben wir festgehalten, hat die Götter und Feen vertrieben, denn das (materielle) Weltgeschehen kann ohne sie verstanden werden. Solche metaphysischen Individuen haben in der Physik keinen Platz, da sie insbesondere von Kulturkreis zu Kulturkreis zum Teil wesentlich verschieden voneinander sind, während doch eine physikalische Aussage – insbesondere eine Messung – für alle möglichen Kulturkreise in gleichem Maße Gültigkeit hat. Dennoch kommt auch die Physik ohne das Metaphysische nicht aus. Was ist damit gemeint?

Götter, Feen, Engel oder Symbole überhaupt, so wie sie im Rahmen von Epen, Mythen, Sagen oder auch religiösen Systemen auftreten, sind – wie schon gesagt – sehr verschieden voneinander, und es gibt viele, sehr viele Individuen und Symbole dieser Art; jeder Kulturkreis hat im Grunde seine eigenen. Aber es lassen sich alle mit dem Oberbegriff „metaphysisches Element" zusammenfassen:

Götter, Feen, Engel oder Symbole überhaupt sind allesamt *metaphysische Elemente*, die mindestens eines gemeinsam haben: Wir können sie weder mit den fünf Sinnen noch mit den von uns konstruierten Meßgeräten erfassen.

Der Punkt ist nun, daß in der Physik gerne behauptet wird, ganz ohne metaphysische Eigenheiten auskommen zu können: Alles ist Materie oder durch Materie bestimmt. Der Grund für diese Haltung liegt auf der Hand, da – wie wir oben schon festgestellt haben – metaphysische Elemente weder mit den fünf Sinnen noch mit unseren Meßinstrumenten nachgewiesen werden können. Deshalb werden metaphysische Elemente oft als Gegenstände der Erkenntnis rundweg abgelehnt. So auch von Immanuel Kant.

Ohne eine physikalische Theorie ist keine qualifizierte Aussage über die Welt möglich

Aber mit dieser Auffassung kommt man ernstlich in erkenntnistheoretische Schwierigkeiten, da es bisher nicht gelungen ist, eine physikalische Theorie zu entwerfen, die auch tatsächlich ohne metaphysische Elemente auskommen könnte. Andererseits gibt es keine *qualifizierte* Aussage über die Realität draußen ohne physikalische Theorie. Alle Aussagen über die Außenwelt, die über die unmittelbaren optischen Eindrücke bei der voraussetzungslosen Beobachtung im Alltag hinausgehen, bedürfen einer physikalischen Theorie; die Seriosität von Aussagen über die Welt draußen hängen dann eng mit der Seriosität von der zugrundegelegten Theorie ab.

Dialog mit der Natur

Dieser Punkt ist wichtig und soll deshalb näher erläutert werden. Kommen wir noch einmal auf unsere obige Frage zurück: Wie kommt man in der Physik zu einer spezifischen Erkenntnis? Hier gibt es im Grunde nur einen Weg, nämlich den *Dialog mit der Natur*. Was ist darunter zu verstehen? Gehen wir kurz auf diesen Punkt ein.

Meßergebnisse, auch wenn sie noch so gut sind, bedeuten zunächst nicht viel, denn ein schlüssiges Weltbild – eine Vorstellung von der Wirklichkeit draußen – kommt erst dann zustande, wenn man durch Denken ein theoretisches Weltbild entworfen hat, das zu Fragen Anlaß gibt, und zwar zu Fragen an die Natur selbst. Das heißt, wir stellen gezielt Experimente an, und der Ausschlag des Zeigers am Meßinstrument ist die Antwort auf unsere Frage. Mit anderen Worten, wir überprüfen das Weltbild auf seine Richtigkeit. Ist die Richtigkeit hinreichend gut bewiesen, dann fassen wir die Welt draußen so auf, wie es vom theoretischen Weltbild vorgeschrieben wird. Das ist der Weg, wie in der Physik Erkenntnisse erworben werden – qualifizierte Erkenntnisse.

Also, ohne theoretisches Weltbild kann keine qualifizierte Erkenntnis über die Realität draußen gefunden werden. Meßergebnisse allein bedeuten zunächst gar nichts. Nur ihre Einordnung in ein theoretisches Weltbild schafft uns eine Vorstellung über die Welt draußen.

Elementspezifische Zeigerausschläge

Das wäre Punkt 1 zum Dialog der Natur. Punkt 2 bezieht sich auf die oben diskutierten metaphysischen Elemente:

Im theoretischen Weltbild kommen nur dann keine metaphysischen Elemente vor, wenn es zu *jedem* Element der Theorie auch einen *elementspezifischen* Zeigerausschlag am Meßinstrument gibt. Sollte das prinzipiell nicht möglich sein, dann kann behauptet werden, daß es für die betroffenen Elemente in der Theorie kein Gegenstück in der physikalischen Wirklichkeit gibt. Jedenfalls sind die betroffenen Elemente mit naturwissenschaftlichen Meßmethoden nicht nachweisbar, d. h., solche Elemente haben metaphysischen Charakter, so wie Götter und launische Feen metaphysischen Charakter haben.

Metaphysische Elemente sind – wie gesagt – der physikalischen Erfahrung nicht zugänglich. Da sie aber tragende Stützen der Theorie sind, haben sie *realen* Charakter. Ihre Existenz kann nicht einfach geleugnet werden, so wie das bei den Göttern und Feen noch bequem möglich war. Denn würde man die metaphysischen Elemente einer Theorie fallenlassen, so müßte man in der Regel die gesamte Theorie fallenlassen, auch wenn diese mit all ihren meßtechnisch nachweisbaren Größen die Realität draußen noch so brillant beschreibt.

Das erscheint aber schon deshalb abwegig, da es bisher einfach nicht gelungen ist, eine physikalische Theorie zu entwickeln, die frei von metaphysischen Elementen wäre, auch nicht die Newtonsche. Der tiefere Grund dafür scheint in der Tatsache begründet zu sein, daß wir Menschen einfach nicht in der Lage sind, die Welt *vollständig* zu erfassen.

Resümee

Wir kommen somit zu folgendem Schluß: Mit der Physik haben wir zwar die Götter und Feen unserer unmittelbaren Vorstellung vertrieben, aber nicht das Metaphysische im allgemeinen.

Das deckt sich mit der Aussage, die wir oben im Zusammenhang mit dem Satz von Gödel angesprochen haben, obwohl dem Ergebnis in diesem Abschnitt kein strenger mathematischer Beweis zugrunde liegt. Der Satz von Gödel läßt aber unsere Aussagen über metaphysische Eigenheiten plausibel erscheinen, da selbst im streng mathematisch-logischen Bereich die Metaphysik nicht zu umgehen ist.

Das ist aus erkenntnistheoretischer Perspektive bedeutend und führt direkt zu der folgenden Frage: Welche Art von Wahrheit ist durch eine physikalische Theorie gegeben? Ist es die absolute, also die letzte Wahrheit oder welche Art von Wahrheit liegt hier vor? Das ist eine wichtige Fragestellung, auf die wir jetzt eingehen wollen.

KÖNNEN MENSCHEN DIE ABSOLUTE WAHRHEIT ERKENNEN?

Können Lebewesen die absolute Wahrheit, also den tiefsten Grund von der Wirklichkeit erkennen? Da Lebewesen selbst zu dieser Wirklichkeit gehören, schließt diese Frage auch ein, ob Lebewesen sich selbst bzw. das Leben überhaupt auf absolutem Niveau erkennen können. Wenn wir die Physik als höchste Instanz zur Beschreibung der Realität draußen anerkennen, läuft dieses Problem auf die Frage hinaus, welche Art von Wahrheit die Physik letztlich beschreibt. Tangiert also die Physik das, was wir mit absoluter Wahrheit bezeichnet haben?

Um diese Frage beantworten zu können, wollen wir uns als typisches Beispiel die bereits erwähnte Newtonsche Mechanik etwas näher ansehen, also die Newtonsche Bewegungsgleichung, die – wie wir oben gesehen haben – für die Erde bei ihrer Bewegung um die Sonne wie folgt formuliert werden kann: $m_E \, d^2\mathbf{r}_E/dt^2 = -G \, m_E \, m_S \, (\mathbf{r}_E - \mathbf{r}_S)/|\mathbf{r}_E - \mathbf{r}_S|^3$. Diese Gleichung beschreibt, wie gesagt, die Bahn eines Himmelskörpers, der unter dem Einfluß eines anderen Himmelskörpers steht, wie zum Beispiel die Bahn der Erde, auf die das Gravitationsfeld der Sonne wirkt.

Nehmen wir an, die obige Gleichung würde die absolute Wirklichkeit darstellen bzw. beschreiben. Dann müßten wir die Massen m_E und m_S und die zwischen diesen Massen herrschende Gravitationswechselwirkung als real existierend ansehen. Sich das vorzustellen, bedeutet zunächst kaum eine Schwierigkeit.

Auch die Lösungen der Newtonschen Bewegungsgleichung (es ist eine Differentialgleichung), also die Bahnen, die die Masse m_E durchläuft, müßten als real existierend aufgefaßt werden. Auch diese Annahme macht keine Probleme, denn wir beobachten ja die Bewegung der Himmelskörper, wir haben sie direkt vor uns. Deshalb können wir zunächst durchaus annehmen, daß auch diese Bahnen einen absoluten Tatbestand widerspiegeln.

Können Himmelskörper Differentialgleichungen lösen?

Bis zu diesem Punkt kann man also durchaus voraussetzen, daß die Bewegungsgleichungen mit all ihren Elementen und Lösungen die Struktur der absoluten Wirklichkeit widerspiegeln, also das sind, was wir absolute Wahrheit nannten, daß – mit anderen Worten – die Wirklichkeit in letzter Instanz auch tatsächlich so beschaffen ist, wie die Physik es vorschreibt.

Aber hier ist Vorsicht geboten, denn ein solcher wissenschaftlicher Realismus würde konsequenterweise nach sich ziehen, daß die Himmelskörper bei ihrer Bewegung durch den Raum ununterbrochen Differentialgleichungen lösen müßten, denn bei den Newtonschen Bewegungsgleichungen handelt es sich – wie oben schon erwähnt – um Differentialgleichungen.

Eine solche Vorstellung wirkt aber geradezu lächerlich. Wo ist der Computer versteckt, der diese Arbeit machen würde? Wer macht diese Fleißarbeit blitzschnell und gleichzeitig überall? Im übrigen müßte die Theorie den Mechanismus selbst liefern, mit dem die Natur diese Differentialgleichungen löst, müßte also Inhalt der Theorie selbst sein, was aber nicht der Fall ist.

Wissenschaftlicher Realismus

Diese kurze Analyse macht deutlich, daß wir mit den Newtonschen Vorstellungen keineswegs das tangieren, was wir mit absoluter Wirklichkeit bzw. absoluter Wahrheit bezeichnet haben, und das gilt dann auch ganz offensichtlich für alle Entwicklungen in der Physik, auch für die neueren, denn alles ist nach der Newtonschen Vorgehensweise aufgebaut, wofür charakteristisch ist, daß das, was der Beobachter unmittelbar vor Augen hat, die Grundlage ist.

Nicholas Rescher hat sich eingehend mit dieser Fragestellung befaßt und weist deutlich auf die Grenzen der Wissenschaft hin. Er drückt diesen Tatbestand wie folgt aus[2]:

„*Wissenschaftlicher Realismus ist die Lehre, daß die Wissenschaft die wirkliche Welt beschreibt, daß die Welt tatsächlich das ist, als was die Wissenschaft sie ansieht, und ihre Ausstattung von der Art ist, die die Wissenschaft im Auge hat ... Daß dem nicht so ist, ist ganz klar.*"

Die Tatbestände (die Bahnen und die damit verknüpften physikalischen Elemente und Effekte), die durch die oben eingeführte Gleichung $m_E d^2 r_E/dt^2 = -G\, m_E\, m_S\, (r_E - r_S)/|r_E - r_S|^3$ beschrieben werden, stellen lediglich eine gewisse Form von Wahrheit dar, aber nicht die absolute. Wenn wir das akzeptieren (wenn wir realistisch sind, bleibt uns gar nichts anderes übrig), so hat das schwerwiegende Konsequenzen für *alles*, was unmittelbar vor unseren Augen in Erscheinung tritt:

Denn wenn das alles, was durch die Bewegungsgleichung $m_E d^2 r_E/dt^2 = -G\, m_E\, m_S\, (r_E - r_S)/|r_E - r_S|^3$ beschrieben wird, also auch die Bahnen der Himmelskörper, die wir ja in genau dieser Form unmittelbar vor Augen haben, nicht die letzte, also absolute Wahrheit sein kann, dann kann auch all das andere, was wir unmittelbar vor Augen und über unseren Tastsinn auch fühlen können, nicht die letzte Wahrheit sein, also auch nicht das, was wir von uns selbst und anderen Lebewesen wahrnehmen.

Dieser Befund ist von grundlegender Bedeutung, insbesondere dann, wenn wir uns mit der Frage „Was ist Leben?" befassen. Bei der Beantwortung dieser Frage werden wir nicht bis zum letzten Grund vordringen können. Im nächsten Abschnitt wollen wir diesen Fragenkomplex weiter vertiefen und verständlicher machen.

BILDER VON DER WIRKLICHKEIT

Was haben wir unmittelbar vor Augen?

Die Verhältnisse können gut verstanden werden, wenn man sich darüber im klaren ist, daß die optischen Eindrücke, die wir unmittelbar vor Augen haben, immer nur ein Bild von der Wirklichkeit sind, also nicht die Wirklichkeit direkt darstellen. Dabei setzen wir aber durchweg voraus, daß dieses „Bild von der Wirklichkeit" mit der eigentlichen „Wirklichkeit draußen" identisch ist, jedenfalls ist es die Regel, eine solche Annahme zu machen. So schreibt beispielsweise der Psychologe C.G. Jung[3]:

„Wenn man darüber nachdenkt, was das Bewußtsein wirklich ist, ist man zutiefst von der wunderbaren Tatsache beeindruckt, daß ein außerhalb im Kosmos stattfindendes Ereignis gleichzeitig ein inneres Bild hervorruft, daß das Ereignis sozusagen ebenso im Innern stattfindet ..."

Daß es sich bei dem, was wir unmittelbar vor Augen haben, lediglich um ein Bild handelt, daß es also zunächst nicht die materiellen Gegenstände selbst sind, die wir unmittelbar vor Augen haben, läßt sich mit relativ einfachen Mitteln verstehen:

Es ist charakteristisch für den Sehakt, daß unser Bewußtsein nicht das Bild der Gegenstände wie Sonne, Mond und Sterne drinnen im Auge registriert, sondern in uns das Empfinden wachgerufen wird, einem Gegenstand gegenüberzustehen, der sich außerhalb von uns draußen im Raum befindet. Offensichtlich hat die Evolution eine solche Situation aus Gründen der Zweckmäßigkeit entwickelt.

Wie gesagt, der Eindruck, einem Gegenstand gegenüberzustehen, ist aber nur das Empfinden. Dieser vom Gehirn erzeugte Eindruck, daß sich dies alles außerhalb von uns draußen im Raum befindet, stellt zunächst nur ein Bild von der Wirklichkeit dar, und zwar ist es ein Bild, daß aber tatsächlich innerhalb des Gehirns des Beobachters lokalisiert ist.

Mit anderen Worten, es ist nicht die draußen angesiedelte Wirklichkeit selbst bzw. direkt, die wir unmittelbar vor Augen haben.

Die folgende Situation liegt vor (Abb. 1): Daten fließen von der Außenwelt über unsere Sinnesorgane in den Körper, und das Gehirn verarbeitet diese Informationen zu einem „Bild von der Wirklichkeit". In diesem Bild können dann nicht die Gegenstände der Außenwelt selbst vorliegen, sondern es sind lediglich geometrische Orte von ihnen. Das ist klar, denn die Himmelskörper und all die anderen Dinge passen schlecht in unseren Kopf. Aber wir setzen irgendwie voraus, daß in der Wirklichkeit draußen die geometrischen Orte im Bild durch die realen Massen ersetzt sind (Abb. 2), daß aber ansonsten die Strukturen im Bild identisch sind mit denen in der Wirklichkeit draußen. Das Bild wäre dann eine naturgetreue Abbildung von der Wirklichkeit selbst (Abb. 2).

[Außenwelt] → [Bild von der Wirklichkeit]

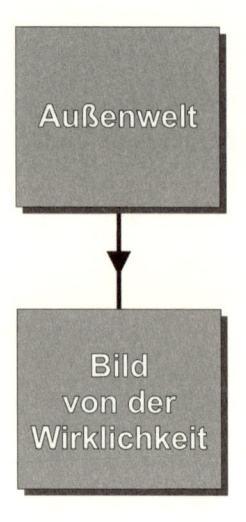

Abb. 1:
Aus den Daten der Außenwelt wird vom Gehirn des Beobachters ein Bild von der Wirklichkeit geformt.

Eine transformierte Wirklichkeit

Hier aber wird die Sache kritisch. Warum sollte die Natur ein Ereignis sozusagen zweimal stattfinden lassen, wenn doch nichts Neues dabei herauskommt? Denn der Erkenntnis- und Wahrnehmungsapparat des Menschen hat sich evolutionär entwickelt, und die Evolution ist nach dem Prinzip der Zweckmäßigkeit ausgerichtet. Warum also verarbeiten, um dann doch nur das zu erkennen, was auf direktem Wege erfahrbar gewesen wäre? Das wäre nicht zweckmäßig und gegen die Prinzipien der Evolution.

Die Bewegungsgleichungen beschreiben die Strukturen im Bild

Nein, wir müssen davon ausgehen, daß die Bilder von der Wirklichkeit strukturell verschieden von der Wirklichkeit

Wirklichkeit draußen

Bild von der Wirklichkeit

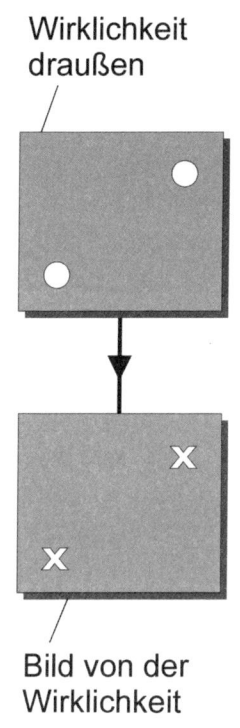

Abb. 2:
In der Wirklichkeit draußen sind die realen Gegenstände angesiedelt, wie zum Beispiel die beiden Massen, die in der Abbildung durch zwei volle Punkte symbolisiert sind. Im Bild von der Wirklichkeit haben wir anstelle der Massen geometrische Orte, was in der Abbildung durch Kreuze wiedergegeben ist.

selbst sind, daß wir, mit anderen Worten, eine transformierte Wirklichkeit vor Augen haben (Abb. 3).

Im Zusammenhang mit den Bewegungsgleichungen haben wir festgestellt, daß diese Gleichungen nicht die absolute Wahrheit repräsentieren können, daß sie – mit anderen Worten – kein Instrument zur Beschreibung der absoluten Wirklichkeit sein können. Das haben wir oben herausgearbeitet.

Wirklichkeit
draußen

Bild von der
Wirklichkeit

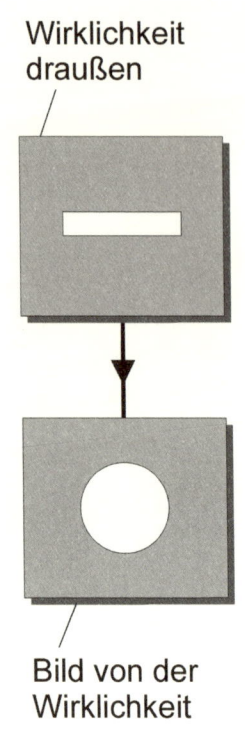

Abb. 3:
Wir müssen davon ausgehen, daß die Strukturen in der Wirklichkeit draußen mit denen im Bild nicht identisch sind, daß wir also eine transformierte Wirklichkeit vor uns haben.

Diesen Sachverhalt können wir dann gut verstehen, wenn wir zwischen der absoluten Wirklichkeit und dem Bild von der Wirklichkeit säuberlich unterscheiden, so wie wir das bereits gemacht haben.

Die Bewegungsgleichungen beschreiben die Verhältnisse, die wir unmittelbar vor Augen haben. Das, was Newton unmittelbar vor Augen hatte, war für ihn die Grundlage für seine Konstruktion, für seine Theorie.

Dann beschreiben die Bewegungsgleichungen primär die Verhältnisse im Bild (Abb. 4), nicht aber die Strukturen in der absoluten Wirklichkeit, denn nur im Bild ist das, was wir unmittelbar vor Augen haben. Da aber die Bewegungsgleichungen nicht die Strukturen in der absoluten Wirklichkeit beschreiben können, da sie also nicht die absolute Wahrheit darstellen können (wir haben das oben herausgearbeitet), müssen die Strukturen im Bild von denen in der absoluten Wirklichkeit notwendigerweise verschieden voneinander sein. Dann kann nur eine *transformierte Wirklichkeit* vorliegen, also ein Ergebnis, das sich mit dem deckt, was man aus den Prinzipien der Evoluti-

Wirklichkeit draußen

$$m_E \frac{d^2 \vec{r}}{dt^2} = -G \frac{m_E m_S}{\left| \vec{r}_E - \vec{r}_S \right|^3} (\vec{r}_E - \vec{r}_S)$$

Bild von der Wirklichkeit

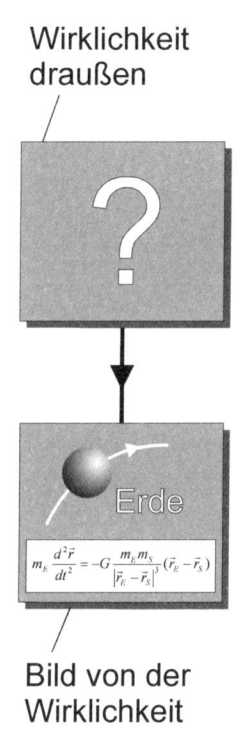

Abb. 4:
Die Bewegungsgleichungen beschreiben primär die Verhältnisse im Bild, nicht aber die Situation in der absoluten Wirklichkeit. Da diese Gleichungen kein Instrument zur Beschreibung der absoluten Wirklichkeit sein können (Die Himmelskörper lösen bei ihren Bewegungen keine Differentialgleichungen!), kann nur eine transformierte Wirklichkeit vorliegen. Wie die Verhältnisse in der absoluten Wirklichkeit geordnet sind, wissen wir nicht.

on ganz allgemein erwartet; wir hatten diesen Punkt kurz angesprochen.

Eine weitergehende Analyse zeigt dann [4], daß wir über die Strukturen in der absoluten Wirklichkeit, also über die Wirklichkeit draußen, keinerlei Aussagen machen können. Danach bleibt die absolute Wahrheit dem Menschen grundsätzlich verborgen. Natürlich gilt das auch für den Menschen oder das Leben überhaupt. Wie der Mensch (also er selbst und andere) und alles Lebendige in der absoluten Wirklichkeit geformt ist, bleibt ihm grundsätzlich verborgen (Abb. 5).

Wirklichkeit draußen

Bild von der Wirklichkeit

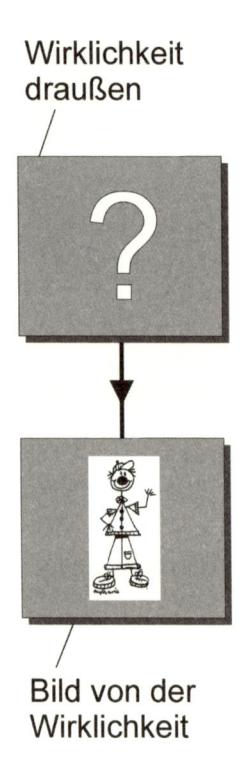

Abb. 5:
Wir können keinerlei Aussagen über die absolute Wirklichkeit selbst sagen. Das gilt auch für den Menschen selbst: Wie der Beobachter und seine Mitmenschen in der absoluten Wirklichkeit strukturiert sind, bleibt ihm grundsätzlich verborgen.

ZUSAMMENFASSUNG UND SCHLUSSBEMERKUNGEN

Bei der Beantwortung der Frage „Was ist Leben?" versucht man, das Leben aus diesem selbst heraus zu verstehen. Bei der Mathematisierung dieses Problems läuft das auf die Frage hinaus, daß ein mathematisches System Aussagen über sich selbst machen muß; es ist der Versuch einer selbstbezogenen Analyse. Hier wird man den Satz von Gödel berücksichtigen müssen. Danach wird ein konsistentes System immer Aussagen enthalten, über deren Wahrheitsgehalt man, ausgehend vom System selbst, nicht entscheiden kann. Enthält aber ein System unbeweisbare Aussagen, so hat das System metaphysischen Charakter. Bei der mathematischen Beantwortung der Frage „Was ist Leben?" wird das Ergebnis somit immer eine Überlagerung von wahren Tatsachen mit metaphysischen Komponenten sein.

Tatsächlich ist es denn auch so, daß bis heute keine physikalische Theorie formuliert werden konnte, die ohne metaphysikalische Elemente wäre. Andererseits ist aber keine qualifizierte Aussage über die Realität draußen ohne theoretisches Weltbild möglich. Man kommt dann zwangsläufig zu der Frage, mit welcher Wahrheit wir es in der Physik zu tun haben. Ist es die absolute, also letzte Wahrheit oder welche Art von Wahrheit liegt hier vor? Wir haben diese grundsätzliche Frage an einem typischen Beispiel untersucht, nämlich für den Fall der Himmelsmechanik, wie sie von Newton so erfolgreich vor mehr als dreihundert Jahren formuliert wurde. An diesem Beispiel wurde herausgearbeitet, daß die Vorstellungen, die im Rahmen der Theoretischen Physik angesprochen werden, kaum der absoluten Wahrheit entsprechen können, daß sie – mit anderen Worten – nicht die absolute Wirklichkeit beschreiben können.

Die Verhältnisse können gut verstanden werden, wenn man zwischen der eigentlichen Wirklichkeit und dem Bild von der

Wirklichkeit unterscheidet. Unmittelbar vor Augen haben wir immer nur das Bild von der Wirklichkeit und keineswegs die Wirklichkeit direkt. Die Newtonschen Bewegungsgleichungen beschreiben die Verhältnisse im Bild, aber es wird eigentlich immer vorausgesetzt, daß die Strukturen in der Realität draußen mit denen im Bild identisch sind (Abb. 2). Es wurde diskutiert, daß dieser Standpunkt kaum haltbar ist, daß also die Strukturen in der Realität draußen verschieden sind von denen, die wir im Bild vorfinden. Das bedeutet aber, daß wir eine *transformierte* Wirklichkeit vor Augen haben. Es ist dann so, daß der Mensch über die Strukturen in der absoluten Wirklichkeit, also über die Realität draußen, keinerlei Aussagen machen kann. Natürlich gilt das auch für das Leben bzw. den Menschen selbst: Wie er selbst und andere in der absoluten Realität strukturiert ist, bleibt ihm grundsätzlich verborgen.

In diesem Zusammenhang stellen sich für die Physik einige grundsätzliche Fragen. Wir können dann nicht mehr so einfach behaupten, daß *alles* (Materie, Felder) in der Raum-Zeit eingebettet ist, so wie es die Gleichungen der Theoretischen Physik (wie zum Beispiel die oben angesprochene Newtonsche Bewegungsgleichung) suggerieren, denn wir wissen nicht einmal, ob es eine Raum-Zeit in der Realität draußen gibt. Wenn wir allerdings Raum und Zeit als Elemente des Bildes auffassen, mit deren Hilfe die Darstellung der Verhältnisse in der Welt draußen erfolgt, dann ist es geboten anzunehmen, daß die Existenz von Raum und Zeit in der Realität draußen keinen Sinn ergibt. Wenn wir dann wissen wollen, was und wie in der Welt etwas geschieht, so reicht es dann nicht mehr, nur die Strukturen im Bild zu kennen, denn im Bild kann per definitionem niemals das reale Etwas vorkommen, sondern ausschließlich in der eigentlichen Wirklichkeit.

Wenn das Bild verstanden werden soll, so muß man wissen bzw. theoretisch beschreiben können, was in der Realität draußen geschieht. Da diese Prozesse auf die Raum-Zeit projiziert werden und das Bild von der Wirklichkeit darstellen, müssen außerdem die Transformationsgesetze bekannt sein, mit denen die Prozesse in das Bild umgewandelt werden, denn wir haben oben festgestellt (Abbildungen 3, 4, 5), daß es eine transformierte Wirklichkeit sein sollte, die im Bild erscheint. Da aber die absolute Wirklichkeit für den Menschen grundsätzlich nicht faßbar ist, muß man mit den Mitteln des Bildes eine sogenannte Fiktive Wirklichkeit [4,5] einführen; außerdem muß man eine damit konsistente mathematische Beziehung für die Transformationsgesetze bereitstellen, um die Strukturen im Bild von den Prozessen bzw. Vorgängen her verstehen zu können. Eine nähere Analyse zeigt dann [4,5,6], daß wir den Impuls p und die Energie E als Variablen zur Beschreibung der Fiktiven Wirklichkeit auffassen können; in diesem Rahmen beschreibt die Fourier-Transformation den Übergang von der Realität (Fiktive Wirklichkeit) zum Bild von der Wirklichkeit.

Schon in den ersten physikalischen Theorien stellt die Masse m keine Hilfsgröße dar, sondern wurde und wird als eine realitätscharakterisierende Größe aufgefaßt bzw. definiert. Ebenso müssen die Energie E und der Impuls p als realitätsbezogene Größen aufgefaßt werden, da sie mit m gebildet werden [5,6]. Natürlich stellt auch die Fiktive Wirklichkeit mit den Variablen p und E in gewisser Weise ein Bild dar. Aber es ist ein „Bild der Beschreibung", jedoch nicht ein „Bild von der Wirklichkeit" im obigen Sinne. Die Fiktive Wirklichkeit, die die absolute Wirklichkeit sozusagen ersetzt, ist beobachterbezogen, da sie mit den Mitteln des Bildes geformt ist (es gehen die Begriffe Raum und Zeit ein); unter der absoluten Wirklichkeit versteht man im Gegensatz dazu eine *nicht* beobachterbezogene Struktur, die aber dem Menschen nicht zugänglich ist, da er immer in seinem System gefangen ist.

Im Gegensatz zu den gängigen physikalischen Beschreibungen tritt im Rahmen einer solchen Auffassung der Begriff der „systemspezifische Zeit" auf [5,6], und eine solche systemspezifische Zeit könnte Grundlage zum Verständnis des menschlichen Zeitempfindens sein, das als eines der wichtigsten Merkmale lebendiger Systeme aufgefaßt werden kann.

LITERATUR

[1] Kurt Gödel, „über formal unentscheidbare Sätze der Principia Mathematica und verwandter Systeme, I.", Monatshefte für Mathematik und Physik **38**, 173, 1931.
[2] Nicholas Rescher, „Die Grenzen der Wissenschaft", Reclam, Universal-Bibliothek Nr. 8095, Stuttgart, 1985.
[3] C.G. Jung, in: John Ziman, „Reliable Knowledge", Cambridge University Press, Cambridge, 1978.
[4] Wolfram Schommers, „Das Sichtbare und das Unsichtbare", Die Graue Edition, Zug/Kusterdingen, 1995.
[5] Wolfram Schommers, „Zeit und Realität", Die Graue Edition, Zug/Kusterdingen, 1997.
[6] W. Schommers (Ed.), „Quantum Theory and Pictures of Reality", Springer-Verlag, Berlin, Heidelberg, 1989.

Lev V. Beloussov

Die gestaltbildenden Kräfte lebender Organismen

„Noch Manchem wird ein Preis zu Theil werden. Die Palme aber wird der Glückliche erringen, dem es vorbehalten ist, die bildenden Kräfte des thierischen Körpers auf die allgemeinen Kräfte oder Lebensrichtungen des Weltganzen zurückzuführen. Der Baum, aus welchem seine Wiege gezimmert werden soll, hat noch nicht gekeimt!"

(Karl Ernst von Baer, in: „Über Entwickelungsgeschichte der Thiere – Beobachtung und Reflexion", erster Theil, S. XXII, Königsberg 1828, Druck bei Gebr. Borntrager, Nachdruck, Brüssel, 1967.)[1]

Einleitung

Ich hoffe, daß der Leser wenigstens einmal in seinem Leben die Gelegenheit hatte, irgendeinen sich entwickelnden Organismus zu beobachten, z. B. einen Frosch. Wenn man zu Beginn des Frühjahrs einen Weiher inspiziert, kann man schon mit bloßem Auge eine verblüffende Eigenschaft der frühen Entwicklung eines Frosches beobachten, nämlich wie ein kugelförmiges Ei, das aus zwei gleichen Halbkugeln besteht, einer schwarzen und einer weißen, durch Längs- und Querfurchen in erstaunlich regelmäßiger Weise geteilt wird. Und, wie danach die schwarze Halbkugel damit beginnt, sich über die weiße auszubreiten, bis sie schließlich die weiße Hemisphäre komplett bedeckt; und schließlich wie im weiteren Verlauf aus einem kugelförmigen Ei ein länglicher Embryo wird, der in verschiedene Teile unterteilt ist, die u. a. dem zukünftigen Kopf, dem Leib und dem Schwanz entsprechen. Ich bin sicher, daß diese einfachen Beobachtungen in jedem die naive Frage hervorrief: Wie ist dies alles möglich? Worin besteht die mysteriöse Kraft, die ohne jeden sichtbaren Eingriff von außen so präzise Formumwandlungen immer wieder neu, über ungezählte Generationen hinweg, hervorruft? Wie „weiß" jedes einzelne Teil eines Embryos zu jedem Zeitpunkt, was es zu tun hat?

Meist jedoch hält dieses Gefühl von Überraschung und Erstaunen nicht zu lange an. Entweder vergißt der Beobachter das Wahrgenommene oder, wenn er in Büchern zur Entwicklung der Tiere nachliest [2,3,4], wird er bald den Eindruck gewinnen, daß all dies schon gelöst und verstanden ist. Ein Schlüsselwort, auf das er oder sie in diesen Büchern immer wieder trifft ist: ein „Gen". Die Bücher sagen uns, daß die Gene die Entwicklung von Organismen regulieren und überwachen, indem sie den Zellen sagen, was sie in jedem Augenblick tun müssen. Und, sobald wir alle Gene kennen und sie isoliert haben, werden wir in der Lage sein, die Entwicklung nach eigenem Willen zu verändern, so daß nichts unbekanntes und mysteriöses übrig bleibt. Die ersten Erfolge genetischer Manipulationen scheinen diese Betrachtung zu rechtfertigen.

Aber ist das wirklich so? Haben wir schon den wundersamen Schlüssel zu allen Rätseln der Entwicklung von Organismen in unserer Hand? Sind die Gene die wirklichen Meister der Entwicklung oder sind sie nur Werkzeuge, die von einem übergeordneten Lebens-Prinzip für einen bestimmten Zweck verwendet werden, einem organischen Prinzip, das vor 170 Jahren von dem großen deutschen Embryologen Karl Ernst von Baer als „gestaltbildende Kraft" sich entwickelnder Organismen (vgl. Zitat des Vorwortes) bezeichnet wurde?

Um auf diese Fragen angemessene Antworten zu finden, soll die Entwicklung von Organismen näher betrachtet werden.

LOKALE UND GLOBALE PROBLEME DER ENTWICKLUNG

Für zahlreiche Generationen von Embryologen war ihr bevorzugtes Versuchsobjekt ein Meerestier, der Seeigel. Seeigeleier sind mikroskopisch klein und transparent; es ist relativ leicht, größere Mengen davon zu befruchten und ihre Entwicklung zu beobachten (Abb. 1). Ähnlich den Froscheiern, beginnen Seeigeleier mit einer Serie von Furchungsteilungen, die das Ei sehr genau in 2, 4, 8 etc. Tochterzellen teilt, die dabei immer kleiner werden, den Blastomeren (Keimzellen) (Abb. 1, B - G). Schon bald entsteht eine zentrale Einwölbung, das Blastocoel, in dem sich teilenden Ei (Abb. 1, H). Dieses Stadium wird Blastula genannt. Unmittelbar danach entsteht ein entscheidendes Stadium der Entwicklung, das der Gastrulation: Ein Teil der vorherigen Blastula-Wand wird in das Blastocoel eingestülpt, wobei sich ein Rudiment eines embryonalen Darms bildet (Abb. 1, I). Bald krümmt sich der Darm (Abb. 1, J) und an seinem gegenüberliegenden Ende bildet sich eine Mundöffnung. Zu etwa der gleichen Zeit werden auf beiden Seiten zwei Taschen gebildet, aus denen zwei Coelomsäcke werden, Rudimenten der großen Körperhöhlung. Innerhalb weniger Tage entsteht aus dem Embryo, der sich jetzt in eine frei schwimmende Larve verwandelt, eine höchst komplizierte Gestalt durch die Bildung kleiner Auswüchse, den Armen (Abb. 1 L, M). Während dieser Zeit, oder auch schon früher, findet eine Zelldifferenzierung statt: Die verschiedenen Zellen unterscheiden sich in ihrer Form und ihrer inneren Struktur sowie in ihrer Fähigkeit zur Synthese unterschiedlicher Proteine, die zur Ausübung spezifischer Zellfunktionen benötigt werden. Diese sind sensorische Zellen, neurale Zellen, Muskelzellen und andere.

Die Fragen, die sich aus der Beobachtung eines solchen Vorgangs ergeben, lassen sich grob gesehen in zwei Klassen ein-

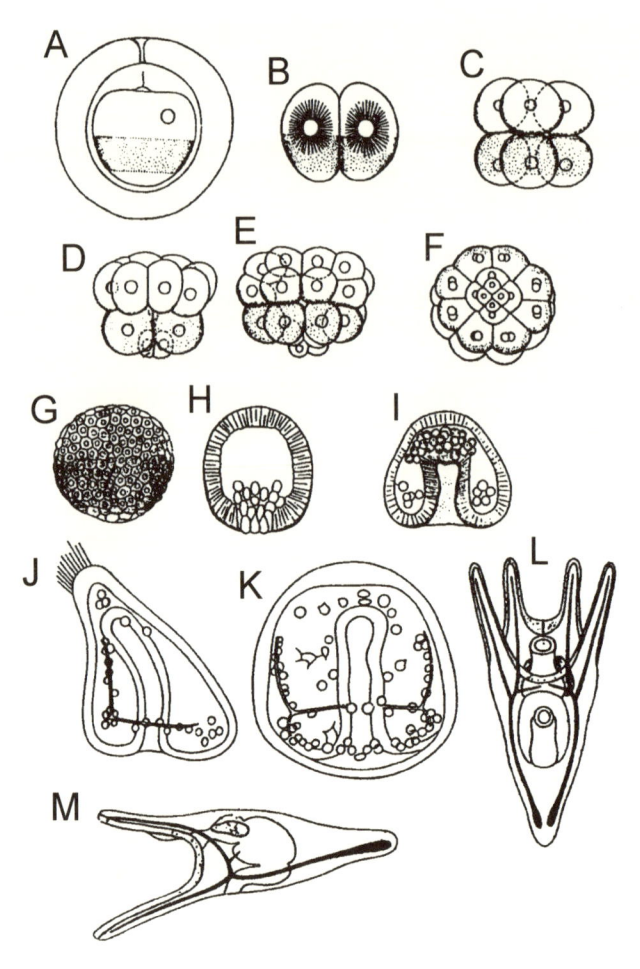

Abb. 1:
Aufeinanderfolgende Entwicklungsstadien eines Seeigel-Embryos beginnend mit der Eizelle in ihren Hüllen (A) bis zur frei schwimmenden Larve (L, M). Die Vielzahl komplizierter Strukturen ist deutlich zu erkennen. Die Eizelle ist bereits polarisiert (A), B - F: Furchungen, G - H: Blastula-Stadien, I - K: Gastrulation, L - M: Larve in frontaler und saggitaler Projektion [12].

teilen. Als erstes könnten wir daran interessiert sein, die Mechanismen zu ergründen, welche das spezifische Verhalten kleinster Teile bis hin zu einzelnen Zellen des Embryos bestim men, insbesondere was sind die Mechanismen einer Zellteilung, Formänderung, Zellbewegung und Zelldifferenzierung? Fragen dieser Art können als lokale oder Detailfragen verstanden werden. Um sie zu lösen, müssen Forscher immer tiefer und tiefer in die zelluläre Mikrostruktur eindringen. Die großartigen Erkenntnisse der modernen Wissenschaft wurden auf diese Weise gewonnen [5]. Wir wissen heute zum Beispiel, daß die Formänderungen und die Bewegungen der Zellen durch ein koordiniertes Zusammenwirken der Elemente des Zellskeletts (Cytoskelett) (welches kleine interzelluläre Muskeln, die Actomyosin-Microfilamente einschließt) und durch ein gezieltes Wachstum bzw. einen gezielten Abbau von Teilen der Zellmembran zustandekommt. Die gleichen Strukturen, in Kombination mit einem anderen Teil des Cytoskeletts, den Mikrotubuli, sind für die Zellteilung verantwortlich. Bei der Zelldifferenzierung sind die Gene die Hauptakteure. Eine zentrale biologische Entdeckung der letzten Jahrzehnte besteht in der Erkenntnis, daß die überwiegende Mehrheit der embryonalen Zellen (mit nur wenigen Ausnahmen) die gleichen Gene besitzt, weshalb nahezu alle Körperzellen (somatische Zellen) eines Organismus genetisch gleichwertig sind. Allerdings ist in jeder dieser unterschiedlich differenzierten Zellen nur ein bestimmter Satz von Genen aktiv, so daß sich die Zellen nur in ihren aktiven (nicht reprimierten) Genen unterscheiden. Dementsprechend synthetisieren die verschiedenen Zellen unterschiedliche messenger RNAs (Boten-Ribonukleinsäuren, mRNA) und aus diesen unterschiedliche Proteine. Die Anstrengungen der gegenwärtigen Biologie zielen hauptsächlich darauf ab, die Mechanismen dieser außerordentlich komplizierten Reaktionskette herauszufinden, die mit den Genen beginnt und über die mRNAs zu den Proteinen und den supramolekularen Strukturen führt [3, 5].

Selbstverständlich sind die lokalen Fragen, von denen hier nur sehr wenige erwähnt wurden, von größter Bedeutung. Wenn die gesamte belebte Welt nur aus einzelnen Zellen bestünde, die nicht miteinander in Verbindung treten, so wären Fragen dieser Art vermutlich die einzig vernünftigen. Wenn wir uns jedoch mit ganzen Organismen befassen, die aus vielen Hunderten, Tausenden, Millionen oder gar Milliarden Zellen bestehen, müssen wir uns mit Fragen zur Gesamtheit, mit globalen Fragen beschäftigen. In diesem zweiten Fragenkomplex gilt unser Interesse der Koordination von zellulären Aktivitäten in Raum und Zeit und weniger dem Studium immer kleinerer Details in einzelnen Zellen. „Weshalb findet ein bestimmtes Ereignis (z. B. eine Zellteilung, Zellbewegung oder die Aktivierung bestimmter Gene) in einem bestimmten Entwicklungsabschnitt und an einer bestimmten Stelle des Embryos statt?" – dies sind die Schwerpunkte dieses Fragenkomplexes.

Die globalen, ganzheitlichen Fragen müssen mit einer anderen Strategie angegangen werden als diejenigen, die zur Beantwortung der lokalen oder Detail-Fragen benutzt werden. Die Detailfragen werden streng analytisch, oder wie die Philosophen sagen, reduktionistisch behandelt. Das heißt, wir zerlegen das Ganze in seine Teile und nehmen an, daß es aus der Summe der Einzelteile resultiert. In den Naturwissenschaften und insbesondere in der modernen Biologie dominiert diese Strategie. Um zu Antworten auf die globalen, ganzheitlichen Fragen zu kommen, muß man jedoch eine andere Methode, die Synthese, anwenden. Diese Betrachtungsweise ist bei den heutigen Biologen allerdings weniger üblich. Um die ganzheitliche Betrachtungsweise in die Biologie einführen zu können, müssen wir bei den Physikern und Mathematikern in die Lehre gehen, da diese mit solchen Methoden vertrauter sind. Bevor wir uns jedoch dieser Materie zuwenden, müssen wir eine fundamentale Entscheidung treffen: Ist ein Organismus mehr als die Summe seiner Teile? Nur wenn wir diese Frage bejahen, ist eine globale Betrachtungsweise gerechtfertigt. Ist das aber nicht der Fall, dann gibt es keinen Grund etwas zur analytischen (= reduktionistischen) Methode hinzuzufügen und das gesamte Problem kann dann experimentell angegangen werden.

EMBRYONALE REGULATIONEN

Tatsächlich interessieren sich Wissenschaftler und Philosophen schon seit langer Zeit für globale Fragestellungen. So beschäftigte sich die antike griechische Philosophenschule des Aristoteles vor allem mit Embryologie. Aristoteles wußte schon sehr genau von der Embryonalentwicklung eines Hühnerembryos, soweit die Entwicklung mit dem unbewaffneten Auge zu verfolgen ist. Auch versuchte er bereits zu verstehen, wie die Strukturen der Extremitäten, des Herzens und der Augen in genauer räumlicher und zeitlicher Aufeinanderfolge entstehen. Er kam zu dem wichtigen Ergebnis, daß all diese Strukturen aus einem ursprünglich homogenen Material hervorgehen. Die Vorstellung einer de novo Synthese von embryonalen Strukturen aus einem homogenen oder zumindest weniger heterogenen Zustand wurde später als Epigenese definiert.

Viele hundert Jahre später, im XVII. Jahrhundert, als die ersten Mikroskope aufkamen, wurde die epigenetische Sichtweise als naiv angesehen. Jetzt konnten so viele mikroskopische Einzelteile in den Materialien beobachtet werden, die mit bloßem Auge homogen erschienen, daß niemand mehr an eine de novo Bildung glauben wollte. Was sich jetzt durchsetzte, war die Meinung, daß alle Strukturen eines adulten Organismus schon von Beginn der Entwicklung an da waren, entweder im Ei oder in der Samenzelle. Diese These wurde Präformismus genannt.

Die Auseinandersetzungen zwischen Epigenetikern und Präformisten setzten sich die nächsten 200 Jahre fort. Auch wenn wir hier auf viele Einzelheiten nicht eingehen können, so müssen wir doch auf die Experimente eingehen, die vor 100 Jahren gemacht wurden, um dieses Problem zu lösen.

Es ist der Verdienst des deutschen Embryologen Wilhelm Roux erkannt zu haben, daß der Streit zwischen beiden Parteien nur experimentell entschieden werden kann. Angenommen, so Roux, jede Struktur in einem frühen Zustand des Embryos ist vorgebildet, was passiert dann, wenn ein Teil (z. B. die Hälfte) von ihm entfernt wird? Die Präformisten würden fordern, daß der entsprechende Teil im adulten Tier fehlt. Wenn das jedoch nicht der Fall sein sollte und das adulte Tier über alle Strukturen verfügt, dann müßten die Epigenetiker Recht behalten.

Roux versuchte sich an einem solchen Experiment. Er verletzte eines der zwei Blastomeren eines Froscheis mit einer heißen Nadel, woraufhin sich ein halber Embryo entwickelte, und Roux zum Vertreter der Präformisten wurde.

Allerdings dauerte der Triumph des Präformismus nur wenige Jahre. Im Jahre 1892 führte ein anderer deutscher Embryologe, Hans Driesch, ähnliche Experimente an Seeigeleiern durch. Statt eines der Blastomere abzutöten (was in Rouxs Experiment die Entwicklung des verbleibenden, lebenden Blastomers behinderte), trennte er die ersten beiden Blastomere voneinander und erhielt zwei kleinere, aber normal entwickelte Larven. Driesch nannte das Vermögen, den Teil eines ganzen Embryos bilden zu können, embryonale Regulation. Diese Fähigkeit ist zweifelsfrei nicht mit dem Präformismus vereinbar. Oder, genauer ausgedrückt, die Entstehung eines späteren Entwicklungsstadiums fußt nicht auf bereits vorhandenen Teilen, sondern erfolgt de novo.

Innerhalb eines Jahrzehnts nach Bekanntwerden der Pionierarbeiten von Driesch wurden zahlreiche Experimente ähnlicher Art durchgeführt, embryonales Material wurde entfernt, hinzugefügt oder ersetzt [6]. Auch hierbei wurde fast immer eine embryonale Regulation beobachtet, obwohl die Experimente an unterschiedlichen Tierarten durchgeführt wurden. Unterschiede ergaben sich nur in bezug auf den Entwicklungszustand, in dem eine embryonale Regulation möglich war. In manchen Fällen (viele Invertebraten) war der Organismus dazu imstande, sich aus kleineren Teilen innerhalb des gesamten Lebenszyklus zu regenerieren, während in anderen Fällen dies nur bei sehr frühen Embryonalstadien der Fall war. Von primärer Bedeutung war außerdem, daß ein Embryo auch im fortgeschrittenen Stadium zur Bildung regulatorischer Felder fähig ist, wenn man ihn in Teile zerlegt. Der Embryo eines Amphibiums teilte sich z. B. in ein „Gehirn-Feld", „Augen-Feld", „Extremitäten-Feld" usw. Das bedeutet, daß sich innerhalb jeden Feldes das entsprechende Organ (Gehirn, Auge oder Extremität) nach Entfernung eines beträchtlichen Teils an Zellmaterial oder nach Umgruppierung seiner Teile zu regenerieren vermag. Demnach wurde ein anfängliches regulatorisches System in eine endliche Zahl ähnlicher Teilsysteme geteilt.

Die Nicht-Lokalisierbarkeit von regulatorischen Fähigkeiten rechtfertigt die Anwendung globaler, oder wie es heute heißt, holistischer Methoden. Das heißt, wir müssen heute die ungewöhnliche Vorstellung akzeptieren, daß es keine vorgegebenen Struktur-Keime gibt, sondern daß jede Struktur aus weniger strukturiertem, ja sogar aus einem völlig strukturlosen Zustand entsteht. Zu Drieschs Zeiten untersagte die zeitgenössische Physik diese Betrachtungsweise, wie am Beispiel der von Pierre Curie formulierten Symmetrie-Prinzipien verdeutlicht werden soll. Der französische Physiker Pierre Curie, ein Zeitgenosse von Driesch, begründete 1894 eine Symmetrie-Ordnung, die zur Beschreibung und zum Verständnis jedes strukturbildenden Ereignisses geeignet ist. Die Symmetrie-Ordnung jedes statistischen Körpers oder das eines dynamischen Systems wird durch eine Anzahl von Transformationen charakterisiert, die den Körper mit sich selbst zur Deckung bringen. Die einfachsten symmetrischen Transformationen sind Rotationen, Spiegelungen und Translationen. Zum Beispiel kann ein gleichseitiges Dreieck nach Drehung um seinen Mittelpunkt um 120°, 240° und 360° mit sich selbst zur Deckung gebracht werden. Demnach ist die Ordnungszahl für die Rotationssymmetrie eines gleichschenkligen Dreiecks 3, die für ein Viereck ist 4 und die für einen Kreis ist unendlich. Bezeichnet man nun die Anzahl der Symmetrieebenen eines solchen Körpers mit „m", so ergibt sich die Gesamtordnungszahl eines gleichschenkligen Dreiecks mit 3 x m, die eines Vierecks mit 4 x m und die eines Kreises oder einer Scheibe ∞ x m. Die Symmetrie-Ordnung für eine Kugel ist als ∞ (m x ∞) definiert, so daß eine Kugel eine unendliche Zahl von unendlichen Rotationsachsen hat, die sich in jedem Winkel schneiden. Nehmen wir nun an, wir haben eine ideale Kugel, die in jedem Moment eine kleine lokale Deformation erhält, oder auch nur einer ihrer Punkte erhält eine neue Eigenschaft. Die Symmetrie-Ordnung einer solchen deformierten Kugel nimmt ab, da die Zahl ihrer Rotationsachsen jetzt auf 1 reduziert wurde. Im nächsten Schritt soll sie eine andere lokale Deformation erhalten, oder einen anderen „speziellen" Punkt. Nun nimmt die Ordnungszahl ihrer Symmetrie weiter ab, sie ist nicht mehr rotationssymmetrisch, und nur die Spiegelsymmetrie bleibt erhalten. Die Einführung einer dritten Deformation oder eines dritten speziellen Punktes zerstört auch die Spiegelsymmetrie. Ein anderer Ausdruck für den Verlust an Symmetrie-Ordnung ist Dissymmetrisierung.

Die wesentliche Idee des Curieschen Prinzips ist spontane Dissymmetrisierung, oder mit anderen Worten, einen spontanen Symmetrieverlust, zu verbieten. Jeder weitere Schritt zur Verminderung der Symmetrie-Ordnung erfordert, gemäß dem Prinzip von Curie, die Gegenwart einer externen genau lokalisierten Dissymmetrisierungs-Kraft, oder eine präexistierende Heterogenität, auch wenn diese mit unseren Techniken nicht erkennbar ist. Für Embryonen kann experimentell ausgeschlossen werden, daß sie durch irgendeinen externen Einfluß dissymmetrisiert werden. Unter diesen Bedingungen kann eine Übereinstimmung mit der klassischen Physik nur dadurch erzielt werden, daß man annimmt, daß jede neu entstandene Embryonalstruktur in der Tat einen individuellen Vorläufer hat (Element einer Heterogenität). Aber die Phänomene der embryonalen Regulation schließen diese Möglichkeit aus! Das heißt, eine regulative embryonale Entwicklung, die eine spontane Dissymmetrisierung beinhaltet, ist mit den Prinzipien der klassischen Physik unvereinbar. Driesch hat dies klar erkannt und deshalb gefordert, daß die embryonalen Regulationen die Einführung neuer Prinzipien verlangt, die nicht auf die der Physik und Chemie zurückgeführt werden können, sondern spezifisch für lebende Organismen sind [7]. Für dieses Prinzip außerhalb der Physik hat Driesch den Ausdruck Entelechie gebraucht, den er bei Aristoteles auslieh. Nach seiner Ansicht ist die Entelechie in der Lage, aus einer großen Zahl von Entwicklungspotenzen diejenigen zu selektieren, die zum richtigen Zeitpunkt und am richtigen Ort realisiert werden. Aus heutiger Sicht ist Entelechie dem Begriff Information ähnlich und enthält damit nichts Mystisches. Driesch selbst hat sich zu seiner Zeit die meisten Wissenschaftler zum Feind gemacht, indem er sich eigensinnig weigerte, die Embryologie auf physikalische und chemische Gesetzmäßigkeiten zurückzuführen. Obwohl seine Feinde seine These experimentell nicht widerlegen konnten, fürchteten sie, daß sie von den nichtbiologischen Naturwissenschaften ausgeschlossen würden und nahmen deshalb keine Notiz von dem Problem der embryonalen Regulationen und der spontanen Dissymmetrisierung. Dies führte zu einer längeren Krise in der Entwicklungsbiologie. Unerwarteterweise kam Hilfe von den nichtbiologischen Naturwissenschaften, die von Driesch zurückgewiesen worden waren. Die Physik und Mathematik haben im 20. Jahrhundert ihre Prinzipien so erweitert, daß die ursprünglichen Widersprüche zu den Phänomenen der Entwicklungsbiologie verschwanden.

SELBSTORGANISATION:
DIE PHYSIK NÄHERT SICH DER BIOLOGIE

Der Konflikt zwischen dem Curieschen Prinzip und den embryonalen Regulationen stand nicht alleine da. Eine weitere allgemeine Diskrepanz zwischen der Biologie und der klassischen Physik ergab sich aus dem zweiten Gesetz der Thermodynamik. Nach diesem Gesetz kann jedes System, das sich selbst überlassen wird, nur seine Entropie vergrößern und damit seine Unordnung. Dagegen zeigen lebende Organismen sowohl während ihrer individuellen als auch im Laufe ihrer phylogenetischen (evolutionären) Entwicklung gegenteilige Tendenzen. Wie kann dies aus Sicht der Thermodynamik erklärt werden? Einige Philosophen und Theoretiker erklären, daß das Leben nicht mehr als eine „gigantische Fluktuation" ist, so daß wir alle zufällige, kurzlebige, einsame Fremde in dieser im wesentlichen anorganischen Welt sind, die unumkehrbar auf ihren „Wärmetod" zutreibt.

Unerwarteterweise löste sich diese pessimistische Sicht vor einigen Jahrzehnten auf, als die Theorie von der Selbstorganisation, die Synergetik, entwickelt wurde [8, 9, 10].

Dieser neue Zweig der Wissenschaft war nicht, wie die von A. Einstein entdeckte Relativitätstheorie das Werk eines einzelnen, sondern entstand ähnlich wie die Quantenmechanik durch Beiträge vieler bedeutender Forscher, wie zum Beispiel des Nobelpreisträgers Ilya Prigogine und des deutschen Laser-Physikers Hermann Haken. Von großer Bedeutung für die Theorie der Selbstorganisation war auch die mathematische Untersuchung von dynamischen Systemen, wie zum Beispiel durch den französischen Mathematiker Henry Poincare sowie die Stabilitäts-Theorie des russischen Ingenieurs Alexander Lyapunov, einem Zeitgenossen von Driesch.

Im folgenden sollen rein verbal (ohne mathematische Gleichungen) die Prinzipien der Theorie der Selbstorganisation beschrieben werden, die sich als so bedeutend für die Biologie erwiesen hat.

Die Theorie zeigt, und zwar quantitativ, daß ein System, das sich weit außerhalb eines thermodynamischen Gleichgewichts befindet (das ist der Fall, wenn dauernd Energie oder Masse durch es hindurchfließt), sich von einem weniger geordneten Zustand auf einen geordneten Zustand hinbewegen kann. Im Gegensatz zum Curieschen Prinzip kann ein solches System „spontan", also ohne Einfluß von außen, seine Symmetrie-Ordnung vermindern. Beispielsweise kann ein Embryo seine anfänglich kugelförmige, Blastula-ähnliche Gestalt in eine kompliziertere Gestalt ändern, wie die einer Gastrula, oder die einer weiter fortgeschrittenen Gestalt, ohne daß äußere Kräfte an genau bestimmten Punkten ausgeübt werden. Ein solches Verhalten geht auf nichtlineare Rückkopplungen zwischen den verschiedenen Prozessen (und den verschiedenen Regionen) eines Systems zurück. Nichtlinearität bedeutet in diesem Zusammenhang Nichtproportionalität zwischen den Ursachen und ihren Effekten; zuweilen können kaum registrierbare Ursachen große Effekte haben, die wiederum durch Rückkopplung die Ursachen beeinflussen. Unter anderen Bedingungen können große Ursachen keine sichtbaren Effekte auslösen. Der erste Fall ist mit einer *Instabilität* verbunden, der zweite Fall mit einer dynamischen oder strukturellen *Stabilität*.

Diese beiden Begriffe sind von zentraler Bedeutung in der Theorie der Selbstorganisation, und sie gehen auf eine genaue mathematische Interpretation zurück, die hier nicht weiter ausgeführt werden soll. Von Bedeutung ist, daß es Instabilitäten gibt, die zu neuen Formen führen und die Symmetriebrechungen bereitstellen, während die Stabilität dafür sorgt, daß sich die erreichten Strukturen glatt und reproduzierbar entwickeln. Während der Entwicklung wechseln sich diese beiden Entwicklungsphasen (Regime) ab, auf kurze „Instabilitätspulse" folgen längere Perioden der Stabilität. Das kann an folgendem mechanistischen Beispiel erläutert werden.

Betrachten wir eine elastische Feder oder einen Stab, den wir von beiden Enden her zusammenpressen. Wenn die Kräfte genau entlang der Mittellinie wirken, so kann der Gegenstand zunächst ein wenig zusammengedrückt, aber nicht verformt werden. Später, wenn die Druckkraft einen bestimmten Grenzwert überschreitet, so wird sich der Gegenstand nach einer Seite verformen. Der Gegenstand hat also die anfängliche Stabilität der gestreckten Form verloren und ist plötzlich in eine andere Form „gesprungen", die eine geringere Symmetrie-Ordnung besitzt (die Spiegel-Symmetrie entlang der Mittellinie des Gegenstandes ging verloren).

Nach der Biegung wird die Form des Gegenstandes wieder sehr stabil, da die Richtung der Biegung sich unter zunehmender Krafteinwirkung nicht verändert (obwohl sich die Krümmung allmählich ändern wird; eine solche Änderung wird als qualitative Änderung oder strukturelle Stabilität bezeichnet). In Abhängigkeit von dem Ausmaß der Kraft und seinen mechanischen Eigenschaften, kann an einem Gegenstand mehr als eine Krümmung entstehen, d. h., er kann N mal gefaltet werden. Unter Zugrundelegung dieser Theorie hat der amerikanische Botaniker Paul Green vor kurzem ein wirklichkeitsnahes Modell entwickelt, das erklärt, wie aus den Primordien der Blütenblätter die endgültigen N-Blütenblatt (Petalen-) Formen entstehen [11].

Nach der von einigen Biologen immer noch vertretenen alten Ansicht des Präformismus, muß ein Muster, das aus N-Faltungen besteht, auf N getrennte Kräfte zurückgehen oder auf N vorher existierenden Unterschieden. Diese Betrachtungsweise steht dabei in Einklang mit dem Curieschen Prinzip. Aus Sicht der Selbstorganisation gibt es jedoch keine derartige Kräfteanordnung. Im vorausgegangenen Beispiel gibt es nur eine tangential (parallel zur Achse der Probe) wirkende Kraft, und das

Muster entsteht in keinster Weise durch vorgebildete Kräfte. Es wird wirklich de novo gebildet. Wenn man in das Innere des Gegenstandes sieht, so ist die Formänderung abhängig von elastischen Abstoßungskräften, die zwischen den unzähligen Teilchen eines Gegenstandes herrschen. Keines der Teilchen „weiß", wie das makroskopische Ergebnis aussehen wird; es handelt sich um ein rein *kollektives* Ereignis, das nicht auf die elementaren Aktivitäten der kleinen Einheiten zurückgeführt werden kann. Wie zwei russische Physiker, Krinsky und Zhabotinsky, von einem bestimmten Selbstorganisationsprozess gesagt haben: „Sie zeigen einen neuen Typ dynamischer Prozesse, die zu einem makroskopischen Verhalten führt, das linear ist, während die zugrundeliegenden lokalen Wechselwirkungen überhaupt nicht linear sind" ([12], S. 16). Diese Fähigkeit, einen scheinbar chaotisch mikroskopischen Prozeß in ein kohärentes Ganzes zu überführen, macht das Wesentliche des selbstorganisierenden Phänomens aus. Daß diese Fähigkeiten schon in der anorganischen Materie aufzufinden sind, wenn diese sich weit weg vom thermodynamischen Gleichgewicht befindet, ist von herausragender Bedeutung für das Verständnis der Frage „Was ist Leben?". Es ist ein entscheidender Schritt auf dem Weg, die gestalterischen Kräfte lebender Organismen auf die „Grundkräfte des Universums" im Sinne von Karl von Baer zurückzuführen.

Die durch Selbstorganisation entstehenden Strukturen sind dynamische Strukturen von großer Komplexität. Diese Strukturen sind Strukturen und Prozesse zugleich. Beispielsweise können aufgrund positiver und negativer nichtlinearer Rückkopplungen (ein Prozeß X stimuliert den Prozeß Y, der X hemmt) stabile Schwingungen entstehen. Diese Schwingungen können laufende oder stehende, multiple oder einzelne Wellen erzeugen. Andererseits können geringe Änderungen im Außenraum ausreichen, um Schwingungen in einen „bistabilen" Zustand zu bringen, wobei das System zwischen zwei stabilen Zuständen hin und her springt. Auch können kleine Veränderungen regelmäßige Schwingungen in chaotische überführen, wobei dennoch ganzheitliche Gesetzmäßigkeiten befolgt werden [9, 10]. Wichtige Erkenntnisse der Theorie der Selbstorganisation sind die enge Verwobenheit von Ordnung und Chaos und, daß das Chaos produktiv sein kann, indem es neue Verhaltensmuster „erfindet", die dann später stabilisiert werden. Lebende Systeme befinden sich immer am Rand eines Chaos. Unter diesen Bedingungen haben sie die größte Empfindlichkeit gegenüber äußeren Einflüssen. Zu geordnet zu sein, ist nicht immer gut.

Ein weiteres typisches Merkmal selbstorganisierender Systeme ist die Existenz von Variablen mit verschiedenen „Zeit-Skalen", also solchen, die sich schneller oder langsamer ändern. Die langsamsten Variablen (die manchmal als Konstanten erscheinen) nehmen in der Regel mehr oder weniger konstante Werte in weiten Bereichen an, während die sich schneller ändernden stärker lokalisiert sind. Die sich am langsamsten ändernden Variablen werden Parameter genannt, während die sich schneller ändernden die dynamischen Variablen sind. Sie tragen beide zum Verhalten eines sich selbstorganisierenden Systems bei, obgleich auf verschiedene Weisen. Die Parameter sind für die Struktur eines Systems verantwortlich und bestimmen potentiell erreichbare stabile Zustände. Die dynamischen Variablen „entscheiden" darüber, welcher dieser Zustände gerade zu einer bestimmten Zeit und an einem bestimmten Ort erreicht wird. Im Sinne einer politischen Allegorie bestimmen die Parameter die Verfassung eines Staates (das Wahlsystem, die Anzahl legaler politischer Parteien usw.), während die dynamischen Variablen mit den Wahlentscheidungen verglichen werden können. Ähnlich den Wahlen, wo jede Partei gewinnt, die 99 %, 70 % oder 51 % der Stimmen erwirbt, können die dynamischen Variablen sehr unpräzise Werte annehmen, und dennoch bringen sie das System in einen stabilen Zustand. „Präzise Ergebnisse, die aus unpräzisen Vorbedingungen resultieren", dies ist eine weitere Lehre aus der Selbstorganisationstheorie zum Verständnis sich entwickelnder Organismen.

Die Konsequenzen eines solchen dualistischen, parametrisch-dynamischen Regulationssystems sind für die Biologie zahlreich und wichtig. Beispielsweise hilft es uns, die Rolle der Gene im Zuge von Entwicklungen besser zu verstehen. Das Genom einer Art entspricht in perfekter Weise den Parametern, da es sowohl im zeitlichen Maßstab der Ontogenese als auch im gesamten Embryo eine Konstante ist. Das Genom beeinflußt die Entwicklung wie ein Parameter, d. h., es bestimmt, zusammen mit anderen, nichtgenetischen Parametern, welche Strukturen potentiell in jedem Augenblick und an jedem Ort entstehen können. Es sagt uns aber nicht, wann und wo diese Ereignisse tatsächlich stattfinden. Andererseits sollten schnellere und genauer lokalisierte Ereignisse (einschließlich der Expression bestimmter Gene) an dynamische Variable gebunden sein, die ihre Wahl in den Grenzen einer gegebenen Verfassung treffen.

Jetzt kommen wir zum wahrscheinlich wichtigsten Punkt. In der Physik sind Parameter und dynamische Variable immer in bestimmte Gleichungen bzw. in nichtlineare Rückkopplungs-Mechanismen eingeordnet, durch die sie erst ihre Bedeutung erhalten. Man formuliert zuerst die Gleichung oder zumindest das Rückkopplungs-Schema und beginnt dann damit, die Variablen zu bestimmen. In der Biologie verläuft das Ganze umgekehrt: Unser Wissen über Einzelereignisse ist gigantisch und nimmt noch immer zu. Diese Ereignisse können Parameter oder dynamische Variable sein. Aber wir haben keine allgemein akzeptierten Vorstellungen über die Rückkopplungen, an denen sie beteiligt sein könnten. Daher sind unsere Ansichten über die Entwicklung von Organismen sehr unbefriedigend.

Einige erste Schritte zur Begründung einer rückgekoppelten Entwicklung wurden auf den Weg gebracht. Sie sollen im folgenden kurz zusammengefaßt werden.

Rückgekoppelte Entwicklung und morphogenetische Felder

Man erzählt sich, daß vor 50 Jahren der herausragende englische Embryologe Conrad Waddington die Mitglieder der London Royal Society fragte, ob es prinzipiell möglich sei, zumindest theoretisch, eine makroskopische Form aus einem gänzlich homogenen Zustand ohne Störung von außen zu entwickeln. Der Mathematiker Alan Turing, der die ersten Computer seiner Zeit entwickelte, nahm sich dieser Aufgabe an. In seinem Aufsatz „On the chemical basis of morphogenesis" [13] schlug er eine Lösung des Problems vor. Es war das erste Modell einer wirklichen Selbstorganisation, das eine moderne Annäherung an das alte aristotelische Prinzip der Epigenese lieferte. Dabei hatte dieses Modell paradoxerweise weder Bezüge zur Entwicklung von Organismen noch zu irgendeinem anderen physiko-chemischen Prozeß der Selbstorganisation. Erst sehr viel später wurden einige (Turing-ähnliche) anorganische Systeme gefunden, die jedoch mit den Rückkopplungen in Organismen nichts gemeinsam haben. Dennoch behielt diese Arbeit ihre große Bedeutung.

Etwa 20 Jahre später entschlossen sich zwei deutsche Wissenschaftler, Alfred Gierer und Hans Meinhardt, ein realistischeres Rückkopplungs-Modell zu entwickeln [8]. Sie postulierten die Existenz von zwei chemischen Substanzen, einem Aktivator (A) und einem Inhibitor (I). Die Konzentration des Aktivators nimmt darin in einer nichtlinearen Autokatalyse zu (A stimuliert A) und gleichzeitig regt A die Synthese eines Inhibitors I an, der die Synthese von A hemmt. Dies erzeugt eine typische „+/-" Rückkopplung, wie sie zahlreiche selbstorganisierende Ereignisse darstellen. Außerdem forderten sie, daß beide Substanzen im embryonalen Körper diffundieren, wobei I sehr viel schneller diffundieren soll als A. Durch Berechnung kamen die Autoren zu einer großen „Familie" von Modellen, die einige morphogenetische Ereignisse, insbesondere in primitiven Organismen, die nur eine Körperachse besitzen, erklären. Als Beispiel kann die Süßwasser-Hydra dienen. Im Zuge der Morphogenese der Hydra stellt sich die Frage, warum die Knospen in einiger Entfernung von ihrem Kopf angeordnet sind. Das Modell von Gierer-Meinhardt gab dazu und zu verwandten Ereignissen eine formale Erklärung.

Dieses Modell war ein Schritt nach vorn, da es auf experimentell nachprüfbaren biologischen Annahmen beruht. Ein wichtiger Schluß aus diesem Modell besteht darin, daß sich die Aktivierung immer über kurze Strecken ausbreitet, während die Inhibition immer über größere Strecken erfolgt. Allerdings kann auch dieses Modell aus verschiedenen Gründen die Biologen nicht zufriedenstellen.

Zum Ersten müßten die „Aktivatoren" und „Inhibitoren" getrennt für jeden folgenden Entwicklungsschritt eingeführt werden; sie sind keine universellen Faktoren und in vielen Fällen wurde ihr Vorkommen experimentell nicht bestätigt. Zum Zweiten kann das Modell nicht erklären, wie ein postuliertes chemisches Muster (die räumliche Verteilung einer Aktivator- und Inhibitor-Konzentration) in eine Formveränderung übertragen wird. Um solche Veränderungen zu erzeugen, werden mechanische Kräfte benötigt, die außerhalb des Bereichs des Modells liegen. Schließlich kann es nur sehr einfache und monotone Muster hervorbringen.

Ein anderer Ansatz zur Lösung des Problems wurde vor ungefähr 20 Jahren, mehr oder weniger gleichzeitig, in den Vereinigten Staaten und in der damaligen Sowjetunion erarbeitet. Der Kopf der amerikanischen Gruppe war der Biologe Albert Harris, der an der Universität von North Carolina arbeitete. Er beschäftigte sich mit Zellkulturen und nicht mit ganzen Embryonen, dennoch waren seine Schlußfolgerungen von großer Bedeutung für das Verständnis sich entwickelnder Organismen. Harris verglich das Verhalten von verbindenden Gewebezellen,

Fibroblasten, die er einmal auf Glas wachsen ließ und zum anderen auf einem speziellen elastischen Substrat, das die Zellen strecken konnten, wobei lange Dehnungslinien entstanden. Die auf Glas wachsenden Zellen wuchsen als homogene Zellmasse. Dagegen trennten sich die Zellen auf dem elastischen Substrat in regelmäßige Formationen eng gepackter Zellen, die untereinander über Reihen langgestreckter Fibroblasten verbunden waren (Abb. 2, A und B). Hier handelt es sich eindeutig um eine Selbstorganisation, d. h. die Neubildung von Strukturen (Anhäufungen von Zellen und reihenförmigen Zellen),

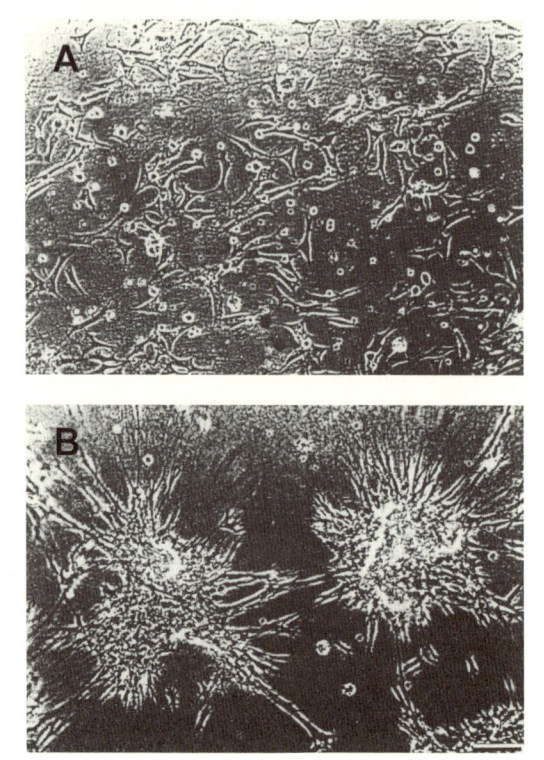

Abb. 2:
Fibroblasten-Kultur auf einem elastischen Substrat. Ausgehend von einer rein zufälligen Verteilung (A) organisieren sich die Zellen in ca. 6 Tagen nach Beginn der Kultur von selbst in dichten Büscheln (B), die durch Fäden sehr lang gestreckter Zellen verbunden sind [14]. Mit Erlaubnis des Autors.

ohne spezielle strukturelle Vorgaben. Da alle Chemikalien des Nährmediums, in dem die Zellen wuchsen, in beiden Fällen die gleichen waren, muß diese Selbstorganisation mit einem mechanischen Streß verbunden sein.

Zusammen mit seinen Kollegen Oster und Murray schlug Harris ein mechanisches Modell der Musterbildung vor, das formal demjenigen ähnlich war, das zuvor von Gierer und Meinhardt vorgeschlagen worden war, das aber ohne chemische Aktivatoren und Inhibitoren auskam [14]. Die Amerikaner schlugen vor, daß die Rolle eines kurzreichweitigen Aktivators von einer Zell-Adhäsion übernommen wird. Das bedeutet, daß die Zellen die Tendenz haben, ihre wechselseitigen Kontaktflächen zu vergrößern und sich damit dichter packen. So entstehen Zellhaufen. Die lokale Zunahme der Zelldichte bewirkt eine Streckung der umgebenden Flächen, so daß die Spannungen zunehmen und die Zellanordnungen in diesen Zonen dünner werden. Auf diese Weise entstehen die Zellreihen; sie verhindern die Bildung neuer Zellhaufen in der unmittelbaren Umgebung von schon gebildeten Zellen. Mit anderen Worten, die Zell-Zell-Adhäsion wirkt als kurzreichweitiger Aktivator; die Zelldehnung, die hierbei entsteht, wirkt als langreichweitiger Inhibitor.

Der Vorteil dieser Betrachtung liegt darin, daß Ergebnisse, die formal mit dem Modell von Gierer und Meinhardt übereinstimmen, jetzt durch allgemeine und universelle Faktoren beschrieben werden können, die natürlicherweise miteinander verbunden sind und ganz unmittelbar mechanische Kräfte erzeugen.

Sicher spielen frei bewegliche Zellen, ähnlich den Fibroblasten, eine wichtige Rolle bei verschiedenen Entwicklungen (z. B. bei der Bildung von Federn und Knorpeln). Jedoch sind die wichtigsten morphologischen Ereignisse mit einem anderen embryonalen Gewebetyp verbunden, und zwar mit den Platten fest verbundener und polarisierter Zellen, den Epithelien. Gastrulation (Bildung eines einfachen embryonalen

Darms), Neurulation (Bildung eines Zentralnervensystems in den Embryonen von Wirbeltieren (Vertebraten)), die Entstehung von Sinnesorganen (einschließlich der Augen) und viele andere Prozesse, basieren auf einer geordneten Faltung embryonaler Epithelien. Diese Prozesse laufen folgendermaßen ab: Am Anfang bestehen die epithelialen Platten aus ähnlichen Zellen von nahezu gleicher Höhe und Breite (isodiametrische Zellen). Dann gliedert sich eine Platte in zusammenhängende Gruppen (Domänen) von Zellen, die ca. dreimal länger als breit sind (Columella-Zellen). Diese sind durch flache Zellen verbunden, die ca. dreimal breiter als hoch sind. Diese Trennung ist entscheidend für die spätere Morphogenese, da jede nachfolgende Faltung von einer Domaine aus Columella-Zellen ausgeht.

Seit Driesch mehren sich die Beweise, daß der Prozeß der epithelialen Segregation nicht vorgebildet ist, sondern in Form einer Selbstorganisation abläuft. Worin besteht nun die entscheidende Rückkopplung? Kann es sein, daß mechanischer Streß in diesem Zusammenhang ebenfalls eine Rolle spielt? Hiermit beschäftigen wir uns am Institut für Embryologie der Moskauer Staatsuniversität; seit einigen Jahren gehört unserer Gruppe auch ein theoretischer Physiker an, Boris Belintzev.

Zunächst entdeckten wir, daß die morphogenetisch aktiven Epithelien tatsächlich unter einer beträchtlichen mechanischen Spannung stehen und daß es Spannungsmuster (Spannungsfelder) gibt. Durch diese Felder werden über lange Entwicklungsphasen gleichbleibende Strukturen aufrechterhalten (z. B. während der Gastrulation oder Neurulation); dazwischen ändern sie sich entscheidend. Wir beobachteten auch, daß eine experimentelle Änderung der Spannungsmuster einen tiefgreifenden Einfluß auf die Morphogenese hat. Das Nachlassen von Spannungen während der entscheidenden Phase der Entwicklung führte in der Regel zu einer chaotischen Morphogenese, während eine Spannung in bestimmte Richtungen zu einer entsprechenden Reorientierung morphogenetischer Bewegungen führte [12].

Aus diesen und ähnlichen experimentellen Ergebnissen entwikkelte Belintzev ein Modell für die epitheliale Morphogenese; die Mathematik hierin gleicht der von Harris und Mitarbeitern, jedoch ist sie weit einfacher. In diesem Modell übernimmt die Rolle der Zell-Adhäsion eine Kontakt-Zell-Polarisation; darunter verstehen wir die Fähigkeit einer säulenförmigen Epithelzelle, eine Nachbarzelle ebenfalls zur Bildung einer Columella-Zelle anzuregen.

Wenn ein solcher Prozeß in einer epithelialen Platte stattfindet, deren Enden fixiert sind (was nahezu immer zutrifft), so führt dies zwangsläufig zu einer Erhöhung der Spannung in der gesamten Platte. Die Spannung verhindert eine weitere Bildung von Columella-Zellen. Sie übernimmt somit, wie in dem Modell von Harris und Mitarbeitern, die Rolle des Inhibitors. Durch Modellierung konnte gezeigt werden, daß die Wechselwirkung zwischen den durch Berührung ausgelösten Zellpolarisationen und den Spannungen die Trennung der embryonalen Epithelien gut reproduziert wird. Ein unerwartetes und inspirierendes Ergebnis des Modells von Belintzev war seine Fähigkeit, die von Driesch postulierte Art der Regulationen zu interpretieren, d. h., die Bildung von Organismen der gleichen Geometrie, aber unterschiedlicher Dimensionen (hier sei daran erinnert, daß Embryonen, die Driesch aus den getrennten Blastomeren erhielt, halb so groß waren wie normal, aber dessen ungeachtet die gleichen Strukturen hatten).

Es ist keine leichte Aufgabe dieses Verhalten in einem Modell zu reproduzieren, doch ist dies nun mehr möglich, und zwar ohne weitere Annahmen machen zu müssen. Ein über hundert Jahre offener Kreis scheint sich nun zu schließen. Hatte Driesch noch das Phänomen der embryonalen Regulationen im sprachlichen Rahmen der Naturwissenschaft als prinzipiell nichtinterpretierbar angesehen, so ist sie jetzt physiko-mathematisch lösbar! Allerdings mußte die Physik einen großen Schritt auf die Biologie zugehen, um dazu imstande zu sein,

Sicher, Belintzevs Modell ist in dem Sinne nicht universell anwendbar, daß es alle morphogenetischen Erscheinungen einschließt. Schließlich haben wir zusammen mit Jay Mittenthal, Universität Illinois, USA, den Versuch gemacht, das Schema einer Rückkopplung durch mechanische Stressoren stärker zu verallgemeinern. Wir haben dabei vorgeschlagen, daß jeder Teil des Embryonalgewebes, der sich durch eine äußere Kraft aus seinem ursprünglichen Zustand entfernt hat, versucht, den ursprünglichen Zustand wieder herzustellen, dabei aber zunächst überreagiert. Das heißt, wenn ein Gewebeteil nach einer Anspannung wieder entspannt, findet bei der Wiederherstellung des ursprünglichen Zustandes eine „Über-Entspannung" statt und umgekehrt, wenn ein Gewebe überdehnt wird, dann erzeugt es zunächst einen zusätzlichen Kompressions-Streß. Derzeit sind wir dabei, die „Hypothese der Hyper-Wiederherstellung" experimentell nachzuweisen, und wir hoffen, die ausgedehnten Entwicklungsperioden als eine Folge von wechselseitig verknüpften Hyper-Wiederherstellungs-Reaktionen darstellen zu können.

Wir schauen dabei mit großem Respekt auf diejenigen zurück, die vor uns die morphogenetischen Feldtheorien entwickelt haben. Bereits Driesch hat einen ersten prägnanten Entwurf einer morphogenetischen Feldtheorie vorgestellt. Er forderte, daß das „Schicksal jedes Teils eines Embryos eine Funktion seiner Lage innerhalb des Ganzen ist." Der russische Biologe Alexander Gurwitsch entwickelte anschließend die ersten Modelle morphogenetischer Felder. Er glaubte, daß die Formen späterer Entwicklungsstadien sich aus vorausgegangenen entwickeln. Heute können viele Entdeckungen der Pioniere auf diesem Gebiet im Sinne einer mechanisch begründeten Rückkopplung, ähnlich den zuvor erörterten reinterpretiert werden. Dementsprechend kann jetzt eine Theorie der morphogenetischen Felder als Teil einer Theorie der Selbstorganisation eines sich entwickelnden Organismus angesehen werden, wobei ein besonderer Schwerpunkt auf der Begründung einer räumlichen Ordnung liegt. Für den Nichtspezialisten ist der Begriff morphogenetisches Feld (und insbesondere der eines „Biofeldes") oftmals mit etwas mysteriösem und übernatürlichem verbunden. Wir experimentellen Biologen, die wir mit diesen Studien befaßt sind, haben keine Gründe für solche Annahmen, denn die bereits bekannten physiko-chemischen Faktoren, die weit von einem thermodynamischen Gleichgewicht wirken, reichen aus, um beobachtete Effekte hervorzurufen. Morphogenetische Felder sind im wesentlichen chemisch-mechanisch-elektrische Felder, wie der englische Biologe Brian Goodwin [16] kürzlich schrieb. Die Felder üben ihre Wirkung im Nanometerbereich (10^{-9} m) aus, wo die erwähnten Faktoren eine ganzheitliche Reaktion erzeugen, indem die mechanischen Deformationen großer Moleküle und supramolekularer Strukturen deren elektrische Felder bzw. chemische Potentiale verändern, was dann wieder auf das molekulare Verhalten zurückwirkt. Im Nicht-Gleichgewichtszustand schwingen diese Strukturen alle innerhalb eines sehr großen Frequenzbereichs. Einige morphogenetisch bedeutende Schwingungen haben eine Periode von einigen Minuten; die verschiedenen Zellkomponenten schwingen sehr viel öfter und darüber hinaus gibt es theoretische Beweise, die auf Oszillationen bis etwa 10^{-11} Sekunden schließen lassen. Der deutsche Physiker Herbert Fröhlich postulierte, daß die zuletzt genannten Schwingungen kohärent sind, also in Phase schwingen. Kohärenz könnte eine weitere fundamentale Eigenschaft von morphogenetischen Feldern sein, eine Eigenschaft, die kaum erforscht ist. In diesem Buch wird an anderer Stelle auf Ereignisse eingegangen, die mit Kohärenz verbunden sind.

Jetzt wollen wir noch einmal auf das Problem der Gene und ihrer Rolle während der Entwicklung zurückkommen. Die schematische Vorstellung, Gene seien die einzigen Gebieter, die nach ihrem Willen das passive embryonale Material beeinflussen, ist ziemlich naiv und vorschnell gedacht, wie vielen Biologen inzwischen klar geworden ist. Natürlich ist das Genom, wie zuvor erläutert, einer der hauptsächlichen parametrischen Regulatoren der Entwicklung und das Ein- und Ausschalten spezifischer Gene kann entscheidend für das zukünftige Schicksal einer Zelle sein. Die Aktivität der Gene ist jedoch immer in die Gesamtstruktur der Rückkopplung eingebettet, oder, was das gleiche ist, ihre Aktivität ist in die morphogenetischen Felder eingebettet, so daß weder der Ort dieser Aktivitäten, noch ihre Ergebnisse außerhalb des Zusammenhangs der Felder verstanden werden kann. Viele Beispiele zeigen uns, daß eine Gruppe von Genen, die regulatorische Entwicklungen steuert, bezogen auf das entstehende Resultat nur eine begrenzte und konstante Funktion hat [17]. So sind die gleichen Gengruppen an der Gastrulation und der Extremitäten-Bildung beteiligt; die gleichen Gene, die an der Entwicklung von Amphibien-Embryonen beteiligt sind, nehmen auch an der Entwicklung der Süßwasser-Hydra teil, und so weiter. In all diesen Fällen sind die Ergebnisse der Gen-Wirkung sehr unterschiedlich und hängen vor allem von dem spezifischen morphogenetischen Feld des jeweiligen Lebewesens und dessen Entwicklungszustand ab. Demzufolge kann man die Gene mit den Tasten eines Klaviers vergleichen oder den Instrumenten eines Orchesters; sie sind unerläßlich, damit dieses oder jenes Stück gespielt werden kann, aber sie bestimmen nicht, welches Stück (wenn überhaupt eines) zu gegebener Zeit in einer Konzerthalle gespielt wird.

Gegenwärtig ist unser Wissen über die Beziehung zwischen Genen und morphologischen Feldern ziemlich mager. Was wir mit Bestimmtheit wissen ist, daß die chemischen und mechanischen Felder in der Tat die Aktivität von Genen beeinflussen: Durch einfaches Strecken einer gegebenen Zelle (z. B. eines Fibroplasten) kann man einige spezifische Gene aktivieren. Andererseits können die Gene durch Erzeugung von Proteinen des Cytoskeletts mechanische und andere Gewebeeigenschaften verändern. Die dazwischen liegenden Verbindungen dieser Rückkopplungen sind jedoch bis heute nicht vollständig geklärt.

EINIGE BEMERKUNGEN ZUR EVOLUTION DER ENTWICKLUNG

Das Studium niederer Organismen (Einzeller, Pilze, Invertebraten) zeigt uns einige bemerkenswerte Eigenschaften der Evolution der Entwicklung. Während die wichtigsten Gengruppen für die Regulation der Entwicklung erstaunlich konstant sind (sie sind ziemlich gleich in der Hefe und in der Maus), erfuhren die Entwicklungsmechanismen eine beträchtliche Evolution, die mit dem Lernprozeß verglichen werden kann. Es zeigte sich zum Beispiel, daß die Positionsabhängigkeit des Schicksals embryonischer Zellen, wie von Driesch postuliert, nicht für niedere vielzellige Organismen gilt. In Pilzen der Gruppe der *Acrasiaceae* sowie in Schwämmen und niederen wirbellosen Tieren verhalten sich die embryonalen Zellen so, als ob sie ihre schicksalsbestimmende Position im Organismus nicht wahrnehmen würden. Die verschiedenen Zelltypen erscheinen zunächst zufällig an einem Ort, und erst später, aufgrund komplizierter Korrekturbewegungen, finden sie ihren richtigen Platz. In höheren Organismen ist dies anders; dort differenzieren sich die Zellen gemäß ihrer örtlichen Festlegung, die sie zuvor erreicht haben.

Zunächst sehen die Embryonen einiger niederer Invertebraten ähnlich aus, als ob sie aus verschiedenen unabhängigen Teilen bestünden, die erst später in ein Ganzes integriert werden (Abb. 3). Während ihrer Entwicklung, die sehr instabil und variabel ist, machen sie einige wichtige morphogenetische „Erfindungen". Beispielsweise erzeugen sie Invaginationen, die von fortgeschritteneren Tieren dazu benutzt werden, um einen Mund zu bilden. Die primitiven Embryonen nutzen diese Erfindung jedoch nicht. Sie „vergessen" sie in ihrer weiteren Entwicklung und erzeugen Münder sehr viel später als eine weitere unabhängige Leistung. Aus dieser Sicht erscheint die Evolution der Tiere sehr viel mehr als ein Lernprozeß, der über ein spielerisches Verhalten erfolgt (wie bei den Kindern und den Jungen höherer Tiere) und weniger als strenge Auswahl der am besten Angepaßten.

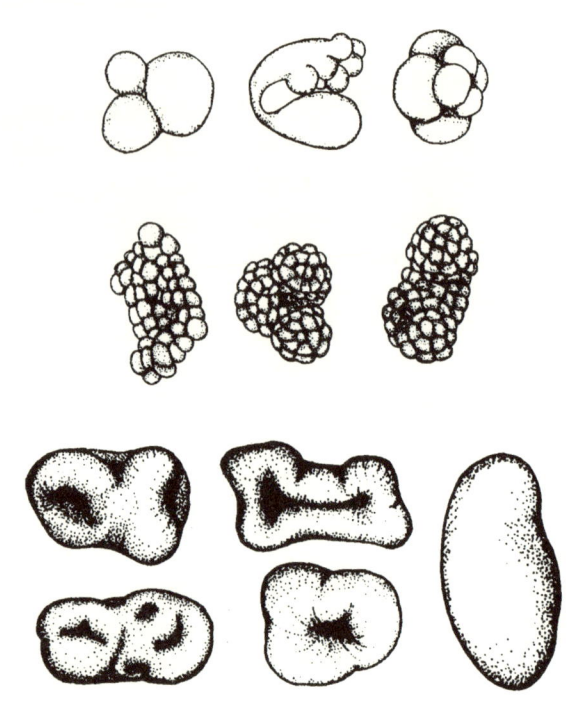

Abb. 3:
Entwicklung eines primitiven Organismus, dem Süßwasserpolyp *Dynamena pumila*, vom Beginn der Furchung bis zur Bildung einer Larve (unten rechts). Alle Entwicklungsstadien sind durch eine außergewöhnliche Variabilität charakterisiert, Bildung aberranter Schlitze, Löcher etc. Obere Reihe: Frühe Furchung, zweite Reihe: späte Furchung. Unterer Teil: verschiedene abortive Gastrulations-Versuche. Die gleiche Finalität aller Entwicklungswege wird durch ein einheitliches Aussehen einer vollständigen Larve sichtbar [12]. Dagegen ist die Entwicklung eines höheren Organismus, wie dem Seeigel, sehr viel genauer.

LEBENDER UND NICHTLEBENDER ZUSTAND: EINE VORGEBILDETE HARMONIE?

Welchen Beitrag kann nun eine Übersicht über die Entwicklung von Organismen zur Beantwortung der großen Frage „Was ist Leben?" liefern? Eine zentrale Schlußfolgerung könnte sein, daß das Leben nicht etwas ist, das streng von der nichtlebenden Materie getrennt ist und dabei versucht, die Regeln der nichtlebenden Materie zu vermeiden oder sie zu überwinden. Das Gegenteil ist der Fall. Die sich entwickelnden Organismen verhalten sich wie Experten für physikalische Gesetze (besonders für diejenigen, die von der Selbstorganisations-Theorie behandelt werden) und verwenden sie in äußerst wirkungsvoller und unbefangener Weise. Selbst Kategorien wie „Zielgerichtetheit" und „Zweck", die gewöhnlich als typisch lebendig angesehen werden, haben gewisse Entsprechungen in einem organischen System, das sich selbst organisiert. Diese sind die sogenannten „Attraktoren", d. h. Zustände, denen das Verhalten des Systems zustrebt. Die Attraktoren können als die Rudimente der „Ziele" angesehen werden und die Bewegung auf sie zu kann als „bedeutungsvoll" eingestuft werden.

Damit soll nicht gesagt werden, daß die lebende und die nichtlebende Welt gleich sind, oder, daß sie miteinander ohne Gräben verbunden sind. Wir wissen genau und insbesondere intuitiv, daß dies nicht so ist. Aber was verblüfft ist, daß die physikalischen Gesetze, denen die unbelebte Materie folgt, so gestaltet sind, daß sie ohne prinzipielle Umformung die Existenz, Entwicklung und Funktion selbst höchst kunstvoller lebender Systeme zuläßt.

Die lebende und die nichtlebende Welt scheinen miteinander in einer tiefgreifenden Harmonie zu stehen, so daß wir sicher sein können, nicht Fremde in dieser Welt zu sein. Ob diese Harmonie mit naturwissenschaftlichen Begriffen beschrieben und verdeutlicht werden kann, oder ob wir dazu verdammt sind, sie nur intuitiv zu erfassen, wird die Zukunft zeigen.

LITERATUR

[1] Baer, K. E. von, „Über Entwickelungsgeschichte der Thiere – Beobachtungen und Reflexion", Erster Teil, Königsberg, 1828.
[2] Lawrence, P. A., „The Making of a Fly. The Genetics of Animal Design", Blackwell Scientific Publications, L., 1992.
[3] Gilbert, S. E., „Developmental Biology", Sunderland, MA: Sinauer, 1991.
[4] Carlson, B., „Pattern's Foundations of Embryology", McGraw-Hill Publ. Company, 1988.
[5] Alberts, B., Bray, D., Lewis, J., Raff, M., Roberts, K. and Watson, J. D., „Molecular Biology of the Cell", Garland Publishing, Inc. N. Y., L., 1994.
[6] Willier, B. H. and Oppenheimer, J. M., „Foundations of Experimental Embryology", Hafner Press, N. Y., 1974.
[7] Driesch, H., „Philosophie des Organischen", Engelmann, Leipzig, 1921.
[8] Haken, H., „Synergetics", Springer Verlag, Berlin - Heidelberg, N. Y., 1978.
[9] Prigogine, I, „From Being to Becoming", Freeman and Co, N. Y., 1980.
[10] Nicolis, G. and Prigogine, I., „Exploring complexity", Freeman and Co, N. Y., 1989.
[11] Green, P., Annals of Botany **78**, p. 269, 1996.
[12] Beloussov, L. V., „The Dynamic Architecture of a Developing Organism", Kluwer Academic Publishers, 1998.
[13] Turing, A. M., Phil. Trans. Roy. Soc. L. Ser. B **237**, p. 37.
[14] Harris, A. K., Stopak, D. and Warner, P., J. Embr. Exp. Morphol. **80**, p. 1, 1984.
[15] Beloussov, L. V., Opitz, J. M. and Gilbert, S. F., Int. J. Dev. Biol. **41**, p. 771, 1997.
[16] Goodwin, B. C., BioEssays **3**, p. 32, 1985.
[17] Gilbert, S. F., Opitz, J. M. and Raff, R. A., Dev. Biol. **173**, p. 357, 1996.

Gunter M. Rothe

Von symbiotischen,
elektromagnetischen
und informativen
Wechselwirkungen
im Reich der Organismen

1. Einleitung

„Leben ist eine Eigenschaft der Materie" [1]. Dennoch sind lebende Systeme mehr als die Summe ihrer Teile, so daß sie gegenüber den unbelebten Stoffen ein „kategoriales novum" darstellen, also völlig neue Eigenschaften aufweisen.

Bei den Viren kann man ein Prinzip des Lebens deutlich erkennen, die Selbstorganisation, d. h., die spontane Zusammenlagerung zu bestimmten Strukturen. Ist die RNA des Tabak-Mosaik-Virus erst einmal gebildet, so zieht sich der Molekülfaden selbständig in die sich übereinander stapelnden Proteinscheiben, d. h., der zentrale RNA-Faden kann sich selbständig mit der Proteinhülle umgeben (Abb. 1) [2]. Die Bildung biologischer Membranen aus Lipiden ist ebenfalls ein Musterbeispiel von Selbstorganisation auf molekularer Ebene (während der Einbau von Proteinen in diese Membranen zusätzlicher Mechanismen bedarf).

Abb. 1 a:
Elektronenmikroskopische Aufnahme eines Tabak-Mosaik (TMV)-Virus. Das TMV ist 300 nm lang und hat einen Durchmesser von 18 nm; sein Gewicht liegt bei $40 \cdot 10^6$ Dalton. Die Nukleinsäure besteht aus einer einzelsträngigen RNA von ca. 6000 Nukleotiden. Die Virushülle setzt sich aus 2130 identischen Polypeptidketten (Capsomeren) zusammen. Jedes Capsomer besteht aus 158 Aminosäuren (Robley Williams). Copyright © 1978 by Scientific American. Mit freundlicher Genehmigung des Verlags.

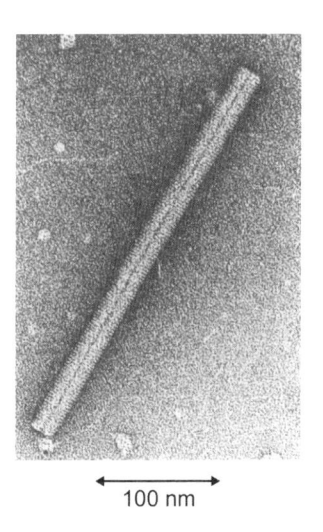

100 nm

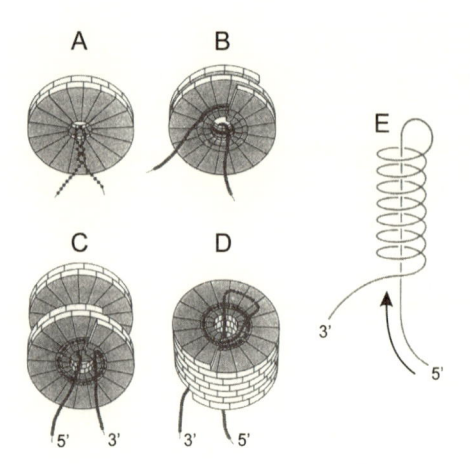

Abb. 1 b:
Modell für die Assoziation des Tabak-Mosaik-Virus: (A) Die Initiationsregion der RNA schlingt sich in die zentrale Höhlung der Proteinscheibe und verändert sie zur Federringform (B). (C) Weitere Scheiben fügen sich an die RNA-Schlinge an. (D) Eines der RNA-Enden wird ständig durch die zentrale Höhlung gezogen, um mit den neuen Scheiben in Wechselwirkung zu treten. (E) Schematische Darstellung einer RNA in einem halbfertigen Virus. Die Richtung der RNA-Bewegung ist durch den Pfeil gekennzeichnet. (Nach Butler, P. J. G. and A. Klug: The Assembly of a virus. Copyright © 1978 bei Scientific American.) Mit Erlaubnis des Verlags.

Seins-Formen					Alles in allem Bewußtsein
				Überbewußtsein	Überbewußtsein
			Selbstbewußtsein	Selbstbewußtsein	Selbstbewußtsein
		Energie	Energie	Energie	Energie
	Information	Information	Information	Information	Information
	Gestalt	Gestalt	Gestalt	Gestalt	Gestalt
Seins-Ausprägung	Viroide	Einzeller:	Mensch	Geist-Leben	Gott
	Viren	Prokaryoten			
		Eukaryoten			
		Vielzeller:			
		Pflanzenreich			
		Tierreich			

Abb. 2:
Hierarchische Strukturierung des Lebens. Die Seinsbereiche vom Viroid bis zum Menschen sind materiell ausgeprägt. Gestalt wird hier als materielle Gestalt sichtbar. Diese beinhaltet Information. Die Information in diesen Bereichen geht aber über die reine Information der Gestaltausprägung hinaus. Die Existenz von Geistwesen (Engeln) wird angenommen, auch wenn sie mit naturwissenschaftlichen Methoden (derzeit) nicht erfaßbar ist. Gott ist in allen Wesen, aber er ist sie nicht.

Jede Form des in Materie ausgeprägten Lebens besteht aus wenigstens zwei Seins-Formen, Gestalt und Information (Abb. 2). Hierbei ist mit Information das „Wissen" gemeint, das über das zum Aufbau der Atome und Moleküle hinausgeht. Am Beispiel der Viroide ist hier das krankmachende Prinzip gemeint. Bei den Viren ist es z. B. die Wahl des Wirts, oder Zwischenwirts und das Virulent-werden gemeint.

Auf der nächsten Stufe des Seins tritt eine weitere Eigenschaft zu den Seinsformen Gestalt und Information hinzu, nämlich die Produktion und Verwertung von Energie. Diese setzt einen eigenen Stoffwechsel voraus. Nur mit dieser Fähigkeit kann eine wesentliche Eigenschaft des Lebens verwirklicht werden, die Selbstreproduktion (Viroide und Viren müssen sich von ihren Wirten vervielfältigen lassen) (Abb. 2).

Zur Erzeugung und zum Gebrauch von Energie ist die Anpassung an eine Umwelt mit wechselnden Mengen verwertbarer Energie notwendig. Dies wiederum bedingt die Etablierung einer weiteren Eigenschaft des Lebens, der Reizbarkeit.

Somit sind die vier klassischen Eigenschaften von Organismen im eigentlichen Sinne: a) Gestalt, b) Stoffwechsel, c) Produktivität und d) Reizbarkeit.

Alle Organismen im eigentlichen Sinne stehen in einem Fließgleichgewicht mit ihrer Umwelt: tote Materie wird als Nahrung aufgenommen und in das eigene Ordnungsgefüge eingebaut (Anabolismus), im Zuge abbauender Prozesse (Katabolismus) wird tote Materie an die unbelebte Welt zurückgegeben. Hierbei bleibt die eigene Ordnung erhalten (Homöostase).

Neben diesen vier klassischen Eigenschaften des Lebens gibt es noch andere, weniger bekannte. Hierzu zählen ihre Fähigkeit, sich zu Einheiten mit völlig neuen Eigenschaften zusammenzuschließen, die Nutzung von elektromagnetischen und informativen Feldern.

Abb. 3:
Hypothetische Entstehung eines Eukaryoten (primäre Endocytobiosen) durch Endosymbiose (a). Ein Eubakterium wird zum Endosymbiont in einem Archaebakterium und, nach Anpassung, zum Mitochondrium (mt) (b). Durch Aufnahme einer Blaualge (Cyanobakterium) wird aus dem (heterotrophen) Eukaryot (c) ein photoautotropher Eukaryot (nc = Zellkern) (d). Aus der endosymbiontischen Blaualge wird ein Plastid (cp = Chloroplast) (*Glaucocystophyceae,* Rot- oder Grünalgen). Durch sekundäre Endosymbiosen (e) gingen vermutlich andere Algen hervor wie *Cryptophyceae* und *Chlorarachniophyceae* (f) sowie die *Chromophyta* (nm = Nucleomorph) (g).
Punktierte Linien veranschaulichen den lateralen Transfer von Genen des Endosymbionten zum Genom der Wirtszelle [3]. Mit freundlicher Genehmigung durch Herrn Prof. Dr. K. V. Kowallik, Düsseldorf, und den Verlag Biologen heute, München.

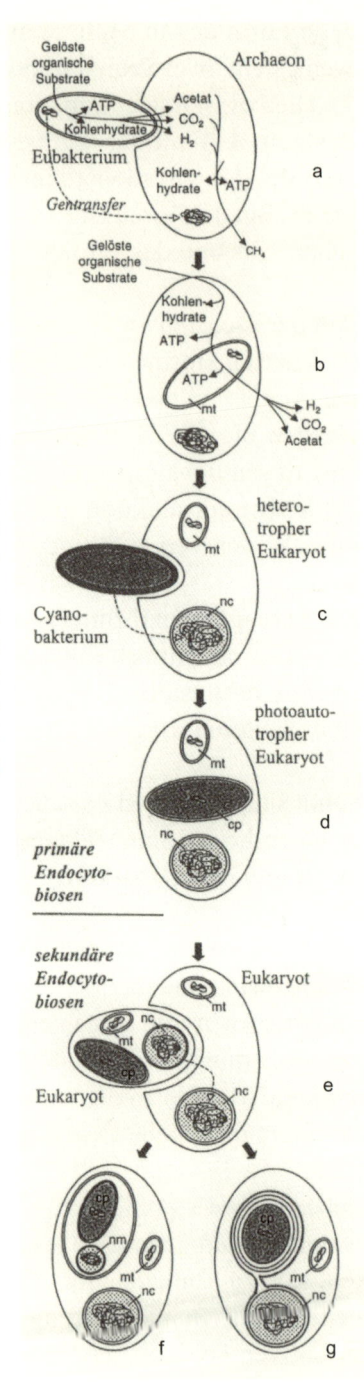

2. Die symbiotische Entstehung der Eukaryota

Der Entstehung von vielzelligen Systemen, einschließlich unserem eigenen Sein, ging die Bildung der Eukaryota voraus. Die Bildung von Zellen mit einem Zellkern, die Entstehung der Eukaryota, erfolgte vor ca. 2 Milliarden Jahren im Zuge von Symbiose. Zwei unterschiedliche Typen von Prokaryoten verschmolzen zu einer Zelle, aus der die heutigen Eukaryoten hervorgingen. So waren die heute in Pflanzen zu findenden Plastiden (Chloroplasten, Chromoplasten, Leucoplasten) ehemals freilebende Blaualgen, die in Pflanzen und Tieren vorkommenden Mitochondrien sind aus freilebenden Bakterien hervorgegangen. Auch heute noch finden zahlreiche Symbiosen immer wieder neu statt, wie z. B. die Mykorrhiza (die Wurzelsymbiose einer höheren Pflanze mit einem Bodenpilz), die Bildung von Wurzelknöllchen (die Wurzelsymbiose eines Schmetterlingsblütlers mit einem Bodenbakterium) oder die Bildung von Flechten (die Symbiose einer Grünalge mit einem Pilz). Damit findet Evolution nicht nur im Sinne Darwins, also als kontinuierliche Veränderung statt, sondern auch revolutionär, in „Quantensprüngen"[3].

Nach Mereschkowsky (1910) (vgl. [3]) gilt:

Tiere + Chloroplasten = Pflanzen
sowie
Pflanzen − Chloroplasten = Tiere.

Beispielsweise bilden sich die Chloroplasten des grünen Flagellaten *Euglena viridis* unter starker UV-Bestrahlung zurück. Anschließend kann er auf die Aufnahme organischer Nahrung umstellen und weiterleben. Weitere tierische Organismen können aus pflanzlichen durch Verlust der Plastiden hervorgehen. Beispiele hierzu sind der gefürchtete humanpathogene Parasit *Plasmodium falciparum*, der Erreger der tropischen Malaria sowie *Toxoplasma gondii*, der Erreger der vielfach tödlich verlaufenden Toxoplasmose. Beiden Protozoen gemeinsam ist der Besitz eines zirkulären Plasmids von 35 Kilobasen Größe, dessen Organisation und Genbestand dem eines Chloroplastengenoms ähnlich ist. Das Plasmid sitzt in einem membranbegrenzten Organell, das als Relikt eines Chloroplasten angesehen wird, der seine photosynthetische Eigenschaften verloren hat [3].

Neuerdings weiß man aus Sequenzanalysen, daß die Gene der Eukaryoten dual entstanden sind und ihre Wurzeln bei den Bakterien (Eubakterien) und den Archaea (Archaebakterien) liegen, also bei Wesen aus zwei völlig verschiedenen Organismenreichen, denen lediglich ihre prokaryotische Natur gemeinsam ist [3] (Abb. 3).

Die Entstehung der Eukaryoten geht wahrscheinlich auf den Austausch von Stoffwechselprodukten zwischen den ursprünglich selbständig lebenden Eubakterien und Archaebakterien zurück. Vermutlich sind die Eigenschaften rezenter Eubakterien und Archaeen denen ihrer Vorfahren vor mehr als 2 Milliarden Jahren ähnlich (vgl. [3]). Schon damals dürften die Eubakterien organisch gelöste Verbindungen als Nahrung aufgenommen haben. In der seinerzeit noch sauerstofffreien Welt haben sie ihre Energie durch fermentativen Substratabbau gewonnen. Die Archaea aber verwenden als Energiequelle molekularen Wasserstoff und Kohlendioxid (gelegentlich Acetat). Diese Substrate wiederum sind Ausscheidungsprodukte der fermentierenden Eubakterien. Man stellt sich deshalb vor, daß ein Wasserstoff verbrauchendes, Methan bildendes Archaeon eine enge räumlich Beziehung zu einem anaerob lebenden, Wasserstoff produzierenden Eubakterium eingegangen ist (Abb. 3). Eine Endosymbiose des Eubakteriums im Archaeon hätte die Schwierigkeit gehabt, daß das Archaeon nicht in der Lage war, gelöste organische Verbindungen aufzunehmen. Deshalb wird an dieser Stelle als revolutionärer Schritt ein lateraler Gentransfer vom Eubakterium zum Archaeon gefordert (Abb. 3).

Der Endosymbiont muß im Laufe der Evolution Gene (zur Aufnahme von organischem Substrat) an den Wirt (das Archaeon) verloren haben, bis der Endosymbiont nur noch wenige Gene für Proteine der Atmungskette behielt. Das Bakterium wurde schließlich zum Mitochondrium der heutigen Eukaryota. „Als Folge des lateralen Gentransfers mußte die Wirtszelle Mechanismen entwickeln, die einen Reimport der vom Endosymbionten benötigten Proteine gewährleisten. Diese gentechnologische Leistung ist als der eigentliche und kritische Schritt in dieser Evolution zu bezeichnen" [3].

Auch die heutigen Plastiden der Pflanzen sind nach der als bewiesen geltenden Endosymbiontentheorie ursprünglich frei lebende Probiota gewesen, nämlich Blaualgen (Cyanobakterien). Sie wurden vermutlich von einem heterotrophen, begeißelten Wirt aufgenommen. Wahrscheinlich hat sich dieser Vorgang mehrfach abgespielt, so daß verschiedene photosynthetische Prokaryoten und unterschiedliche, heterotrophe Eukaryoten verschmolzen, was die Vielgestaltigkeit der heutigen Pflanzenwelt begründet haben dürfte.

3. BAUPLÄNE DES LEBENS

Die chemischen Bestandteile von Organismen sind heute größtenteils im Reagenzglas rekonstruierbar. Ihre Synthese erfolgt damit nach bekannten chemischen Gesetzmäßigkeiten. Es bedarf also keiner besonderen Lebenskraft, um sie zu synthetisieren.

Proteine werden in Organismen an den Ribosomen synthetisiert. Die Information für die Aminosäuresequenz liefert die m-RNA, die eine Kopie entsprechender Gene auf der DNA darstellt. Mittlerweile haben die Molekularbiologen bereits Tausende von Erbanlagen unserer Selbst und anderer Organismen entschlüsselt. Hierunter befinden sich auch Gene, die für die Gestaltbildung von Organismen zuständig sind.

Durch systematische Mutagenese-Experimente wurden für die Gestaltbildung des Körpers der Taufliege (*Drosophila melanogaster*) ca. 100 Gene identifiziert. Sie sind für die Festlegung und Untergliederung der Körperachsen verantwortlich.

Die Musterbildung verläuft bei der Taufliege (zeitlich gestaffelt) über eine hierarchische Kaskade von Genaktivierungen. Taufliegen und andere Arthropoden sind modular, d. h. aus einer Reihe von Segmenten, aufgebaut. Zunächst sind die embryonalen Segmente fast gleichförmig (Abb. 4), aber dann erhalten sie im Laufe der Entwicklung eine unterschiedliche Gestalt. Das erste Brust-(Thorakal)segment der adulten Fliege trägt ein Beinpaar, das zweite Thorakalsegment ein Beinpaar und ein Flügelpaar und das dritte Thorakalsegment ein Beinpaar und ein paar Schwingkölbchen (Halteren) [4] (Abb. 4).

Der segmentale Aufbau von *Drosophila* ist nicht im Ei vorgebildet (präformiert), sondern entsteht schrittweise (epigenetisch). Die Positionsinformation wirkt im Laufe der Entwicklung in immer kleineren Bereichen. Zunächst wird die grobe Körperorganisation des Tieres festgelegt (z. B. Vorderende, Hinterende), dann werden die Signale für die Entstehung einer festen Anzahl von Segmenten in der richtigen Reihenfolge gegeben und schließlich werden die Segmente unterschiedlich gestaltet. Die Positionsinformation geht auf lokale Unterschiede in der Konzentration von regulatorischen, an die DNA-bindenden Proteinen zurück. Diese aktivieren bzw. deaktivieren, je nach Protein, bestimmte Gene.

Die Positionsinformation, die zu dieser differentiellen Genaktivität führt, entsteht vor der Befruchtung des Eis durch die

Abb. 4:
Genetische Grundlage der Musterbildung bei der Taufliege *Drosophila melanogaster*. Die Entwicklungsgene werden während der Embryogenese nacheinander, kaskadenartig, angeschaltet (aktiviert).

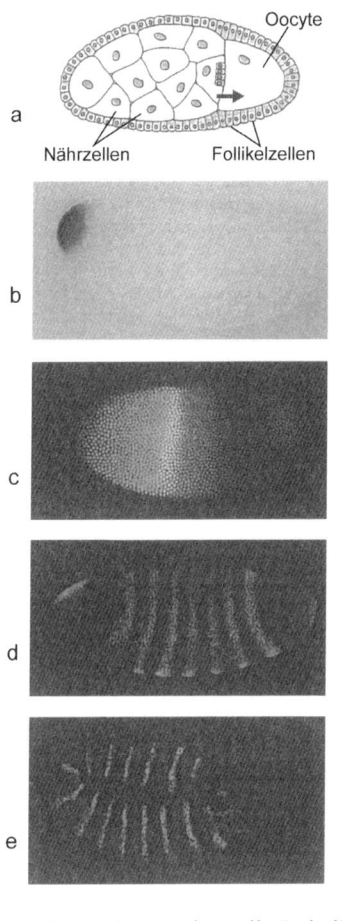

a — Oocyte, Nährzellen, Follikelzellen

4.1: a) Die Entwicklung beginnt in der Oocyte des Eis mit der Aktivierung mütterlicher Gene. Gene in den Follikel- und Nährzellen versorgen die unbefruchtete Eizelle im Ovar der Fliege und sorgen für die Bildung der entsprechenden m-RNAs und Proteine; diese kontrollieren die ersten Entwicklungsschritte. → Die m-RNA des Maternaleffekt-Gens Bicoid wird in der Nähe ihrer Einschleusungsstelle im Ei festgehalten und bestimmt damit die anteriore Seite des Tieres.

b) Die Bicoid m-RNA wird kurz nach der Besamung in das Bicoid-Protein übersetzt. Das Bicoid-Protein diffundiert aus dem anterioren Teil des Keims und bildet einen Konzentrationsgradienten, in der Abbildung von links nach rechts, vom Vorder- zum Hinterpol der Zygote. Dabei ist das Bicoid-Protein nur eines von mehreren, die gemeinsam das Achsensystem des Embryos determinieren.

c) - e) Kurz nach der Befruchtung aktiviert das Bicoid-Protein (zusammen mit anderen DNA-Regulatorproteinen) eine Kette von Segmentierungsgenen im Embryo. Diese liefern die Befehle zur Gliederung (Segmentierung) des Embryos. Die weißen Banden im Embryo zeigen die Lokalisation verschiedener DNA-Regulatorproteine, die in zeitlicher Reihenfolge nacheinander gebildet werden, um immer neue Gene anzuschalten. Die Banden wurden mit unterschiedlich fluorochromen Antikörpern gegen die Regulatorproteine erzeugt.

c) Lückengene (Gap-Gene) sind die ersten aktivierten Segmentierungsgene und bilden breite Banden von genregulatorischen Proteinen, die eine grobe Untergliederung des Körpers bewirken.

d) Die Lückengen-Proteine schalten in einzelnen Segmenten die Paarregel-Gene ein, diese erzeugen ein noch feineres Bandenmuster aus regulatorischen Proteinen. Die Paarregel-Gene legen eine weitere Unterteilung des Körpers fest.

e) Als letztes wird der Körper durch die Wirkung mehrerer Segmentpolaritäts-Gene weiter untergliedert. Ihre Aktivierung (Expression) steht unter der Kontrolle der Proteine der Paarregel-Gene. Man erkennt die Produkte der Segmentpolaritäts-Gene in diesem Computerbild eines *Drosophila*-Embryos als schmale Banden. Jedes Kompartiment zwischen den Banden entspricht einem Körpersegment.
Aus N. A. Campbell: Biologie, (J. Markl Hrsg.), Spektrum Akademischer Verlag, Heidelberg, 1997. Abdruck mit Genehmigung des Verlags.

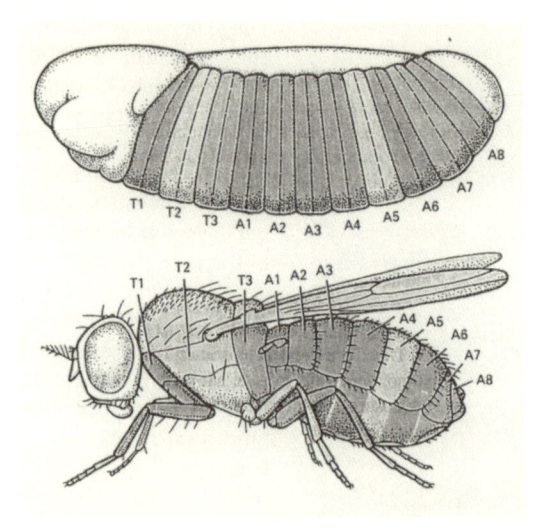

4.2: Segmentierungsmuster eines *Drosophila*-Embryos und einer adulten Fliege. Die Segmentierung (T = Thorax, A = Abdomen) wird von Gap- und Paarregel-Genen, die Segmentidentität von homöotischen Genen kontrolliert. Aus: L. Stryer, Biochemie, Spektrum der Wissenschaft, Heidelberg, 1990. Copyright © 1978 bei Scientific American. Mit Genehmigung des Verlags.

Wirkung von Maternaleffekt-Genen [4]. Das mütterliche Genom einer Fliege legt die Körperachsen (anterior-posterior Achse, dorsoventrale Achse) fest. Das väterliche Genom kann diese nicht beeinflussen. Taufliegen mit mutanten Allelen für diese Achsen können z. B. einen Kopf an beiden Körperenden aufweisen. Die Achsen des zukünftigen Embryos werden somit von Eipolaritätsgenen festgelegt [4].

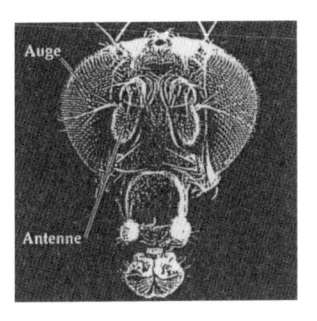

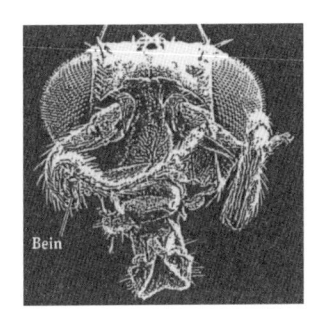

4.3: Homöotische Mutationen und Musterbildungs-Anomalien bei *Drosophila melanogaster*. In Folge homöotischer Mutationen entstehen Strukturen oder Organe an der falschen Stelle des Körpers. Die rasterelektronenmikroskopischen Aufnahmen zeigen die Köpfe von zwei Taufliegen. Anstelle der Antennen bei der normalen Fliege (links) entstehen bei der homöotischen Mutante Beine (rechts). Aus: N. A. Campbell: Biologie, (J. Markl Hrsg.), Spektrum Akademischer Verlag, Heidelberg, 1997. Abdruck mit Genehmigung des Verlags.

Jedes sich entwickelnde Ei wird von Follikelzellen und Nährzellen umhüllt (Abb. 4). Die Aktivität der Maternaleffekt-Gene in diesen Zellen prägen im Ei seine Polarität (vorne/hinten, Rücken/Bauch). Eines der Maternaleffekt-Gene ist das Gen Bicoid. Das Gen ist in den Nährzellen aktiv, die sich am zukünftigen Vorderende des Embryos befinden. Nach Ablesen des Gens wird seine Kopie in Form einer m-RNA in die anteriore Region der Eizelle geschleust. Nach der Befruchtung des Eis wird die m-RNA in das Bicoid-Protein umgeschrieben (translatiert). Die Konzentration des Bicoid-Proteins ist in den Zellen des zukünftigen Vorderpols des Embryos sehr hoch und am zukünftigen Hinterpol sehr niedrig. Das Konzentrationsgefälle des Proteins entlang der zukünftigen Achse vermittelt also die Positionsinformation. Das Bicoid-Protein bindet an bestimmte Gene und kontrolliert damit ihre Ablesung (Expression) in den Blastodermzellen, den Zellen an der Oberfläche des Embryos [4].

Für die Segmentierung des Embryos sind drei Klassen von Segmentierungsgenen zuständig. Sie werden nacheinander aktiviert. Sie vermitteln die Positionsinformation für immer kleinere Einzelheiten im modularen Körperbau. Zunächst lösen die Produkte der Lückengene (Gap-Gene) eine grobe Unterteilung entlang der anterior-posterior Achse des Embryos aus (Abb. 4). Mutationen in diesen Genen führen zu „Lücken" im Segmentierungsmuster der Tiere, d. h. einzelne Thorakal- und (oder) Abdominalsegmente werden nicht gebildet [4].

Im Anschluß an die Lückengene werden die Paarregel-Gene aktiviert. Sie führen zur Unterteilung des Musters in Segmentpaare (Abb. 4). Mutationen in den Paarregel-Genen führen zum Verlust jedes zweiten Segments. Die dritte Gruppe der Segmentierungsgene stellen die Segmentpolaritäts-Gene. Sie bestimmen die anterior-posteriore Polarität in den jeweiligen Segmenten. Mutationen in diesen Genen führen zu Segmenten, deren Vorder- und Hinterseite spiegelbildlich identisch ist. Die Produkte der Segmentierungsgene sind ebenfalls DNA-bindende Proteine. Sie aktivieren den jeweils nächsten Satz von Genen in der Kaskade der Musterbildung. Im Anschluß an die Segmentierungsgene werden die Gene exprimiert, die jedes Segment anatomisch spezifizieren, die also dafür verantwortlich sind, daß z. B. Antennen, Beine und Flügel am richtigen Segment entstehen. Diese Aufgabe fällt den homöotischen Genen zu. Bei Mutationen in homöotischen Genen entstehen Fliegen mit außergewöhnlichen Merkmalen, z. B. mit Beinen an der Stelle, an der sich beim normalen Tier Antennen bilden (Abb. 4) [4]. Auch die homöotischen Gene kodieren für DNA-bindende Proteine. So kann das Protein eines bestimmten homöotischen Gens in einem Thorakalsegment diejenigen Gene aktivieren, welche die Entwicklung eines Beines auslösen. Die basalen genetischen Mechanismen der Musterbildung sind nicht nur in Wirbellosen, sondern auch in Wirbeltieren bis hin zum Menschen zu finden. Sie wurden im Laufe der Evolution konserviert [4,5].

Allerdings ist mit diesem Wissen noch nicht geklärt, wie Form (Gestalt) entsteht, lediglich welche Gene dafür zuständig sind und, daß die Genkaskade immer kleinere und komplexere morphologische und funktionelle Einheiten kontrolliert.

4. Organismen als elektromagnetische Systeme

Elektrische Felder lassen sich in elektrostatische, elektromagnetische und elektrodynamische Felder unterteilen. Organismen machen von allen drei Gebrauch.

4.1 Beispiele für elektromagnetische Felder des Menschen

Die Existenz elektromagnetischer Wechselfelder in Organismen ist aus der ärztlichen Diagnostik als EKG (Elektrokardiogramm) und EEG (Elektroenzephalogramm) bekannt. Daneben wissen wir, daß elektrische Felder im Zuge der Reizleitung in Nervenfasern entstehen. Weniger bekannt sein dürfte, daß wir alle über ein konstantes elektrisches Feld verfügen. Man kann uns diesbezüglich in vier Gruppen einteilen: 1. Menschen mit einem elektrischen Feld von ca. 2 mV, 2. Menschen mit einem Volt-Gradienten von 2 - 4 mV, 3. Personen mit einem Volt-Gradienten von 5 - 6 mV und 4. Menschen mit einem elektrischen Potential von 10 mV [5], stets wurden diese Potentiale zwischen dem Zeigefinger der linken und dem Zeigefinger der rechten Hand gemessen. Bei männlichen Personen bleibt dieses Feld konstant. Bei Frauen ändert sich das elektrische Feld im fruchtbaren Alter einmal im Monat im Verlauf von 24 h. Die Körperspannung steigt steil an und fällt danach wieder auf den ursprünglichen Wert ab. Der Spannungsanstieg erfolgt zum Zeitpunkt des Eisprungs (Ovulation), dem Augenblick des Aufreißens des Ei-Follikels und der Freisetzung des Eis [6].

Die Tatsache, daß bei all diesen Messungen die Elektroden nicht in direktem Kontakt mit dem das elektrische Feld erzeugenden Organ stehen, daß die Spannungsänderungen schnell erfolgen und, daß sie nicht durch Elektrophorese oder eine andere einfache Übertragung von Spannungsgradienten erklärt werden kann, zeigt, daß die elektrische Spannung eines Gewebes von einem elektrodynamischen Feld herrührt [6]. Jedes Einzelteil eines Organismus hat sein eigenes elektrisches Feld; dieses ist wiederum Teil des Feldes des Gesamtorganismus. Mithin steigt mit zunehmender Entwicklung im Organismenreich die Komplexität ihrer elektrischen Felder.

4.2 Das elektrische Feld des Salamander-Eis

Bereits am unbefruchteten Ei des Salamanders (und vieler anderer Wasserorganismen) kann man ein elektrostatisches Feld beobachten. Wird der animale Pol als Referenzpunkt verwendet und eine bewegliche Elektrode (Vibrating Probe) entlang der Äquatorial-Ebene des Eis geführt, so findet man auf der Äquatorial-Ebene einen Punkt mit einer signifikanten Abnahme der Spannung in bezug zum Referenzpunkt. Dieser Punkt wird sich zum Kopf des Tieres entwickeln. Nach der Befruchtung ändert sich das Potential entlang dem späteren Nervensystem nicht [6]. Bemerkenswert ist hierbei, daß der Spannungsgradient auch dann meßbar ist, wenn die Elektroden (Silber-Silberchlorid) 1 bis 1,5 mm von der Oberfläche des Eis entfernt sind. Somit strahlt das elektrische Feld durch die Flüssigkeit hindurch, in welche der Embryo eingebettet ist. Das System kann mit einer Batterie verglichen werden, doch würde man diese mit einer Flüssigkeit verbinden, so würde sie sich über die Dauer entladen. Das Feld des Embryo bleibt dagegen konstant, obwohl er in Flüssigkeit eingebettet ist.

4.3 Generierung von elektrischen Feldern im Zuge der Wundheilung

Regeneration ist einer der Heilungsprozesse, die nicht mit der chemisch-mechanistischen Philosophie der Molekularbiologie erklärt werden kann [7]. Regeneration ist nicht nur die Fähigkeit zu heilen, sondern die Fähigkeit, ganze Teile zu ersetzen.

Viele „niedere" Tiere aber auch Schwanzlurche besitzen die Fähigkeit, bestimmte Körperteile nach Verlust zu ersetzen, zu regenerieren. Der Salamander, der zu den Lurchen (Amphibien), genauer zu den Schwanzlurchen zählt, kann z. B. fehlende Extremitäten regenerieren. Der Frosch dagegen, der zu den Froschlurchen zählt, hat dieses Vermögen nicht. Der Salamander hat nicht nur die Fähigkeit, einen Vorderfuß oder Hinterfuß zu ersetzen, er kann auch Auge, Ohr, bis zu einem Drittel des Gehirns, nahezu den gesamten Verdauungstrakt und fast die Hälfte des Herzens regenerieren. Eine Ratte, der man 50 % der Leber entfernt, kann diese innerhalb einer Woche regenerieren. Auch wir regenerieren täglich neu z. B. Haut, Darmgewebe, Blut, Immunsystem, können aber keine verlorengegangenen Organe wie Gliedmaßen, Augen, Ohren ersetzen [7].

Verliert ein Salamander einen Fuß, so wachsen zunächst die äußeren Zellen der Haut rasch über die Schnittfläche hinweg (Abb. 5). (Diese und alle weiteren Details aus [7].) Ein oder zwei Tage später wachsen die abgetrennten Enden der Nerven in den Stumpf und formen eine ungewöhnliche Verbindung mit jeder Hautzelle, die als neuroepidermale Verbindung (neuroepidermal junction, NEJ) bezeichnet wird. Sie ist essentiell für die Regeneration, denn wenn sie verhindert wird, entfällt auch der Regenerationsprozeß.

Kurz nach der Bildung der NEJ erscheinen zahlreiche primitive Zellen zwischen dem Ende des Fußstumpfs und den NEJ. Man nennt sie Blastem (Keimgewebe) und aus ihnen geht das neue Fußglied hervor. Die Blastemzellen bilden sich aus den

1 Bildung von neuroepidermalen Verbindungen (NEJ)

2 NEJ → negativer elektrischer Strom

3 elektrischer Strom ändert normale Zellen in primitive Zellen

4 primitive Zellen im Keimgewebe

5 Fortschreitendes Wachstum und Dedifferenzierung

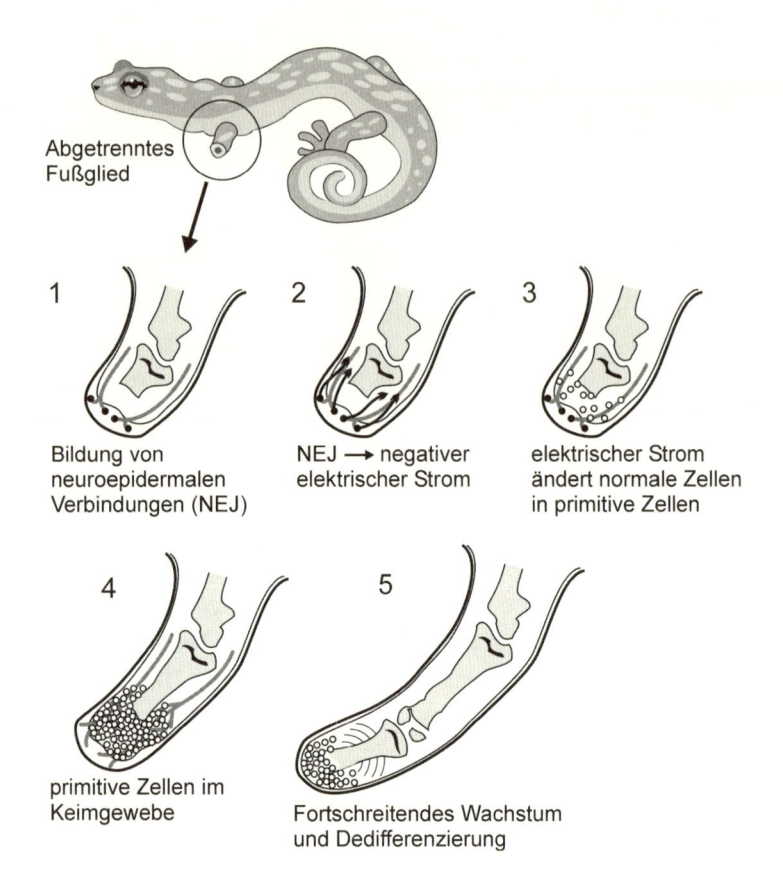

Abgetrenntes Fußglied

Abb. 5:
Reihenfolge der Regeneration eines Fußgliedes beim Salamander. Nach Verlust des Fußes wächst die Haut über das Ende des Stumpfs, danach wachsen Nervenfasern in das Gewebe und bilden neuroepidermale Verbindungen zu den Zellen. Schließlich dedifferenzieren (reembryonalisieren) die Zellen von Knochen, Muskeln und anderen Geweben des Stumpfes; es bildet sich ein Keimgewebe (Blastem). Diese Zellen teilen sich, reorganisieren sich und differenzieren in einem räumlich korrekten Muster zu den Zellen, die für die Bildung des neuen Fußgliedes benötigt werden. Nach einer Vorlage von Becker, O. R.: Cross currents, the perils of electropollution, the promise of electromedicine. Jeremy P. Tarcher/Putnam, a member of Penguin Putnam Inc. New York, N. Y. 1990.

reifen, differenzierten Zellen des Knochens, der Muskeln usw., die im Stumpf verbleiben und auf unbekannte Weise wieder embryonal werden (Dedifferenzierung).

Im Zuge der Verwundung bildet sich ein positives Verwundungspotential, ein elektrischer Gleichstrom ist das Ergebnis. Das verletzte Gewebe ist positiv gegen den Rest des Tieres geladen (Abb. 6). Nach ca. 2 Tagen nimmt die positive Ladung ab. Sie wird durch eine negative ersetzt, das geschieht zum Zeitpunkt der NEJ-Bildung. Im Zuge des Wachstums des Blastems wird die Verwundungsspannung stark negativ und kehrt schließlich zu ihrem Ursprungspotential zurück.

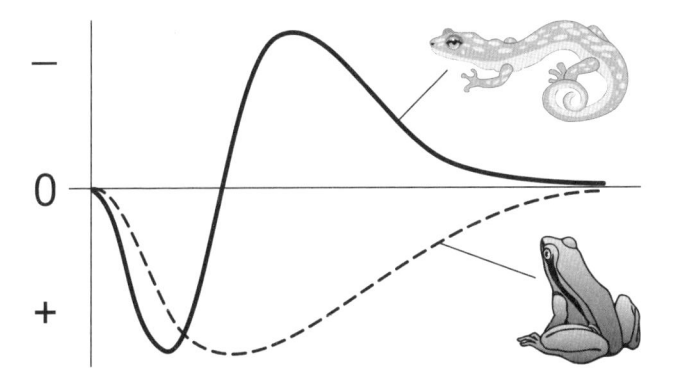

Abb. 6:
Verlauf des elektrischen Potentials nach Verlust eines Fußgliedes beim Salamander und beim Frosch. Bei beiden kehrt sich nach Verlust des Fußes sofort das elektrische Potential zum Positiven und bleibt 2 - 3 Tage positiv. Nachdem sich die neuroepidermalen Verbindungen gebildet haben, fällt das elektrische Potential des Salamanders. Während das Blastem wächst, wird das elektrische Potential am Fußstumpf des Salamanders deutlich negativ und kehrt schließlich zum ursprünglichen Ausgangswert (0) zurück. Dagegen verbleibt das Verwundungspotential des Froschs positiv und kehrt allmählich zum Ursprungswert zurück. Die Wunde heilt ab, aber ein neues Fußglied entsteht nicht. Nach einer Vorlage von Becker, O. R.: Cross currents, Jeremy P. Tarcher/Putnam a member of Penguin Putnam Inc. New York, N.Y., 1990.

Die gleiche Verwundung führt beim Frosch nicht zur Regeneration des Vorderfußes. Seine Verwundungsspannung ist positiv und kehrt, ohne negativ zu werden, zur Ursprungsspannung zurück. Das künstliche Ansetzen eines negativen Potentials auf den Verwundungsstumpf führt aber beim Frosch zum Nachwachsen der Extremität (vgl. [8]).

Das Kontrollsystem, das die Regeneration einleitet, reguliert und beendet, scheint also elektrischer Natur zu sein. Zellen des Regenerationsblastems besitzen eine negative Polarität, die der reinen Wundheilung eine positive. Die Befunde können nicht auf andere Tiere übertragen werden. Dennoch zeigen sie, daß die Elektrizität ein die Heilung kontrollierender Faktor sein kann. Möglicherweise ist das System, das einen Körper organisiert, ebenfalls ein elektrisches und damit ein evolutionär sehr altes System [7].

Der Mensch kann verlorengegangene Extremitäten nicht regenerieren. Lediglich das Zusammenwachsen von Knochenbrüchen erfolgt spontan. Bei komplizierten Brüchen, besonders bei offenen Frakturen, kann eine Elektrostimulation Heilung bringen [7]. Knochen sind piezoelektrische Systeme. Sie wandeln mechanische Energie (Druck) in elektrische Energie (Ströme) um. Dieses System minimiert über die elektrischen Kraftfelder den Druck auf die Knochen, indem es durch Wachstum deren Form verändert oder sie nach einem Bruch regeneriert [8]. Schwache Ströme, welche die natürlichen elektrischen Felder der Knochen imitieren, von außen an eine Fraktur angelegt, können das Knochenwachstum stimulieren (Abb. 7) [7]. Die Elektroden können durch Anlegen eines elektromagnetischen Feldes an die Fraktur ersetzt werden. Entscheidend ist die Polarität des Stromimpulses (positiv oder negativ) sowie die Frequenz des elektromagnetischen Feldes. Die Osteozyten des Knochens lagern nur bei einer bestimmten Frequenz (ca. 5 Hz) Kalzium ab. Die Frequenz, bei der eine Reabsorption und Entfernung von Knochensubstanz erfolgt, ist von der „anlagernden Frequenz" nur um Bruchteile von Hertz verschieden (vgl. [8]). Die Kalziumablagerung wird von Impulsketten angeregt; einzelne Stromstöße, die von relativ langen Pausen unterbrochen sind, wirken bei Osteoporose (Knochenschwund) heilsam [8].

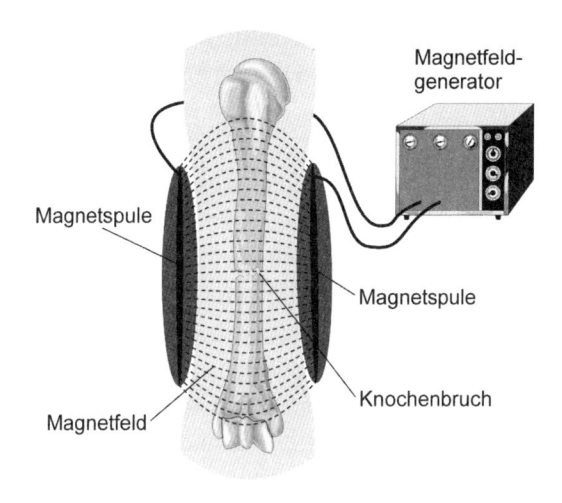

Abb. 7:
Schema zur Heilung eines spontan nicht heilenden Knochenbruchs in einem elektromagnetischen Feld. Magnetische Spulen zu beiden Seiten des Knochens erzeugen ein Magnetfeld, das die Gewebe einschließlich des Bruches durchdringt. Da es sich um ein gepulstes Feld handelt, erzeugt es einen pulsierenden elektrischen Strom, der heilende Kräfte besitzt. Nach einer Vorlage von Becker, O. R.: Cross currents, Jeremy P. Tarcher/Putnam a member of Penguin Putnam Inc. New York, N.Y., 1990.

4.4 Das Elektromagnetische Feld als Ordnungsprinzip

Zentraler Informationsspeicher für übergeordnete Funktionen der Zelle ist der Zellkern. In ihm wird allerdings nicht nur Information im Sinne der Molekulargenetik (Anleitung zur Synthese von Molekülen) gespeichert, sondern auch als biophysikalische Information (Laserlicht, elektrische Potentiale, unbekannte Felder).

Es ist immer wieder der Versuch unternommen worden, nach einfachen, übergreifenden Lebensprinzipien zu suchen. Die moderne Molekularbiologie hat dieses Prinzip in der DNA erkannt, dem zentralen Informationsspeicher jeder Zelle (nur Viren benutzen auch RNA statt DNA für diesen Zweck). Die Molekularbiologie hat uns gezeigt, welche Auslöser an der Gestaltbildung beteiligt sind. Den Aufbau von Gestalt konnte sie bisher nicht erklären.

Die Biochemie erklärt uns, welche Stoffwechselwege in Organismen vorkommen und welche Reaktionen einzelne Moleküle durchlaufen. Sie nennt uns auch die Katalysatoren, Enzyme, die an diesen Reaktionen beteiligt sind und gibt Auskunft über prinzipielle Strukturprinzipien derselben. Eine Antwort auf die Frage wie die Gestalt von Proteinen, Zellorganellen, Zellen, Organen und Organismen zustande kommt, gibt sie nicht. Sie kann die chemischen Bestandteile nennen, aus denen Organismen aufgebaut sind, sie kann jedoch nicht beschreiben, wie Gestalt aus diesen entsteht.

Hier bietet die Physik Ansatzmöglichkeiten: Jedes Atom besteht aus elektrisch geladenen Elementen (Protonen, Elektronen), die durch ein elektromagnetisches Feld zusammengehalten werden. Da Moleküle aus Atomen bestehen, gilt auch für sie, daß sie ein elektrisches Feld besitzen und, da Zellen aus Molekülen aufgebaut sind, haben auch sie elektrische Felder bzw. ein übergreifendes elektrisches Feld, ebenso Organe und Organismen. Über diese Felder hinaus werden in Organismen elektrische Felder an den verschiedensten Membransystemen erzeugt. Alle Zellen enthalten Biomembranen, sowohl die Zellen der Prokaryoten, als auch die der Eukaryoten. Über die Membranen hinweg werden elektrische (Membran-)Potentiale aufgebaut. Sie entstehen durch unterschiedliche Elektrolytkonzentrationen auf beiden Seiten der Membran. Diese werden unter Verbrauch von chemischer Energie (oder in der Photosynthese durch Verbrauch von Lichtenergie) erzeugt und aufrechterhalten. Zum Beispiel liegt das Membranpotential der

Mitochondrien zwischen Innenraum und Intermembranraum bei ca. 0,14 Volt [2], wobei die Außenseite positiv ist (die Membran selbst ist ca. 8 nm dick, so daß das elektrische Potential bei ca. $20 \cdot 10^6$ V/cm liegt). Ohne Energieverbrauch gleichen sich die Konzentrationsunterschiede beidseitig einer Membran aus, d. h., ohne Energiezufuhr würden die elektrischen Potentiale mit der Zeit auf Null zurückgehen. Charakteristisch für alle lebenden Systeme ist aber, daß ihre elektrischen Potentialgradienten erstaunlich stabil sind, d. h. nur in engen Grenzen schwanken.

Jedes einfache Gleichstromfeld ist bereits ein geordnetes System. Bringt man z. B. in eine Petrischale, die eine gering konzentrierte Salzlösung enthält, zwei Elektroden und verbindet man diese mit einer kleinen Batterie, so fließt ein Strom zwischen den beiden Elektroden. Allerdings handelt es sich dabei nicht um einen einfachen Strom von Ionen, sondern um ein hochgeordnetes Muster von Feldlinien (Abb. 8). Dieses Feld besteht sowohl aus Feldlinien der Stromstärke als auch aus solchen der elektrischen Spannung. Somit ist jeder Punkt zwischen den Elektroden durch drei Werte eindeutig bestimmt, einem Stromstärke-Wert, einem Spannungs-Wert und einem Richtungs-Wert. Da Gleichströme an der Regeneration von Organen beteiligt sind, geht von ihnen eine ordnende Kraft im oben genannten Sinne aus [6]. Sie könnten in der DNA der Zellen bestimmte Gene anschalten (die DNA verfügt über elektrisch leitende und elektrisch nicht leitende Abschnitte), die zu den erwünschten Differenzierungen führen. Möglicherweise könnten auch Zellstrukturen wie die Mikrotubuli, die aus modularen Eiweißmolekülen aufgebaut sind, geordnet werden. Diese haben am Aufbau der Zellgestalt entscheidenden Anteil.

Somit wurde die folgende Theorie formuliert [6]: „Das Muster oder die Organisation jedes biologischen Systems wird von einem komplexen elektrodynamischen Feld begründet, das teilweise von seinen atomaren physiko-chemischen Komponenten bestimmt wird und das teilweise das Verhalten und die

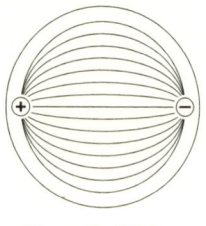

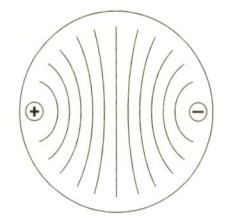

| Stromflußlinien | Spannungslinien |

Abb. 8:
In dem linken Diagramm ist der Stromfluß von einer positiven Elektrode zu einer negativen Elektrode als Linien dargestellt. Im rechten Diagramm sind die dazugehörigen Zonen gleicher Spannung als Linien dargestellt. Entlang jeder Spannungslinie herrscht die gleiche Spannung (in Volt), wohingegen jede Linie für eine andere Stromstärke steht. Somit existiert an jedem Punkt im elektrischen Feld von Spannung und Stromstärke eine einzigartige Kombination der drei Werte Spannung, Stromstärke und Stromrichtung. Das Feld liefert also eine Positionsinformation. Es könnte sein, daß diese Information als Schalter dazu benutzt wird, um in den Zellen Gene einzuschalten. Auch ist eine Orientierung von Proteinen möglich, die an der Differenzierung von Zellen beteiligt sind (Cytoskelett, Mikrotubuli). Nach einer Vorlage von Becker, O. R.: Cross currents, Jeremy P. Tarcher/Putnam a member of Penguin Putnam Inc. New York, N.Y., 1990.

Richtung dieser Teile bestimmt. Dieses Feld ist elektrisch im physikalischen Sinne; durch seine Eigenschaften bringt es die Teile des biologischen Systems in ein charakteristisches Muster und ist selbst zum Teil das Ergebnis der Existenz dieser Teile. Es bestimmt und wird zugleich von seinen Teilen bestimmt"[6]. „Das Feld begründet nicht nur das Muster, es hält es auch mitten in einem physiko-chemischen Fluß aufrecht"[6]. In unserem Körper wird z. B. jedes Protein alle sechs Wochen erneuert, in einigen Organen wie der Leber, sogar noch öfter. Dennoch bleibt unsere Gestalt dieselbe. Es kann vermutet werden, daß das elektrodynamische Feld unseres Körpers als Form dient, mit der seine Struktur trotz ständigem Stoffaustausch aufrecht erhalten wird. „Das elektrische Feld muß sowohl alle Lebensvorgänge kontrollieren als auch regulieren.

Es muß der Mechanismus sein, der zur Ganzheit führt, zur Organisation und Kontinuität"[6].

In nichtlebender Materie werden Felder als Kräfte zwischen Ladungen definiert. Elektrostatische Felder können nur in Anwesenheit von Ladungen bestehen und Ladungen nur in Anwesenheit von Feldern vorkommen (Abb. 8). Da lebende Systeme aus den gleichen Elementen bestehen wie nichtlebende Systeme, müssen auch in ihnen die gleichen Kräfte zwischen den Elementen wirken. Der fundamentale Unterschied besteht allerdings darin, daß die Beziehungen in lebenden Systemen ungeheuer komplexer sind, als in nichtlebenden Systemen. Leben ist nicht statisch, sondern dynamisch. Für diese Veränderungen wird Energie benötigt. Diese wird aus chemischen Reaktionen bezogen. Energie ist eine skalare, nicht gerichtete Größe. Sie selbst verhält sich indifferent in bezug auf die Richtung in die sie fließt. Da der Energieverbrauch jedoch einem Zweck dient, muß er eine „Richtung" erfahren. Diese könnte durch die elektrischen Felder bestimmt werden. Hierauf weist die erstaunliche Konstanz von elektrischen Feldern in Organismen hin [6,7]. In sich entwickelnden Organismen ändern sich quasielektrostatische Felder nur langsam und können somit als Richtungsgeber betrachtet werden [6,7].

5. INFORMATIVE FELDER

Information ist nur möglich, wenn es wenigstens zwei in Wechselwirkung tretende Partner (Atome, Moleküle, Organelle, Organe, Organismen) gibt, die die Botschaft verstehen (Sender, Empfänger). Information, die an Organismen gebunden ist, hat die Tendenz sich auszubreiten. Sie breitet sich materiell in Form der Organismen aus. Sie kann sich aber auch immateriell in Form von informativen Feldern ausbreiten:

William McDougall (Universität Harvard, USA) begann im Jahr 1920 damit, weiße Ratten (Stamm Wistar), die über viele Generationen hin reinrassig gezüchtet worden waren, abzurichten. Eine Gruppe von Tieren wurde willkürlich ausgewählt und jede Ratte mußte einzeln lernen, einem Wasserbecken durch einen von zwei Durchgängen schwimmend zu entkommen. Ein Durchgang, der aus dem Wasser herausführte, war hell erleuchtet, das war der „falsche" Ausgang. Der „richtige" Ausgang war nicht erleuchtet. Wenn eine Ratte versuchte, das Wasser über den falschen Durchgang zu verlassen, bekam sie einen elektrischen Schlag. Die Position des „richtigen" Ausgangs wurde laufend gewechselt. Die Anzahl der Fehlentscheidungen einer Ratte, bis sie gelernt hatte, das Wasser jeweils über den nicht beleuchteten Durchgang zu verlassen, wurde als Maß für ihre Lerngeschwindigkeit benutzt (Abb. 9)[9]. Einige Ratten mußten zu Beginn des Experiments bis zu 160 mal bestraft werden, bis sie lernten, den hell erleuchteten Ausgang zu meiden. In der Anfangsphase zögerten sie häufig vor einem Durchgang, wandten sich dann davon ab, oder nahmen ihn mit verzweifelter Eile, weil sie die Beziehung zwischen hellem Licht und elektrischem Strom nicht erkannt hatten. Dadurch wählten sie den hellen Weg fast genauso oft wie den anderen. Danach kam der Punkt wo sie sich beim Anblick des hellen Lichtes entschieden abwandten, den anderen Ausgang suchten und ruhig durch den dunklen Ausgang hinaus liefen. Nach diesem Punkt begingen die Tiere nur noch ganz selten den Fehler, den hellen Gang zu benutzen [9].

Bevor die Ratten ihre Lektion gelernt hatten, wurden einige nach dem Zufallsprinzip für die Fortpflanzung ausgewählt. Damit war ausgeschlossen, daß eine Selektion der besser Lernenden erfolgte. „Das Experiment wurde über 32 Generationen fortgesetzt und dauerte bis zu seiner Beendigung 15 Jahre. Es stellte sich die deutliche Tendenz heraus, daß Ratten aufeinanderfolgender Generationen zunehmend schneller lernten"[9] (Abb. 9). Die Experimente wurden von F. A. E. Crew in

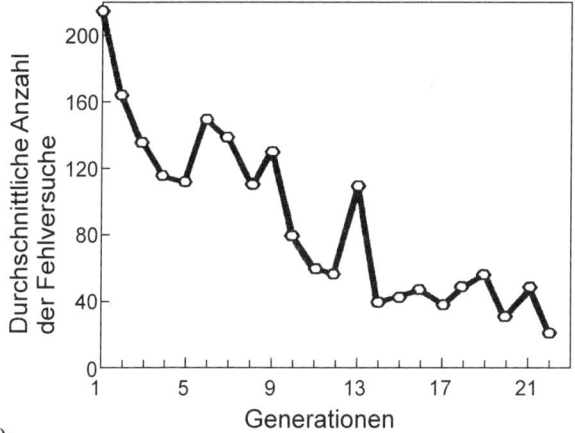

Abb. 9:
Lerngeschwindigkeit für verschiedene Generationen von Wistar-Ratten im Versuch von McDougall (ohne Kontrolle). Aus: Moser, F. und Narodoslawsky, M.: Bewußtsein in Raum und Zeit, Grundlagen der holistischen Weltsicht. Insel Taschenbuch, Frankfurt am Main und Leipzig, 1996. Mit freundlicher Genehmigung durch die Autoren und den Verlag.

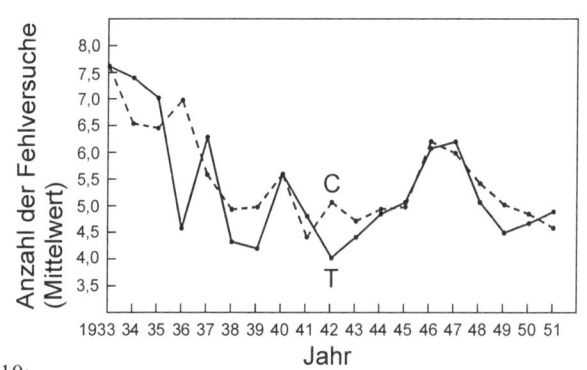

Abb. 10:
Lerngeschwindigkeit für verschiedene Generationen von trainierten Wistar-Ratten (T) im Vergleich zu untrainierten Tieren (C) im Versuch von Agar. Aus: Moser, F. und Narodoslawsky, M.: Bewußtsein in Raum und Zeit, Grundlagen der holistischen Weltsicht. Insel Taschenbuch, Frankfurt am Main und Leipzig, 1996. Mit freundlicher Genehmigung durch die Autoren und den Verlag.

Edinburgh und W. E. Agar in Australien wiederholt. Beide Autoren stellten ebenfalls eine deutliche Tendenz zu schnellerem Lernen bei den Ratten der Folgegenerationen fest, allerdings, auch nicht abgerichtete Ratten (Kontrolle) lernten im gleichen Zeitraum im Zuge der Generationsfolgen schneller (Abb. 10). Der Lerneffekt hielt nicht an (vgl. [9]).

Diese außergewöhnlichen Ergebnisse zeigen, daß es sich leichter lernt, wenn mehrere das Gleiche lernen, weil die sich bildenden informativen Felder jedem Teilnehmer zugute kommen. Dabei ist körperliche Nähe nicht ausschlaggebend. Die informativen Felder verbreiten sich ortsunabhängig. Schließlich verbessert das Lernen einer Generation das Lernen der nächsten. Wird das Lernen eingestellt, verliert sich der Erfolg wieder.

6. Ausblick

Entsprechend unserem Vermögen biologische Objekte analysieren zu können, ist heute unsere Vorstellung vom Leben von chemischen, biochemischen und molekularbiologischen Mechanismen geprägt. Jedoch dürfen wir die kausale Beteiligung physikalischer Felder, wie z. B. elektromagnetischer und die Beteiligung von mechanischen Faktoren nicht ausschließen. Schließlich müssen wir auch lernen, die Existenz immaterieller Felder als informative Quelle für die Richtungsorganisation anzuerkennen. Aus Experimenten mit Protoplasten (pflanzlichen Zellen ohne Zellwand) ist bekannt, daß diese eine definierte elektrische Ladungsdichte aufweisen, die über das umgebende Medium beeinflußt werden kann. Die Zellen eines Gewebes müssen somit bestimmte elektromagnetische Felder besitzen und diese Felder müssen auch in Pflanzen organspezifisch sein. Zu ihrer Aufrechterhaltung ist Energie notwendig.

Bei der Entwicklung von Pflanzen und Tieren finden stets drei Prozesse statt: Wachstum, Differenzierung und Gestaltbildung (Abb. 11)[10]. Diese Prozesse bedürfen einer Koordination. Sie wird vermutlich von morphogenetischen Feldern geleistet. Diese könnten elektromagnetischer Art sein. Jedoch könnten sich im Zuge der Generierung solcher Felder weitere, noch unbekannte Felder einstellen. Beispielsweise mußte die Physik zur Erklärung des Atoms ein Vakuumfeld (Vakuumfluktuation

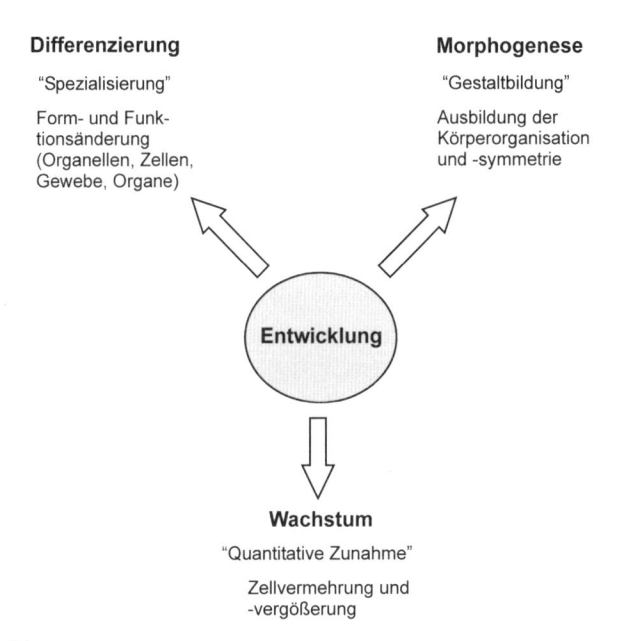

Differenzierung

"Spezialisierung"

Form- und Funktionsänderung (Organellen, Zellen, Gewebe, Organe)

Morphogenese

"Gestaltbildung"

Ausbildung der Körperorganisation und -symmetrie

Entwicklung

Wachstum

"Quantitative Zunahme"

Zellvermehrung und -vergößerung

Abb. 11:
Die drei Grundsäulen der Entwicklung: Wachstum, Differenzierung und Morphogenese. Die wesentlichen Inhalte der drei Begriffe werden jeweils stichwortartig zusammengefaßt. Nach einer Vorlage von Westhoff, P., Jeske, H., Jürgens, G., Kloppstech, K. und Link, G.: Molekulare Entwicklungsbiologie. Vom Gen zur Pflanze. Georg Thieme Verlag, Stuttgart, New York, 1996. Mit freundlicher Genehmigung durch die Autoren und den Verlag.

= Quantenmechanische Fluktuation = die ordnende Kraft, Intelligenz in der Schöpfung, die alles zu einer Einheit zusammenhält, ohne daß die Teile ihre individuelle Existenz verlieren) einführen, da aus der positiven und negativen Ladung von Atomkern und Elektronen folgt, daß diese sich anziehen müßten und somit das Atom in sich zusammenfallen würde, gäbe es nicht ein Feld, das Vakuumfeld, das dies verhindert.

Die Existenz von elektromagnetischen Feldern ist immer auch mit der Existenz von Licht verbunden (elektromagnetisches Feld = elektrostatisches Feld plus Licht). In Organismen kommen alle diese Felder, einschließlich des Lichtes, getrennt, aber auch zusammen vor. Eine der zukünftigen Aufgaben der Biologie wird es sein, diese Interaktionen in Organismen näher kennenzulernen und zu interpretieren. In diesem Zusammenhang ist die ordnende Funktion des Zellkerns neu zu bewerten. Am Institut für Physik der Universität Basel konnte erstmals die elektrische Leitfähigkeit von DNA-Molekülen nachgewiesen werden (Universität Basel, 31.03.1999). Weiterhin wurde bekannt, daß Gene dazu fähig sein könnten, elektrische Signale mit anderen Genen auszutauschen, d. h. Gene an- und abzuschalten. In der DNA existieren außerdem „isolierende" (nicht leitende) Regionen, die aus einzelnen oder multiplen Paarungen zwischen den beiden DNA-Basen Adenin und Thymin bestehen [11]. Neben chemischen Interaktionen in der DNA zeichnen sich allmählich auch physikalische Interaktionen ab, die möglicherweise von regulatorischer Bedeutung sind.

Die Qualität biologischer Organisation übertrifft in vielerlei Hinsicht die Qualität menschlicher Schöpfungen um mehrere Zehnerpotenzen. Zum Beispiel sind die Katalysatoren der Zellen, die Enzyme, um mehrere Zehnerpotenzen wirksamer als technische Katalysatoren (Nitrogenase der Prokaryoten zur Reduktion von Luftstickstoff zu NH_3 *versus* Fe-Mo-Katalysatoren im Haber-Bosch-Verfahren zur großtechnischen Reduktion von N_2 zu NH_3), ganz zu schweigen von ihrer Reaktions- und Substratspezifität. Ähnlich ist es mit dem Licht, das Zellen zur Kommunikation bei Zellteilungsvorgängen verwenden, es ist perfektes UV-Laserlicht von geringster Intensität. Und so darf geschlossen werden, daß auch elektromagnetische und andere, unbekannte Felder von bisher ungeahnter Qualität (Kohärenz) sind. Diese Felder zusammen bilden eine kollektive Kohärenz, eine Einheit, die zusammen mit den materiellen Bausteinen die sichtbare Ganzheit des Lebens ausmachen.

DANKSAGUNG

Ich danke den Kollegen Adriaan W. C. Dorresteijn und Klaus Honomichl sehr herzlich für ihre sachbezogenen Hinweise.

LITERATUR

[1] Eigen, M., zitiert nach Schopf, W., in: GEO, Heft Nr. 9, 1999, Seite 146.
[2] Stryer, L., Biochemie, Aus dem Amerikanischen übersetzt von B. Pfeiffer und J. Guglielmi, völlig neu bearbeitete Auflage, Spektrum der Wissenschaft-Verlag, Heidelberg, 1990, Seite 425.
[3] Kowallik, K. V., Biologen heute, 1999, Heft 1, Seite 1 - 5.
[4] Campbell, N. A., Biologie. Herausgegeben von J. Markl, Spektrum Akademischer Verlag, Heidelberg, 1997.
[5] Jäckle, H., Schmidt-Ott, U. und Gehring, W., Biologen heute, 1999, Heft 2, Seite 1 - 5.
[6] Burr, H. S., „Blueprint for immortality. The electric patterns of life.", Saffron Walden, The C. W. Daniel Company Limited, Essex, England, 1991 (fifth impression).
[7] Becker, O. R., „Cross currents, the perils of electropollution, the promise of electromedicine", Jeremy P. Tarcher/Putnam, a member of Penguin Putnam Inc. New York, N.Y, 10014, 1990.
[8] Bischof, M., „Biophotonen – Das Licht in unseren Zellen", Zweitausendundeins, Frankfurt am Main, 1996.

[9] Moser, F. & Narodoslawsky, M., „Bewußtsein in Raum und Zeit, Grundlagen der holistischen Weltsicht", Insel Taschenbuch, Frankfurt am Main und Leipzig, S. 66 - 75, 1996.

[10] Westhoff, P., „Molekulare Entwicklungsbiologie", Georg Thieme Verlag, Stuttgart, New York, 1996.

[11] Barton, J., Chemistry and Biology, **6** (2), 85, 1998.

Roeland van Wijk

Tote Moleküle und
lebende Zelle

Einleitung

Wesentliches Charakteristikum der Biologie ist der Gesamtzusammenhang und die Komplexität. Um das verstehen zu können, bedarf es der Kenntnis des Biosystems als Ganzes. So dürfen nicht die einzelnen Bestandteile isoliert betrachtet werden, sondern die funktionelle Gesamtheit ist letztlich das, was jedes Biosystem auszeichnet. Schon aus diesem Grunde sollte die biologische Forschung sich nicht ausschließlich auf der molekularen Ebene bewegen, auch wenn dieses zum Gesamtbild beiträgt. Für viele Biologen, Chemiker und Physiker stellt das biologische System mit seiner naturgegebenen Komplexität eine Herausforderung dar. Das Problem beginnt dort, wo die Verbindung zwischen den toten Molekülen mit der lebenden Zelle geknüpft werden muß. Mit dem folgenden Beitrag soll versucht werden, einige Erkenntnisse zum Verständnis über das Leben zu finden.

Darstellung des Lebens

Ein lebendes System ist durch die Dynamik in dessen Entwicklung gekennzeichnet. Die primitiven Systeme am Beginn der Evolution haben sich über die langen Zeiträume zu Pflanzen und Tieren mit immer höherer Komplexität entwickelt. Die heutige Biologie, und hier vor allem die Entwicklungsphysiologie, versucht über die verschiedenen Strukturelemente Einblick in den Gesamtaufbau eines lebenden Systems zu finden.

Schon in der frühen Literatur hat man sich der detaillierten Beschreibung von Organismen angenommen; insbesondere hat man hier immer wieder auf die jedem Biosystem charakteristische Ausdifferenzierung hingewiesen. Nicht beantwortet ist die Frage, wer oder was die jeweils typische Ausdifferenzierung steuert und wie die individuellen Unterschiede zustande kommen.

Betrachtet man zum Beispiel eine Kuh auf einer Wiese, so sind die beiden Biosysteme „Kuh" und „Gras" in ihrem Unterschied offensichtlich. Während die Kuh unsere Anwesenheit durchaus zur Kenntnis nimmt, wird dieses vom Gras sicherlich nicht wahrgenommen. Dieser fundamentale Unterschied stellt sich auch in den jeweiligen Entwicklungsphasen dar. Die Pflanze bezieht die für das Wachstum notwendigen Mineralien aus dem Boden. Über die Photosynthese, also der Umwandlung von Kohlendioxid und Wasser in Anwesenheit von Licht, wird die Energiequelle Glukose gebildet.

Da die Kuh dagegen nicht die Möglichkeit hat, über diesen Syntheseweg ihren Energiestoffwechsel zu sichern, frißt sie das Gras. Um ihren Energiebedarf decken zu können, muß sich die Kuh fortlaufend an der Umgebung orientieren.

Dieser Unterschied zwischen Pflanzen und Tieren scheint zunächst charakteristisch zu sein. Doch es gibt Ausnahmen, so zum Beispiel Tiere, die sich nicht selbständig bewegen. Schwämme sind an ihrer Unterfläche fixiert, können aber aktiv Wasserströmungen erzeugen, über die das Nahrungsangebot dann zur Verfügung steht. Ursprünglich wurden Schwämme und andere Tiere, die am Boden festgewachsen waren, zu den Pflanzen gerechnet. Allein dieses Verhalten macht es schwierig, den Unterschied zwischen Pflanzen und Tieren allein aus dem Verhalten zu definieren.

Je einfacher das Biosystem ist, desto schwieriger wird es, anhand der Eigenschaften oder des Verhaltens eine Trennung zu finden. Flagellaten können sich aktiv im Lebensraum bewegen, sollten also demnach den Tieren zuzuordnen sein. Einige Flagellaten sind aber auch in der Lage, Photosynthese zu betreiben, eine Eigenschaft, die wiederum nur Pflanzen vorbehalten ist. Andere Flagellaten besitzen nicht das Chlorophyll und ernähren sich somit wie Tiere. Die Existenz solcher Organismen zeigt, daß es in der Evolutionsgeschichte die scharfe Trennung zwischen Pflanzen und Tieren nicht gegeben hat.

Wenn die Frage nach dem Leben gestellt wird, dann gilt zunächst der fundamentale Grundsatz aller Biosysteme, nämlich der des Überlebens. Diese Strategie benötigt Energie, das heißt, mit dem Ziel zu überleben wird Energie verbraucht. Gelegentlich wird diese biologische Aktivität der Energieumwandlung mit der eines Verbrennungsmotors verglichen. Dieser Vergleich hinkt insofern, als ein Motor beliebig abgestellt werden kann, wenn er nicht genutzt wird. Ein Biosystem ist dagegen immer aktiv, auch wenn dieses auf einem niedrigen Niveau geschehen kann. Auch wenn Fische im Schlamm eines ausgetrockneten Sees sich in einem Tiefschlaf befinden, wird die Aktivität sehr schnell wieder vorhanden sein, wenn sich der See mit Wasser füllt. Viele Beispiele gibt es hierzu bei Samen von Pflanzen, die eine erhebliche Lebensfähigkeit auch unter extremen Bedingungen zeigen. Im Museum der Naturgeschichte in Paris werden keimfähige Samen von der Leguminose „Cassa multijuga" gezeigt, die zwischen 55 und 158 Jahre alt sind. Samen von „Verbascum blatteria" sind über 90 Jahre keimfähig. Über 10000 Jahre eingefrorener Samen von „Lupinus arcticus" war noch keimfähig, wobei bei 5 % Luftfeuchtigkeit und Temperaturen um -20 °C dessen Keimfähigkeit in 3000 Jahren nur um 5 % reduziert ist.

Diese Eigenschaft, die volle Aktivität nach langer Ruhephase wieder anzunehmen, nennt man Viabilität. Festgehalten werden muß hier, daß in der vorübergehenden Phase des „Tiefschlafs" die Aktivität nicht erloschen war, sondern sich auf einem extrem niedrigen Niveau befand. Die dazu notwendige

Energie ist natürlich zuvor gespeichert worden. Diese „lebende" Maschine ist also auch noch dann aktiv, wenn sie sich im Ruhezustand befindet.

LEBENSAKTIVITÄTEN

Wenn man über Lebensaktivitäten spricht, so läßt sich eine einfache Klassifizierung über die Art und Weise der Energieumwandlung aufstellen. Tiere besitzen bestimmte Verhaltensmerkmale und Fähigkeiten, die den Pflanzen fehlen: das Fangen und Verschlingen von Beute.

Zur Nahrungsaufnahme bedarf es notwendiger Eigenschaften. Über sensorische Systeme werden Informationen über die Umgebung gesammelt. Weiterhin muß die Möglichkeit bestehen, sich zu bewegen und die Nahrung auch unmittelbar aufzunehmen. All dieses muß zudem in einer Weise geschehen, ohne selbst Opfer, also aufgefressen zu werden.

Die Grundnahrung besteht aus Wasser und komplexen Molekülen anorganischer und organischer Substanzen. Mit der Verdauung wird die Nahrung in Bestandteile zerlegt, die dann weiter Ausgangsmaterial für Stoffwechsel, Wachstum oder auch für Heilungsprozesse nach Verletzungen sind. Einige Bestandteile der Nahrung, wie Wasser oder Salze, stehen unmittelbar für den lebenden Organismus zur Verfügung. Andere Substanzen werden in Strukturen zerlegt, die vom Organismus dann weiter verwertet werden können. Im allgemeinen wird dieses durch Enzyme realisiert. Enzyme sind Proteine, die als Katalysatoren wirken. Die Spezifität dieser Enzyme ermöglicht die gezielte Verstoffwechslung.

Die aufgespaltenen Moleküle der Nahrung werden in der Körperflüssigkeit weiter transportiert und stehen am Bedarfsort zur Verfügung. Nicht verdaute Bestandteile müssen gleichzeitig ausgeschieden werden, da das Flußsystem in Gang gehalten werden muß.

Die Spaltprodukte werden dann weiter in Fette, Proteine und Kohlenhydrate umgesetzt. Dieser Prozeß der Assimilation ist ein konstruktiver Prozeß, wobei Materie verdaut wird und dem lebenden System, dem Protoplasma zur Verfügung steht. Die Assimilation im tierischen Organismus ist prinzipiell vergleichbar mit der bei Pflanzen.

Was letztlich mit dem zur Verfügung stehenden Substrat weiter geschieht, ist spezifisch für das Biosystem. Hier zeigt sich die Variationsbreite der Organismen.

PROTOPLASMA, DIE FUNDAMENTALE LEBENDE SUBSTANZ

Die Eigenschaft biologischer Systeme, sich am Leben zu erhalten und wenn nötig, auch über einen Tiefschlaf, ist die Lebensaktivität. Grundsätzlich hängt alles mit dem Energiestoffwechsel zusammen, der an jedem Ort individuell geregelt wird. Die Mechanismen, die diese Lebensaktivitäten steuern, sind bei Tieren und Pflanzen unterschiedlich. Gemeinsam ist, daß die die Variabilität bestimmenden Steuermechanismen im Protoplasma definiert sind.

Das Protoplasma stellt also eine zentrale Einheit dar. Es erscheint in höheren Organismen als eine diffuse Masse, ist aber in kleine Volumina unterteilt, was letztlich die einzelnen Zellen darstellt. Im Mikroskop kann sehr gut beobachtet werden, wie die einzelnen Zellen durch Membranen getrennt sind. Bei Pflanzen sind diese Membranen mit ihrem Polysaccharidanteilen wesentlich starrer aufgebaut als bei Tieren, wo die Membranen aus Lipiden und Proteinen bestehen. Dadurch ist die tierische Zelle mechanisch wesentlich flexibler. Während der Evolution sind sicherlich zahlreiche Zelltypen entstanden. Geblieben ist das, was man auch mikroskopisch gut darstellen kann: Epithelzelle, Mesenchymzellen oder auch Bindegewebszellen, Muskelzellen, Nervenzellen und Fortpflanzungszellen.

Die Unterteilung des Protoplasmas in einzelne Zellen könnte evolutionsgeschichtlich darin begründet sein, daß bestimmte Bereiche zu Kompartimenten assoziiert sind, um bestimmte Funktionen realisieren zu können. Durch diese Organisationsform einer Koordination können erst einzelne Muskelzellen eine Arbeit verrichten; die einzelne Zelle hätte hier keine Bedeutung. Dem in Zellen unterteilten Protoplasma fallen also unterschiedliche Aufgaben zu, wobei diese Spezialisierung schon in der Entwicklung des einzelnen Biosystems determiniert ist. In den meisten Zellen teilt sich das Protoplasma in zwei Hälften, wenn es eine bestimmte Größe erreicht hat. Diese Zellteilung ist aber mit der Mengenzunahme an Protoplasma nicht notwendig.

Im allgemeinen teilt sich das tierische Protoplasma, wenn das Zellvolumen eine bestimmte Größe erreicht hat (einige 100 bis 1000 μm^3). Aber viele Protoplasmen teilen sich nicht, wodurch deren Volumina 32- oder 64mal größere Masse haben. Es gibt Organismen die nur aus einer Zelle mit einem großen Protoplasma-Volumen mit einem oder mehreren Zellkernen bestehen. Von dem Protoplasma werden alle biologischen Aktivitäten und Differenzierungen gesteuert.

Im allgemeinen weist das Protoplasma keine besonderen Strukturen auf, die mit einer bestimmten Aktivität zusammenhängen. Jedoch gibt es zahlreiche Biosysteme, die spezielle Eigenschaften aufweisen: sie zeigen eine zytologische Differenzierung. Die mit etwa einem halben Millimeter noch mit bloßem Auge wahrnehmbare Amöbe besteht aus einem gallertartigen Protoplasmakörper, in dem zahlreiche Granula und Lipidkügelchen eingelagert sind. Durch die umhüllende Membran kann dieses Biosystem Substanzen an die Umgebung abgeben und auch aufnehmen. Wenn die Amöbe ausgewachsen ist, nimmt sie eine kugelförmige Gestalt an, der Kern teilt sich und die beiden neuen Kerne bilden dann mit der ebenfalls geteilten Plasmamenge neue Individuen. Auch wenn eine Amöbe mechanisch geteilt, also zerschnitten wird, bildet sie um das offene Protoplasma eine neue Membran.

Amöben sind nicht polar, das heißt, es gibt kein „vorn" und „hinten". Aus der Zelloberfläche kommt es jedoch zu einer Ausstülpung, in die Protoplasma hineinfließt. Diese Prozedur wiederholt sich dann an einer anderen Stelle der umhüllenden Membran, wodurch es zu einer Fließbewegung dieser Pseudopodien kommt.

Ein anderes Beispiel einer großen Protoplasmaansammlung ist die „Acetabularia acetabulus". Diese Riesenzelle mit einem einzigen Zellkern erreicht makroskopische Ausmaße von mehreren Zentimetern. Sie ist gekennzeichnet durch einen langen Stengel mit einem Schirm aus verzweigten „Haaren". Am anderen Ende sind kleine Ausstülpungen, mit denen sich die Acetabularia am Boden festheftet. Diese Alge ist gekennzeichnet durch die Aufeinanderfolge von Längenwachstum und „Kranz"-Bildung.

Diese Riesenzellen eignen sich hervorragend für grundlegende Studien zum Protoplasma. Die Bewegungen der Amöbe ist nur dadurch möglich, daß sich die Fließeigenschaften des Plasmas verändern. Dadurch, daß die Viskosität in der Ausstülpung erhöht wird, ändert sich auch die Position an diesem Ort nicht mehr. Eine Bewegung erfolgt mit einer neuen Ausstülpung. Bei der Acetabularia gibt es auch lokal unterschiedliche Fließeigenschaften des Protoplasmas. So wird zeitweise durch Erhöhung der Viskosität am oberen Ende die „Stengelspitze" dikker und kleine Ausstülpungen entstehen. Diese Ansätze entwickeln sich parallel zum Stengel weiter, ohne daß dieser sich selbst weiter verändert. Während sich die Ausstülpungen wie Haare weiter verzweigen, entsteht an der ursprünglichen Zellspitze ein neues Wachstumszentrum mit einer neuen Richtungsachse, was zu den prachtvollen geometrischen Strukturen dieser Alge führt.

DIE BEDEUTUNG DER PROTOPLASMASTRÖMUNGEN FÜR DIE LEBENSAKTIVITÄT

Die Bewegungen des Plasmas innerhalb der großen Zellen, wie der Amöben, der Acetabularia oder anderer Pflanzenzellen mit großen Vakuolen, standen im Mittelpunkt der Forschungen zur Regulation von Stoffwechselprozessen. Zunächst war man davon ausgegangen, daß eine bestimmte Zellgröße aufgrund der Diffusionsgeschwindigkeiten im Protoplasma nicht überschritten werden kann. Deshalb wurde die aktive Plasmabewegung als neue Strategie der großen Zellen gesehen, um dieses Problem zu lösen. Als man dann jedoch mit Hilfe mikroskopischer Techniken feststellte, daß auch in kleinen Zellen eine solche Plasmaströmung existiert, hat das die Frage aufgeworfen, ob für eine Grundregulation diese Bewegung zwingend ist oder die Diffusion ausreicht.

Nicht bestritten werden kann, daß eine aktive Bewegung des Plasmas mit der koordinierten Richtungsvorgabe für die Moleküle effizienter ist als die reine Diffusion. Schon Wheatley und andere Forscher [1,2,3] haben darauf hingewiesen, daß für die Aufrechterhaltung der Lebensfunktionen die Diffusionsgeschwindigkeiten keineswegs ausreichen. Bei Tieren ist dieses offensichtlich, wenn allein durch den Blutfluß die Existenz gewährleistet sein sollte. Über eine reine Diffusion wären die notwendigen Stofftransporte in der gegebenen Zeit nicht möglich.

Die gerichtete intrazelluläre Strömung ermöglicht erst die Komplexität der zellulären Organisation. Man versuche, alle makromolekularen Strukturen der Zelle mit deren sehr großen inneren und äußeren Oberflächen, wie das endoplasmatische Retikulum und die zahlreichen über Membranen abgetrennte Kompartimente, auf nuklearem Niveau zu verstehen. So erhält man einen Eindruck von der räumlichen und organisatorischen Struktur der Zelle: Hier wird verständlich, warum die Kontrolle der Strömungsgeschwindigkeit des Plasmas, und deren Strömungsrichtung eine wichtigere Rolle spielen als die Konzentration von Metaboliten oder anderen relevanten Bestandteilen. Die Regulation sorgt dafür, daß bei einer verringerten Stoffwechselleistung die Plasmaströmung verlangsamt wird. Werden die Anforderungen erhöht, dann ändert sich die Fließgeschwindigkeit. Hier kommt der entscheidende Faktor ins Spiel, daß bei höherer Aktivität zuvor eine Strukturänderung erfolgen muß.

Diese Reaktion, daß bei Bedarf die Strömungsgeschwindigkeit verändert wird, ist eine fundamentale physiologische Regeleigenschaft der Zelle. Sie ist eine integrale Größe in der Lebensfunktion, die sich im Laufe der Evolution mit dem einzigen Ziel des Überlebens entwickelt hat. Aufgrund des erlernten individuellen Verhaltensmusters ist die Zelle in der Lage, auf Änderungen schnell zu reagieren.

Damit stellt sich die Frage, wie die physikalischen Kontrollsysteme miteinander verknüpft sind, damit die Bioregulation im Gesamtsystem gesichert ist. Viele Biologen sehen in der

Mikrozirkulation die Folge enzymatischer Prozesse an Multienzym-Komplexen wie Proteosomen, Lysosomen, Ribosomen, Peroxisomen und Mikrosomen. Dieses ist etwas völlig anderes als das, was der Biochemiker mit dem Zellextrakt im Reagenzröhrchen macht. Es gibt zahlreiche Hinweise dafür, daß Enzyme in zytoplasmatischen Kompartimenten als komplexe Strukturen organisiert und nicht nur einfach im Zytosol gelöst sind. So weiß man, daß in Enzymkomplexen die Metabolite von einem Reaktionsschritt unmittelbar zum nächsten gelangen, ohne zuvor in das wässrige Zytoplasma zu gelangen. Als Beispiel sei die Glykolysekette genannt, die in räumlich strukturierten Bereichen abläuft [4, 5].

Einen Schritt weiter geht das Modell von Porter und Mitarbeiter [6], im Zytoplasma eine Netzstruktur zu sehen. Danach sind die Enzyme an Aktin-Filamente dieses Mikrotrabekulums gebunden. Nur sehr wenige Enzyme sind in der wässrigen Phase des Zytoplasmas vorhanden. Das besondere Kennzeichen dieser Modellvorstellung ist, daß die Enzyme mit aktiven Filamenten der Netzstruktur assoziiert sind [7]. Im interstitiellen Raum sind nur Ionen und Metabolite gelöst, jedoch sind keine Proteine vorhanden. Nach diesem Modell verläuft der biochemische Weg der Substratumsetzung über die nebeneinander aufgereihten Enzyme.

Die Zelle muß so in ihrer Gesamtheit gesehen werden, strukturell organisiert als eine Kette chemischer Substanzen. Zwischen diesen Ketten an der Zellstruktur gibt es zelluläre Kapillarräume. Die über das gesamte Netzwerk verteilten Enzymkomplexe ermöglichen die Metabolisierung und Synthesen im gesamten Raum, so daß die Zelle als eine metabolische Einheit gesehen werden kann. Die Anordnung einzelner Enzyme im gesamten System reguliert die Geschwindigkeit, mit der sich die einzelnen Stoffwechselprodukte im Netzwerk bewegen.

Wasser und die Organisation des Protoplasmas

Clegg [8,9] ging von der Annahme aus, daß die Bindung der Enzyme an das Netzwerk der Filamente nur durch eine Änderung der Wasserstruktur an diesen Grenzflächen möglich sei. Sicherlich ist die Wasserstruktur wichtig für das Zytoplasma: Wassermoleküle können über die Wasserstoffbrücken die dreidimensionale Struktur eines Tetraeders aufbauen. Ursache hierfür ist die besondere räumliche Verteilung von zwei positiven Ladungen des Wasserstoffs und zwei negativen Ladungen des Sauerstoffs. Dadurch kommt es zu einer Orientierung zwischen dem Wassermolekül mit vier benachbarten Wassermolekülen.

Damit wird auch deutlich, wie wichtig die Eigenschaften des Wassers und vor allem die lokale Dichte für die Eigenschaft der Polyelektrolytlösung ist. „Dichtes" Wasser ist gekennzeichnet durch eine extrem schwache Wasserstoffbindung, was dazu führt, daß es auch ungebundenes Wasser gibt. Dieses Wasser ist sehr reaktiv, und zwar aufgrund der freien Sauerstoff-Elektronenpaare und freien OH-Gruppen als reaktive Zentren. Dieses Wasser ist gekennzeichnet durch eine niedrige Viskosität.

Daneben gibt es Wasser niedriger Dichte mit einer großer Anzahl von Wasserstoffbrücken. Dieses Wasser mit hoher Viskosität ist praktisch inert.

Zwischen diesen beiden Extrema gibt es kontinuierliche Übergänge.

Biopolymere haben über ihre elektrischen Eigenschaften auch eine direkte Wirkung auf Wasser. Sowohl die freien Ladungen als auch die hydrophoben Gruppen wirken auf das umgebende Wasser. Globuläre Proteine in einer wässrigen Lösung verlagern die meisten hydrophoben Enden in das Molekülinnere, während alle hydrophilen Gruppen zum Wasser gerichtet sind. Dadurch wird das Protein überhaupt erst wasserlöslich. Somit kommt es zwangsläufig an der Grenzfläche zwischen Molekül und Wasser zu Umstrukturierungen in der Anordnung der Wassermoleküle. Es bilden sich reaktive Zentren im „dichten" Wasser mit einer hohen Konzentration von Gegenionen. Daneben gibt es inerte Zonen mit Wasser niedriger Dichte im Bereich der hydrophilen Gruppen des Proteinmoleküls. Dadurch kommt es zu unterschiedlichen Löslichkeiten im Wasser. Sukrose, Glukose, Glycerin und Aminosäuren sind in diesen Bereichen in ihrer Konzentration letztlich von der Proteinoberfläche abhängig. Oder anders: es gibt Bereiche im Wasser mit unterschiedlichen Lösungseigenschaften.

Damit wird die Bedeutung der Wasserstruktur für die gesamte zytoplasmatische Organisation und auch für die Form der Proteine deutlich. Da das zytoplasmatische Wasser in der Zelle lokalen Änderungen in der Struktur unterworfen ist, werden auch die Proteine hinsichtlich ihrer Aggregatzustände unterschiedlich sein. Hydrophobe Gruppen eines Proteinmoleküls verlagern sich um so mehr an die Oberfläche, je schwächer die Brückenbindung der einzelnen Wassermoleküle ist. Dadurch verändert sich die Tertiärstruktur der Proteine im „dichten" Wasser: es kommt zu einer Entfaltung. Andererseits werden die Proteinstrukturen im Wasser niedriger Dichte stabilisiert, da hier die Wasser-Wasser-Bindung überwiegt.

Die bevorzugte Wechselwirkung der Proteine mit dem mikrotrabekularen Netz ist die Folge der Feldwirkung der geladenen Oberflächen zu den schwachen Feldwirkungen des nicht gebundenen Wassers.

Eine hohe Ionenkonzentration in Zellen führt zu einer hohen osmolytischen Aktivität, was zu unterschiedlichen Wasserstrukturen in kleinen Volumen führt und sich negativ auf die Stabilität der Enzyme auswirkt. Durch die Verlagerung hydrophober Gruppen dieser Proteine an die Oberfläche im Bereich der Filamente infolge der schwachen Wasserbindung, kommt es zu einer Auflösung der Tertiärstruktur und Denaturierung.

SPEZIFISCHE PROTEINE ÜBEN EINE SCHUTZFUNKTION AUF DAS „LEBENDE" PROTOPLASMA AUS

Für jeden Organismus gibt es lebensbedrohende Situationen. In den letzten Jahren gab es zahlreiche Studien zu Wirkungsmechanismen, die hier entgegenwirken. So gibt es viele Erkenntnisse zum Vermögen einer Anpassung, z. B. zur schon seit den dreißiger Jahren beschriebenen Temperaturanpassung. Mit gezielten nichtletalen Temperaturerhöhungen entwickeln die Biosyteme eine zunehmende Stabilität gegenüber diesem Einfluß. Diese adaptierten Zellen überstehen Temperaturen, die bei nicht behandelten Zellen tödlich sind. In den siebziger Jahren fand dieses Verhalten unter dem Namen „Hitzetoleranz" Eingang in der Literatur. Gesehen werden muß diese Hitzetoleranz als eine Antwort der integralen Zelle, also der Gesamtheit des Systems.

In den vergangenen 30 Jahren wurden viele Experimente zum Verständnis dieser Hitzetoleranz durchgeführt [10,11]. Beeindruckend ist die Synthese spezieller Proteine, wenn Zellen den erhöhten Temperaturen ausgesetzt werden. Diese Proteine werden heute mit „Hitzeschock-Proteine" bezeichnet. Diese Eigenschaft der Zelle ist in der Evolution entstanden und als Information gespeichert. In fast allen Spezies, von den Bakterien bis zum Menschen, gibt es „Hitzeschock"-Gene. Auf einen Hitzeschock werden Proteine mit unterschiedlichen Molekulargewichten gebildet. Sie liegen im Bereich von 16-20, 56-60, 68-72, 80-94 und 100-110 Kilodaltons. Normalerweise liegen in den Zellen diese Proteine in niedriger Konzentration vor. Ihre funktionelle Bedeutung ist offensichtlich eine Schutzwirkung für andere Proteine.

So scheinen diese niedermolekularen Proteine bei der Tertiärstruktur während der Proteinbiosynthese an den Ribosomen mitzuwirken. Auch beim Durchtritt der Proteine durch Zellmembranen sind diese beteiligt. Die Hitzeschock-Proteine werden deshalb auch Begleit-Proteine (Chaperone) oder auch Schutz-Proteine genannt. Sie spielen bei der Funktion des mikrotrabekularen Netzwerks über ihren Einfluß auf die lokalen Lösungseigenschaften des Wassers eine wichtige Rolle.

Es bleibt die Frage, wie das Gesamtsystem auf eine Streßsituation reagiert. Die Antwort liegt sicherlich im Regelsystem über bio-feedback-Mechanismen mit den Sensoren, über die alle physiologischen Abläufe erfaßt werden. Die Basis liegt sicherlich auch in dem fundamentalen Wechselspiel der Assoziation und Dissoziation der makromolekularen Bestandteile der Zelle. Van Wijk und Mitarbeiter [12], wie auch andere Forscher haben verschiedene Beweise geliefert, daß die unmittelbare zelluläre Antwort auf einen Hitzeschock über Signale leicht denaturierbarer Proteine erfolgt. Wenn ein Schwellenwert im Gefährdungspotential, entweder über die denaturierten Proteine oder Flüssigkeitsverschiebungen, erreicht wird, reagiert die Zelle nach einem vorgegebenen Muster. Die Folge ist eine Destabilisierung des mikrotrabekularen Netzwerks, eine Hemmung der biochemischen Abläufe und de-novo-Synthese der DNS (Desoxi-Ribonukleinsäure). Gleichzeitig werden Komplexe zwischen spezifischen Proteinen und der DNS gebildet, die eine Produktion von Hitzeschock-Proteinen auslösen.

Diese Prozesse sind dadurch gekennzeichnet, daß die vorhandenen makromolekularen Komplexe dissoziieren und neue Komplexe gebildet werden. Diese hitzeinduzierten Änderungen der makromolekularen Komplexe können als erste Reaktion der Zelle gesehen werden, diese Streßsituation zu überstehen. Energieverbrauchende Prozesse werden reduziert, um alle Energiereserven für die spezielle Proteinsynthese einzusetzen. Diese Reaktion der Zelle kann wie eine zweite Verteidigungslinie zur Vermeidung des Zellerntergangs gesehen werden.

Es gibt verschiedene Beweise für die Schutzfunktion dieser Hitze-Proteine. So läßt sich ein kausaler Zusammenhang zwischen der Kinetik der Proteinsynthese und dem Verlauf der Hitzetoleranz darstellen. Insbesondere ist die Konzentration von hsp70 mit der Hitzetoleranz korreliert.

Eine andere Beweisführung läuft über die Injektion von hsp70-Antikörpern in die Zellen. Das Ergebnis zeigt eine erhebliche Reduzierung in der Lebensfähigkeit der Zellen unter einem Hitzeschock. Eine weitere Möglichkeit hat sich durch das Einführen des hsp70-Gens in die Zelle eröffnet. Hier erhöht sich bei einem Hitzeschock die Überlebensrate gegenüber der Kontrolle aus normalen Zellen.

Wie schon erwähnt, liegt die funktionelle Bedeutung der Hitzeschock-Proteine in der besonderen Wirkung, andere Proteine vor einer Denaturierung zu schützen. Möglicherweise werden diese Proteine über eine Komplexbildung mit den Hitzeschock-Proteinen dadurch geschützt, daß die empfindlichen interaktiven Zentren abgeschirmt werden und es nicht zur Aggregation mit anderen Proteinen kommt. Souren und Van Wijk [13, 14] haben die Rolle von hsp70 bei der wärmebedingten Denaturierung des Proteins Luciferase des Glühwürmchens („fire-fly") untersucht. Dieses Enzym steht stellvertretend für die Gruppe der leicht denaturierenden Proteine.

Die Bildung von Luciferase in Zellen wurde gentechnisch über das Einführen des entsprechenden Gens erreicht. In Säugetierzellen ist Luciferase ein nichttoxisches und sehr sensibles Enzym, das eine Möglichkeit bietet, den Prozeß der Denaturierung und Renaturierung thermoempfindlicher Proteine in den hier typischen Temperaturbereichen zu studieren. Über ein hochsensitives Photomultiplier-System lassen sich detaillierte Informationen über die Inaktivierung und Reaktivierung von Lebensfunktionen während des Wachstums von Zellen gewinnen. Durch Injektion vom hsp70-Gen kann auch die Frage beantwortet werden, inwieweit dieses entsprechende Protein dann eine schützende Wirkung zeigt. Die Ergebnisse zeigten, daß auf diesem Wege zugeführtes hsp70-Protein die Denaturierung von Funktionsproteinen reduziert. Um in diesen veränderten Zellen die gleiche Schädigung wie in den Kontroll-Zellen zu erreichen, mußte die Temperatur um 1 °C erhöht werden.

Schon bevor die protektive Wirkung der hsp70-Proteine während eines Hitzeschocks bekannt war, wurde die merkwürdige Beobachtung gemacht, daß unter thermischen Einwirkungen die Wechselwirkung zwischen den Dipolen der Wassermoleküle verändert wird. Dieses Phänomen, das einen Beitrag zum Verständnis der Funktion des mikrotrabekularen Netzwerks liefern könnte, läßt sich darstellen, wenn ein Teil des normalen Wassers H_2O durch schweres Wasser D_2O ausgetauscht wird. Dieses Gemisch erhöht die Hitzetoleranz der Zellen. Offensichtlich liegt im Bereich des mikrotrabekularen Netzwerks die Antwort zum Überleben bei Streßsituationen, wie z. B. Hitze: An diesem Netzwerk ist Wasser so leicht gebunden, daß die empfindlichen hydrophoben Gruppen sich entfalten und in der Folge denaturieren.

Die bevorzugte Anlagerung von Proteinen an das Netzwerk nimmt mit der Folge molekularer Veränderungen ab, zum Beispiel mit der Phosphorylierung von Proteinen. Normalerweise ist diese Reaktion an Enzyme mit phosphorylierender Aktivität, wie Proteinkinasen, gekoppelt. Daraus ergeben sich neue Situationen in der elektrischen Ladungsverteilung im „mikrotrabekularen Netzwerk", was sich in höherer Durchlässigkeit darstellt, also für bestimmte Moleküle nunmehr durchlässig wird.

Es erfolgt jedoch eine Stabilisierung der tertiären Proteinstrukturen durch die Wechselwirkung zwischen den Hitzeschock-Proteinen und Bezirken des mikrotrabekularen Netzwerks: Infolge der schwachen Bindung der Wassermoleküle orientieren sich hydrophobe Zonen der Proteine nach außen. Hier häufen sich die im Wasser gelösten Enzyme an, ohne daß eine Denaturierung stattfindet. Daraus ergibt sich, daß die bevorzugte Ankopplung der Enzyme an das Netzwerk stabilisiert wird und auch unter Streßbedingungen die zellulären Prozesse, wie Proteinneubildung, weiterhin ablaufen können.

Der Energietransport innerhalb des biologischen Organisationssystems

Es ist schon eindrucksvoll, wenn man die Fähigkeit der biologischen Organismen sieht, wie sie sich in ihrer Gesamtheit, auch nach Störungen durch Streßsituationen entwickeln. Hier besteht offensichtlich die Möglichkeit, Energie dort einzusetzen, wo sie benötigt wird, d. h. aber auch die Fähigkeit zu besitzen, Energie zu transportieren.

Eine mögliche Erklärung gibt Ho mit Schrödingers [15] „negativer Entropie". Dieser in einer Raum-Zeit-Struktur gespeicherte Zustand kann jederzeit freigesetzt werden.

Der gedankliche Ansatz hierzu stammt aus der Erkenntnis, daß biologische Organismen in ihrer Gesamtheit der vielen verschiedenen Moleküle nur einige spezifische „Ligand-Moleküle" benötigen, um in Verbindung mit Membranrezeptoren ihre Vielfalt zu entwickeln.

Nach Ho [16, 17] ist dieses in der Zelle durch Moleküle möglich, die die Energie unmittelbar übertragen. Die Verbrennungsenergie über den Stoffwechsel wird nicht am Reaktionsort in den entsprechenden Kompartimenten gespeichert; vielmehr muß das energetische Gleichgewicht der gesamten Zelle erhalten bleiben. Die gespeicherte Energie ist eine übertragbare oder auch kohärente Energie. Diese in der Raum-Zeit-Struktur gespeicherte Energie ist an jeden Ort des Gesamtsystems übertragbar. Deshalb können die thermodynamischen Gesetzmäßigkeiten eines Biosystems nur verstanden werden, wenn dieser Aspekt der gespeicherten Energie, die durch das Gesamtsystem „fließt", berücksichtigt wird. Die Energiespeicherung ist abhängig vom hohen Differenzierungsgrad der Raum-Zeit-Struktur des Lebenszyklus, der aus vielen miteinander gekoppelten Einzelzyklen besteht. Viele Zyklen erhöhen auch die Speicherkapazität und das Vermögen, die Energie länger zu halten. Die mittlere Energiespeicherzeit kann somit als ein Maß für die Komplexität des Biosystems gesehen werden.

Da die Raum-Zeit-Moden miteinander gekoppelt sind, kann die Energie leicht von einer Mode zur anderen übertragen werden oder auch die gesamte Energie aller Moden in einer einzigen konzentriert werden. Diese Eigenschaft der Energiekopplung und den zyklisch ablaufenden Reaktionen ist der zentrale Punkt für das lebende System. Der biologische Organismus ist gekennzeichnet durch eine in sich geschlossene, selbstversorgende Energieeinheit mit zyklisch ablaufenden nichtdissipativen Prozessen, die an irreversible dissipative Abläufe gekoppelt sind. Dieses bedeutet, daß die interne Entropie kompensiert wird, und zwar durch die Speicherung kohärenter Energie über die Organisation der gekoppelten zyklischen Prozesse in der Raum-Zeit-Struktur.

SCHLUSSBEMERKUNGEN

Mit den genannten Ausführungen wurde versucht, das Leben des Gesamtsystems, aber auch der einzelnen Zelle über die spezielle Organisation der Moleküle in einer Wasserstruktur zu erklären, die, eingebettet in der „mikrotrabekularen Matrix" des Protoplasmas, eine flüssigkristalline Eigenschaft aufweist. Nur dieses in sich geschlossene dynamische und energetische System ermöglicht eine kohärente Emission. Nur so erreicht eine Information gleichzeitig jede einzelne Struktur. Auch wenn der Ablauf einzelner zellulärer Prozesse autonom erscheint, ist dieses mit dem Gesamtsystem abgestimmt.

Fröhlich [18] veröffentlichte die erste detaillierte Theorie zur Kohärenz in Organismen. Er ging davon aus, daß die hohe Stabilität der dicht gepackten Moleküle mit ihren hohen Dipolkräften durch das Wechselspiel der starken elektrischen und mechanischen Wirkungen zustande kommt.

Dadurch kommt es zu mechanischen Pulsationen von den Makromolekülen über die Nukleinsäuren bis hin zu den Membranen. Diese gemeinsamen Moden führen zu einer Kohärenz. Dieses ist nur dadurch möglich, daß die gespeicherte Energie zwischen den einzelnen Moden transportiert wird. Wenn man die Gesamtheit des Organismus unter dem Gesichtspunkt der Kohärenz im Raum-Zeit-Gefüge sieht, dann gibt die Kohärenz eine Information über das Biosystem wieder. Den höchsten Kohärenzzustand versucht das Biosystem immer wieder zu erreichen, wenn es zuvor durch Streß auf einen niedrigen Ordnungszustand gefallen ist.

Es ist nicht eine bestimmte Funktionseinheit der Zelle, die das Zytosol durch das „mikrotrabekulare Netzwerk" treibt. Es ist nicht der minimale Stoffwechsel, der die Zelle am Leben erhält, sondern die Kohärenz der Quanten-Emission steuert das

Geschehen im Protoplasma mit der gesamten Organisation der Stoffwechselregulation.

Dieses Prinzip ist auch verantwortlich dafür, daß im trockenen Samen mit seiner hochkristallinen Ordnungsstruktur das Leben nur scheinbar unterbrochen ist. Diese Zustände sind intrazellulär nicht gleichförmig, was sich in den unterschiedlichen Flüssigkeitsbewegungen darstellt. Der Übergang von einem aktiven Stoffwechsel in die Ruhephase beim Samen erfolgt nicht unmittelbar, sondern nach einem biologischen Programmablauf. So wird Energie in besonderen Strukturen gespeichert, die letztlich sicherstellt, daß das System auch unter langen Streßbedingungen überleben kann.

LITERATUR

[1] D.N. Wheatley, „On the possible importance of an intracellular circulation", Life Science **36**, 299-307 (1985).
[2] D.N. Wheatley and J.S. Clegg, „What determines the basal metabolic rate of vertebrate cells in vivo?", Biosystems **32**, 83-92 (1994).
[3] D.N. Wheatley, „On the vital role of fluid movement in organisms and cells: a brief historical account from Harvey to coulson, extending the hypothesis of circulation.", Medical Hypothesis **52**, 275-284 (1999).
[4] S.A. Jackson, M.J. Thomson and J.S. Clegg, „Glycolysis compared in intact, permeabilized and sonicated L-929 cells", FEBS Letters **262**, 212-214 (1990).
[5] J.S. Clegg and S.A. Jackson, „Glucose metabolism and the channeling of glycolytic intermediates in permeabilized L-929 cells", FEBS Letters **278**, 452-460 (1990).
[6] N.D. Gershon, K.R. Porter and B.L. Trus, „The cytoplasmic matrix: its volume and surface area and the diffusion of molecules through it.", Proceedings National Academy of Sciences USA **82**, 5030-5034 (1985).
[7] H.R. Knull and J.L. Walsh, „Association of glycolytic enzymes with the cytoskeleton", Current topics in Cellular Regulation **33**, 15-29.

[8] J.S. Clegg, „Intracellular water, metabolism and cell architecture, in Coherent excitations in biological systems", ed. H. Fröhlich and F. Kremer, Springer Verlag, Berlin, 1983, p. 162-177.

[9] J.S. Clegg and W. Drost-Hansen, „On the biochemistry and cell physiology of water", in: Biochemistry and molecular biology of fishes, Vol. 1, ed. Hochachka and Mommsen, Elsevier, Amsterdam, 1991, p.1-23.

[10] L. Nover, „Heat shock Response", CRC Press, Boca Raton, 1991.

[11] R.I. Morimoto, A. Tissieres and C. Georgopoulos (Ed.), „The biology of heat shock proteins and molecular chaperones", Cold Spring Harbor Laboratory Press, Cold Spring Harbor, 1994.

[12] A. Peper, C.A. Grimbergen, J.A.E. Spaan, J.E.M. Souren and R. Van Wijk, „A mathematical model of the hsp70 regulation in the cell", International Journal of Hyperthermia **14**, 97-124 (1998).

[13] J.E.M. Souren, F.A.C. Wiegant and R. Van Wijk, „The role of hsp70 in protection and repair of luciferase activity in vivo", Cellular and Molecular Life Sciences **55**, 799-811 (1999).

[14] J.E.M. Souren, F.A.C. Wiegant, P. van Hof, J.M. van Aken and R. Van Wijk, „The effect of temperature and protein synthesis on the renaturation of firefly luciferase in intact H9c2 cells", Cellular and Molecular Life Sciences **55**, 1473-1481 (1999).

[15] E. Schrödinger, „What is Life?", Cambridge University Press, Cambridge, 1994.

[16] M.-W. Ho, „The Rainbow and the worm", World Scientific, Singapore, 1993.

[17] M.-W. Ho, „Towards a theory of the organism", Integrative Physiological and Behaviorial Science **32**, 343-363 (1997).

[18] H. Fröhlich, „Long range coherence and energy storage in biological systems", International Journal of Quantum Chemistry **2**, 641-649 (1968).

Hans-Peter Dürr

Unbelebte und belebte Materie: Ordnungsstrukturen immaterieller Beziehungen

Physikalische Wurzeln des Lebens

1. Einführende Bemerkungen

Wie verhält sich die belebte zur unbelebten Materie? Läßt sich das Lebendige als eine Emergenz des Unlebendigen auffassen? Kann Biologie letztlich völlig auf die Chemie oder gar auf die Physik zurückgeführt werden? Solche Fragen zu stellen, erscheint zunächst nicht unberechtigt. Denn bei der unserer Naturwissenschaft eingeprägten analytischen Betrachtungsweise, die das Größere aus dem Kleineren zu erklären versucht, wird gewöhnlich angenommen, daß sich die Phänomene des Mesokosmos, unserer gewohnten Lebenssphäre, in unmittelbarer Abhängigkeit und als Folge der Gesetzmäßigkeiten des Mikrokosmos deuten lassen. Darüber hinaus würden wohl viele Biologen angesichts der großen Bedeutung der Molekularbiologie, diese Frage prinzipiell auch positiv beantworten. Obgleich Moleküle und Atome 'Objekte' sind, über die ein Physiker gut Bescheid weiß und deshalb verläßliche Aussagen machen kann, folgt daraus allerdings nicht, daß deren spezielle Vorstellungen einem Biologen sehr viel weiterhelfen. Denn beim Aufstieg vom Mikrokosmos zum Mesokosmos werden die ursprünglichen Eigenschaften der 'Bausteine' weitgehend verdeckt und treten durch ihr kompliziertes Zusammenspiel nunmehr in qualitativ stark veränderter Form in Erscheinung. Ein Physiker würde deshalb, so wird vermutet, einem Biologen wohl kaum etwas für eine Erklärung Interessantes anbieten können, was er nicht besser und einfacher von einem Chemiker lernen könnte.

Dies mag durchaus so sein, aber sicher ist dies nicht. Die Physik hat nämlich im ersten Drittel dieses Jahrhunderts einen tiefgreifenden Wandel erfahren, der meines Erachtens in seiner vollen Bedeutung von den Biologen bisher kaum wahrgenommen worden ist. Wenn wir uns deshalb die Frage stellen, ob die Biologie letztlich auf die Physik zurückführbar sei, so müssen wir zunächst die Gegenfrage stellen: Welche Physik ist hier gemeint? Die alte klassische, mechanistische Physik oder die neue, holistische Quantenphysik? Meine Vermutung ist nämlich, daß unsere Ausgangsfrage nur dann positiv beantwortet werden kann, wenn wir uns dabei ganz wesentlich auf die neue Physik und die von ihr aufgedeckten, im Vergleich zu unseren gewohnten Vorstellungen, andersartigen Zusammenhangsverhältnisse der Natur beziehen.

Es ist dieses radikal veränderte neue Weltbild der modernen Physik, das aus meiner Sicht auch in der heute dominant naturwissenschaftlich ausgerichteten Biologie eine entsprechend veränderte Sichtweise – mit den damit verbundenen neuartigen und höchst eigenartigen Fragestellungen und Aussagen – nach sich ziehen könnte. Ich möchte dabei betonen, daß es sich bei der neuen Physik nicht einfach nur um einen Paradigmenwechsel im Sinne des von Thomas Kuhn in seinem Buch „The Structures of Scientific Revolutions" (Kuhn 1962) geprägten Begriffs handelt. Denn die alten Erkenntnisse und Beschreibungen erlangen im Rahmen der neuen Vorstellungen bei einer geeignet vergröberten Sichtweise ihre frühere Bedeutung zurück, wenn auch in einer eigentümlich eingeschränkten Form. Die Beschränkung besteht darin, daß, um eine umfassende Beschreibung der Phänomene zu gewährleisten, eine Beschreibung in einem Paradigma nicht ausreicht, sondern notwendig durch komplementäre Beziehungsstrukturen ergänzt werden muß, die nur in einem anderen, mit dem ersteren im Widerspruch stehenden Paradigma ausgedrückt werden können.

Die Nichtvereinbarkeit der komplementären Paradigmen macht deutlich, daß eine Darstellung in dem einen oder anderen Paradigma streng genommen gar nicht der eigentlichen Situation angemessen ist, also aus dem Kuhnschen Betrachtungsmuster hinausführt. Denn es ist hier nicht so, wie bei Kuhn, daß ein altes Paradigma durch ein neues verdrängt wird, weil dadurch empirische Unverträglichkeiten vermieden werden können oder wesentliche Sachverhalte genauer erfaßt oder vielleicht nur einfacher durchschaubar werden.

Dies klingt zunächst reichlich paradox. Um die sich darin abzeichnende Problematik besser zu verdeutlichen, möchte ich an einem einprägsamen Gleichnis des englischen Astrophysikers Sir Arthur Eddington anknüpfen. Dieses Gleichnis soll zunächst ein besseres Verständnis dafür vermitteln, auf welche Weise die 'Wirklichkeit der Naturwissenschaft', die als ein Wissen über eine objektivierbare, dingliche Realität aufgefaßt wird, in Beziehung steht zu einer im Hintergrund vermuteten 'eigentlichen Wirklichkeit', was immer wir darunter verstehen wollen.

2. Die Parabel von Eddington

In seinem 1939 erschienenen Buch „The Philosophy of Physical Sciences" vergleicht Eddington den Naturwissenschaftler mit einem Ichtyologen, der das Leben im Meer erforschen will. Dieser wirft dazu sein Netz aus, zieht es an Land und prüft seinen Fang nach der gewohnten Art eines Wissenschaftlers. Nach vielen Fischzügen und gewissenhaften Überprüfungen gelangt er zur Entdeckung eines Grundgesetzes der Ichtyologie: „Alle Fische sind größer als fünf Zentimeter!" Er bezeichnet diese Aussage als Grundgesetz, da sie sich ohne Ausnahme bei jedem Fang bestätigt hatte. Dem kritischen Einwand eines Neugierigen, eines „Metaphysikers", der die grundsätzliche Bedeutung dieses Grundgesetzes mit dem Hinweis auf die 5cm-Maschenweite des Netzes bestreitet, begegnet der Ichtyologe unbeeindruckt mit dem Hinweis: „Was ich mit meinem Netz nicht fangen kann, liegt prinzipiell außerhalb fischkundlichen Wissens, es bezieht sich auf kein Objekt der Art, wie es in der Ichtyologie als Objekt definiert ist. Für mich als Ichtyologen gilt: Was ich nicht fangen kann, ist kein Fisch."

Bei der Übertragung dieses Gleichnisses auf die Naturwissenschaft entspricht dem Netz des Ichtyologen das gedankliche, methodische und experimentelle Rüstzeug sowie die Sinneswerkzeuge des Naturwissenschaftlers, die dieser benutzt, um seinen Fang zu machen, d. h. naturwissenschaftliches Wissen zu sammeln, dem Auswerfen und Einziehen des Netzes die naturwissenschaftliche (experimentelle) Beobachtung.

Das Gleichnis des Ichtyologen ist selbstverständlich zu einfach, um die Stellung des Naturwissenschaftlers und seine Beziehung zur Wirklichkeit angemessen zu beschreiben. Aber das Gleichnis ist doch differenziert genug, um wenigstens die wesentlichen Merkmale einer solchen Beziehung zu charakterisieren.

Das Netz soll die *Verengung* und *Qualitäts*änderung symbolisieren, welche die eigentliche Wirklichkeit – was immer wir darunter verstehen wollen – erfährt, erstens, durch die Art und Weise *'guter' Beobachtungen*, wie sie in unseren Experimentalhandbüchern definiert sind, zweitens jedoch durch unsere Vorstellungen und unsere spezielle Art zu *denken*, was wesentlich auf Unterscheiden, Analysieren, Fragmentieren basiert. Was die Verengung anbelangt, spielt das Netz etwa die Rolle des Kuhnschen Paradigmas. Es bezeichnet gewissermaßen ein Netz von 'Vorurteilen', von expliziten und impliziten Prämissen, denen wir alle unsere Wahrnehmungen bei unserer Beschreibung unterordnen. Sie dienen uns als Referenzsystem, das wir notwendig für eine Beschreibung benötigen und definieren, insbesondere auch die Bedingungen, unter denen wir ein Experiment durchführen.

Bei dieser Sichtweise bewirkt das Netz immer eine Art Projektion einer höherdimensional ausgeprägten Wirklichkeit. In der

Regel geht das Kuhnsche Paradigma jedoch darüber hinaus, weil es, um einfachere und geschlossenere Darstellungen zu ermöglichen, geeignete Näherungen bevorzugt, wodurch Qualitätsänderungen auftreten. Die etwa durch das geozentrische und heliozentrische Weltsystem charakterisierten unterschiedlichen Paradigmen sind in diesem Sinne nicht nur verschiedene Projektionen derselben eigentlichen Wirklichkeit, sondern hier bestehen, wegen den unterschiedlichen Beschleunigungskräften, auch qualitative Unterschiede. Andererseits entspricht dem Paradigmenwechsel von der mesoskopischen, phänomenologischen zur statistischen, am mikroskopischen orientierten Beschreibung der Thermodynamik mehr dem Wechsel von Projektionen mit unterschiedlicher Aussagekraft aber verträglichen Inhalten.

Aus diesem Grund ist der Naturwissenschaftler im Eddingtonschen Gleichnis nur unzureichend charakterisiert. Er sollte eher mit einem weit intelligenteren Ichtyologen verglichen werden, der mit immer besseren und raffinierteren Netzen – insbesondere mit solchen kleinerer Maschenweite – fischt, um Schritt um Schritt zu einer genaueren und vollständigeren Erfassung der Wirklichkeit zu kommen. Dies spiegelt sich ja auch deutlich in der Geschichte der Naturwissenschaft wider. Auch war es letztlich ja gerade die Möglichkeit verschiedener Fangmethoden, die in der modernen Physik unmißverständlich auf den Projektionscharakter der 'physikalischen Wirklichkeit' hingewiesen hat. Aber dies war nur der unwichtigere Teil der Lektion, die uns dabei von der modernen Physik, der Quantenphysik, erteilt wurde.

So offenbart sich z. B. ein Elementarteilchen, etwa ein Elektron, bei *einer* Beobachtungsmethode als Teilchen, bei einer *anderen* als Welle, also in zwei gänzlich verschiedenen Formen und – was nun das eigentlich Überraschende und Neue war – in zwei, im Sinne der herkömmlichen Objektvorstellung, sogar unverträglichen Formen. Es gibt hier also kein objekthaft vorstellbares Etwas, das 'eigentliche Elektron', gewissermaßen ein 'Wellikel', von dem das 'Partikel' und die 'Welle' nur zwei verschiedene – durch die spezielle Beobachtungsmethode erzwungene – Projektionen darstellen. Es tritt beim Fangen gewissermaßen auch eine Qualitätsänderung auf.

Das Eddingtonsche Netz-Gleichnis greift hier also wesentlich zu kurz. Denn diese Qualitätsänderung ist von anderer Art als in den von Kuhn beschrieben Fällen, die davon herrühren, daß bei ihnen der Gültigkeitsbereich der jeweiligen Paradigmen unzulässig überschätzt wird und dadurch zu Widersprüchen führt. Die Quantenphysik erweist sich demgegenüber in sich konsistent, nicht widersprüchlich. Sie kann der Schwierigkeit der Qualitätsänderung nur entkommen, in dem sie die Existenz von „Objekten", etwa dem Fisch im Eddingtonschen Gleichnis, opfert. Das Netz, das die Beobachtung charakterisiert, müßte dann eher mit einem 'Fleischwolf' verglichen werden, in den oben die 'eigentliche', nicht mehr objekthaft deutbare Wirklichkeit eingefüttert wird und aus dem als Ergebnis unten objekthaft deutbare 'Würstchen' herauskommen, deren spezielle Form nichts mit der 'eigentlichen Wirklichkeit' oben zu tun haben, sondern je nach der verwendeten Endscheibe des Fleischwolfs (Art der aktiven Beobachtung und nicht nur einer passiven Betrachtung) anders – und möglicherweise widersprüchlich – ausfallen werden. In diesem Sinne läßt sich der Übergang von der klassischen zur modernen Physik – entsprechend dem Wechsel der Metapher vom Netz zum Fleischwolf – nicht mehr einfach als Paradigmenwechsel im Sinne von Kuhn charakterisieren.

Diese Beispiele sollen deutlich machen, daß der Naturwissenschaftler wohl verschiedene Netze oder Fanginstrumente (oder Fleischwölfe) zur Wirklichkeitserfassung besitzt, daß jedoch – und dies ist für die grundsätzliche Angemessenheit des Netzgleichnisses für die Naturwissenschaft wichtig – jede Beobachtung, trotz aller Raffinessen bei ihren Methoden, prinzipiell immer irgendeine Einschränkung und Auswahl erzwingt. Das Elektronenbeispiel zeigt darüber hinaus, daß durch Kombination verschiedener Beobachtungen sich auch die 'eigentliche' Wirklichkeit nicht durch Zusammenbau der Projektionen synthetisieren läßt, sondern dies nur durch die abstrakte *Kombination* zweier, für unser fragmentierendes Denken und unsere objekthafte Anschauung unverträglich erscheinender, *komplementärer Paradigmen* möglich wird. Hier deutet sich schon an, daß die Wirklichkeit nicht mehr 'materialistisch' als ein objektivierbares 'System' betrachtet werden kann, sondern daß ihr 'relationalistisch' eine allgemeinere, nur aus Beziehungen generierte Struktur zugeordnet werden muß.

3. Öffnung des klassischen Rahmens durch die moderne Physik

Die aus den physikalischen Gesetzmäßigkeiten des Mikrokosmos gewonnenen Erkenntnisse und die daraus notwendig gewordenen Schlußfolgerungen über die fundamentalen Strukturen der Wirklichkeit sind für uns schwer verständlich, weil sie sich nicht mit den Vorstellungen decken, die wir aus unseren Erfahrungen in unserem tätigen Umgang mit unserer Lebenswelt, dem Mesokosmos, gewonnen haben. Diese Vorstellungen gehen von einer unabhängig von uns existierenden äußeren Welt aus, einer aus materiellen 'Objekten' in einem dreidimensionalen Raum aufgebauten Realität. Diese Realität verwandelt sich in der Zeit nach festen Gesetzen, wie sie in eindrucksvoller Form von der klassischen Physik beschrieben werden und erlauben insbesondere, aus der Kenntnis eines Zeitschnitts, z. B. dem gegenwärtigen Zustand der Welt, prinzipiell vergangene Konfigurationen ermitteln und zukünftige Ereignisse prognostizieren zu können.

Konkret geschieht dies so, daß der gegenwärtige Zustand als ein Ensemble einer großen Anzahl von nicht mehr weiter zerlegbaren, strukturlosen und unzerstörbaren Bausteinen, etwa „Atomen" oder „Elementarteilchen", aufgefaßt wird, die in der Zeit mit sich identisch bleiben und, aufgrund ihrer naturgesetzlich geregelten Wechselwirkungen, mit der Zeit ihre Anordnungen im Raum auf exakt determinierte Weise verändern. Bei dieser prinzipiellen Argumentation bleibt selbstverständlich unberücksichtigt, daß solche Rekonstruktionen in jedem praktischen Fall wegen unserer ungenauen Kenntnis der umfassenden und komplizierten gegenwärtigen Realität und, noch einschränkender, wegen eingeprägter Instabilitäten (chaotische Systeme) nur ungenügend gelingen. Die Zeit als eine lineare Abfolge nichtkoexistenter Realitäten wird ohne weitere Deutung von Anfang an vorgegeben. Das zeitlich Unveränderliche, das 'Beharrende' (was die Abfolge ignoriert) spielt in unserer Wahrnehmung und Beschreibung eine besondere Rolle und wird von uns unmittelbar als 'Materie' begriffen. Die zeitlich unveränderlichen Bausteine der Materie verbürgen gewissermaßen bei dieser klassischen Vorstellung die zeitliche Kontinuität unserer Welt, sie sorgen für die 'Notwendigkeit' zukünftiger Existenz.

Die moderne Physik sieht dies ganz anders. Nach den Vorstellungen der Quantenphysik gibt es das Teilchen im alten klassischen Sinne nicht mehr, d. h., es gibt streng genommen keine zeitlich mit sich selbst identischen Objekte. Es gibt damit im Grunde auch nicht mehr die für uns so selbstverständliche, zeitlich durchgängig existierende, objekthafte Welt. Keine noch so genaue Beobachtung aller Fakten in der Gegenwart reicht prinzipiell aus, um das zukünftige Geschehen eindeutig vorherzusagen, sondern diese eröffnet nur ein bestimmtes Erwartungsfeld von Möglichkeiten, für deren Realisierung sich bestimmte Wahrscheinlichkeiten angeben lassen. Das zukünftige Geschehen ist in seiner zeitlichen Abfolge nicht mehr determiniert, nicht mehr eindeutig festgelegt, sondern es bleibt in gewisser Weise *offen*.

Das Naturgeschehen ist dadurch kein mechanistisches Uhrwerk mehr, sondern hat den Charakter einer *fortwährenden kreativen Entfaltung*. Die Welt ereignet sich gewissermaßen in jedem Augenblick neu nach Maßgabe einer 'Möglichkeitsgestalt' und *nicht* nach reiner Willkür, eines 'anything goes'. Die Wirklichkeit, aus der sie jeweils entsteht, wirkt hierbei als eine *Einheit* im Sinne einer nichtzerlegbaren 'Potentialität', die sich auf vielfältig mögliche Weisen realisieren kann, sich aber *nicht* mehr streng als Summe von Teilzuständen deuten läßt. Die Welt 'jetzt' ist nicht mit der Welt im vergangenen Augenblick *materiell* identisch. Nur gewisse Gestaltseigenschaften (Symmetrien) bleiben zeitlich unverändert, was phänomenologisch in Form von Erhaltungssätzen – wie den Erhaltungssätzen für Energie, Impuls, elektrische Ladung, usw. – zum Ausdruck kommt. Doch *präjudiziert* die Welt 'im vergangenen Augenblick' die Möglichkeiten zukünftiger Welten auf solche Weise, daß bei einer gewissen vergröberten Betrachtung es so *erscheint*, als bestünde sie aus Teilen und *als ob* bestimmte materielle Erscheinungsformen, z. B. Elementarteilchen, Atome ihre Identität in der Zeit bewahren. Materie erscheint erst sekundär, gewissermaßen als geronnene Potentialität, als geronnene Gestalt.

Zur Beschreibung physikalischer Phänomene kann die moderne Physik nicht mehr von der klassischen Vorstellung von Teilchen als Grundbausteine ausgehen, sondern ihre 'Bauelemente' sind 'Elementarprozessoren', komplexwertige, von Zeit und Ort abhängige Feld-'Operatoren'. Sie erzeugen im Raum gewisse Überlagerungen von sich zeitlich ausbreitenden korrelierten hochdimensionalen Wellenfeldern, Möglichkeitsfeldern, deren Intensität die Wahrscheinlichkeit für eine objekthafte Realisierung mißt. Diese Intensität ist empfindlich abhängig von der relativen Phase der sich überlagernden Teilwellen. Vernachlässigt man die durch die Phasenbeziehungen erzeugten Korrelationen, so erhält man die aus der klassischen Physik gewohnte Beschreibung eines Systems, z. B. von über den Raum geeignet verteilten unabhängigen objekthaften Teilchen.

Durch eine solche (zunächst ungerechtfertigte) absichtliche Vergröberung erhält man also in gewisser Weise die klassische Beschreibung zurück. Die Vergröberung besteht dabei nicht nur darin, daß die Korrelationen, welche die Wirklichkeit zu einem nichtzerlegbaren Ganzen macht, ignoriert werden – dies mit dem Vorteil, daß man nun getrost von 'Teilen' sprechen kann –, sondern daß die dadurch möglichen 'Teile' auch nur in einem vergröberten Sinne die Eigenschaften von klassischen Teilchen haben. Sie sind entsprechend den Heisenbergschen Unschärferelationen „unscharf". In der Beschreibung bevorzugt man deshalb nicht eine Darstellung in Form von Massenpunkten, sondern von 'ausgeschmierten Teilchen', wie sie etwa in den bekannten Kalottenmodellen der Chemiker als Abbild der Elektronenverteilung in den Atomhüllen zum Ausdruck kommen.

Vom Standpunkt der neuen Physik aus entsteht eine *Beziehungsstruktur* nicht nur durch vielfältige und komplizierte Wechselwirkungen der vorgestellten „Bausteine" (Atome oder Moleküle), so etwa durch die elektromagnetischen Kräfte der Atomhülle, sondern existiert darüber hinaus aufgrund der wesentlich innigeren und, für die Quantenphysik typischen, holistischen Beziehungstruktur. Sie verbietet uns strenggenommen, überhaupt sinnvoll von Bausteinen, also von 'Teilen' eines Systems in der ursprünglichen Bedeutung zu sprechen.

Materie ist nicht aus Materie zusammengesetzt! Es gilt nicht mehr die Vorstellung, daß der Stoff, die Materie das *Primäre* und die Beziehung zwischen dieser, ihre Relationen, Form und Gestalt, das *Sekundäre* ist. Die moderne Physik dreht diese Rangordnung um: Form vor Stoff, Relationalität vor Materialität. Es fällt uns schwer, uns reine Gestalt, Beziehungen ohne materiellen Träger vorzustellen. Das elektromagnetische Feld, das ohne materiellen Träger (den vermuteten Äther gibt es nicht) den Raum erfüllt, ist eine solche immaterielle 'Gestalt', gewissermaßen ein formiertes Nichts, eine ganzheitliche, hochdifferenzierte Formstruktur, in deren spezieller Differenzierung wir z. B. die für uns bestimmten Telephongespräche, die Radio- und Fernsehprogramme, die Existenz und Beschaffenheit von Sonne, Mond und Sternen und vieles, vieles mehr abtasten können. Oder ein anderes, vielleicht noch anschaulicheres Beispiel: Eine Schallplatte etwa mit der Matthäuspassion von Bach. Wir hören eine Geige, ein Cello, ein Sopran, einen vielstimmigen Chor, differenziertes Orchester. Wir nehmen die Schallplatte in die Hand und fragen uns: „Wo ist dieser Sopran?" Wir sehen auf der Platte nur eine spiralförmig aufgewickelte, verwackelte Rille. Auch wenn wir ein Vergrößerungsglas oder ein Mikroskop zu Hilfe nehmen, werden wir den 'Sopran' nicht finden. Der Sopran ist nämlich in der *Gestalt* der Rille verborgen, in einer Beziehungstruktur verschlüsselt. Die materielle Schallplatte ist dabei nur ein nebensächlicher, austauschbarer Träger, es könnte auch eine CD oder ein magnetisches Tonband sein.

Im Hinblick auf die allgemeine Quanten*physik* ist der Schallplattenvergleich vielleicht irreführend, da bei der Schallplatte die genaue Positionierung der Rille insgesamt alle Information für die Schwingungsform enthält, die sich dann unserem Ohr als Tongestalt erschließt. Eine genaue Position nehmen wir als eine sich lokal verstärkende Überlagerung von sehr vielen Tönen, als Kurzkrach wahr, wie ihn ein Kratzer verursacht, während ein reiner Ton aus einer über die ganze Rillenlänge verteilten Form resultiert. Hier besteht also eine Analogie zu der Partikel- und Wellenbeschreibung, etwa eines Elektrons oder Photons in der Quanten*mechanik*. In der allgemeinen Quantenphysik (mehr als ein „Teilchen") „lebt" die Gestalt in höherdimensionalen Räumen, die nichts mehr mit dem dreidimensionalen Raum unserer begreifbaren Welt gemein hat, aber sehr wohl dort „Abdrücke" (Realisierungen) hinterläßt.

Es sollte an diesem Punkt vielleicht betont werden, daß eine Überlagerung von Quantenzuständen in gewisser Vergröberung (Vernachlässigung der Phasenbeziehungen) nicht nur zum alten klassischen Teilchenbild zurückführt, sondern bei einer anderen Vergröberung, welche auf die Phasenbeziehungen (Kohärenz) achtet, auch die klassischen Wellenphänomene (wie etwa das elektromagnetische Strahlungsfeld) beschreiben kann. Die den Quantenzuständen eingeprägte Teilchen/Welle Ambivalenz erscheint also nochmals im makroskopischen Grenzfall in Form einer entsprechenden Dualität von klassischen Teilchen und klassischen Wellenfeldern, also zwei komplementären klassischen Paradigmen. Dieser Aspekt könnte in der Biologie für die Frage der genetischen und epigenetischen Determination in der Entwicklung von Organismen von Bedeutung sein (s. z. B. Strohmann 1997). Die Beziehung genetisch ↔ epigenetisch könnte dann in gewisser Analogie zur Beziehung 'lokale materielle Struktur (lokale Auslenkung der Rille)' ↔ 'durch Abspielen hörbare phänomenologisch ausgeprägte Tongestalt (Verbiegungen oder ganzheitliche Wellenform der Rille)' bei unserem Schallplattenbeispiel gesehen werden.

Quantensysteme, Systeme von vielen Quantenzuständen („Teilchen") sind strenggenommen nicht mehr 'Systeme', sondern eine ganzheitliche differenzierte Prozeßstruktur. *Differenzierung erlaubt Unterscheidung, 'Artikulation von Momenten'* (Rombach 1994), *aber nicht Aufteilung*. Betrachtet man Quantensysteme näherungsweise als Systeme, so sind diese nicht nur hochkomplizierte, sondern hoch*komplexe* Systeme. Hierbei soll die Bezeichnung „Komplexität" zum Ausdruck bringen, daß solche Systeme sich überhaupt nicht mehr ohne 'Zerreißen' irgendwelcher Verbindungen auf einfachere Systeme zurückführen lassen. Bei ihnen gelingt also strenggenommen nicht mehr der für unsere Wissenschaft übliche und letztlich methodisch notwendige Reduktionismus. Die moderne Chaostheorie lehrt uns darüber hinaus, daß bei eingeprägten Instabilitäten eine Nichtberücksichtigung selbst winziger Korrelationen das Ergebnis unzulässig stark verfälschen kann und damit eine solche Reduktion auch nicht einmal näherungsweise möglich wird.

War die Analyse eines Systems immer schon einfacher als die nachfolgende Synthese der an seinen Teilen gewonnenen Einsichten, so wird die vollständige Synthese des Gesamtsystems, unter den Bedingungen der neuen Physik, zu einem noch weit schwierigeren und letztlich sogar unmöglichen Unterfangen. Aus alter Sicht war nur nötig, die Teile und ihre Eigenschaften möglichst genau zu analysieren, zu denen auch die von ihnen ausgehenden Kraftwirkungen gehörten. Bei der Synthese mußte dann nicht nur die Materie der Teile addiert, sondern zusätzlich die von diesen ausgehenden Kraftwirkungen geeignet überlagert werden. Bei einer großen Zahl der Teile konnte dies leicht zu einem extrem komplizierten Problem auswachsen, das aber prinzipiell lösbar blieb und in der Regel auch praktisch durch statistische Methoden bewältigt werden konnte.

Die der Quantenphysik zugeordnete Statistik ist jedoch eine Stufe raffinierter als die übliche Statistik, die wir im Falle unzureichender Kenntnis der Sachverhalte anwenden. Denn die Quantenstatistik basiert auf der 'Sowohl-Als-auch'-Potentialität und nicht einer unscharfen 'Entweder-Oder'-Realität. Im Gegensatz zu der uns gewohnten Wahrscheinlichkeit, die alle Werte von Null (Unmöglichkeit) bis Eins (Gewißheit) annehmen kann, ist die Potentialität der Quantenphysik *nicht positivwertig*. Sie kann (komplexwertig) „wellenartig" von +1 bis -1 variieren und bei Überlagerung von mehreren Wellen – und das ist das Charakteristische von Wellen – je nach ihrer *Phasenbeziehung* (relative Lage der Wellenberge- und täler) sich dabei nicht nur verstärken, sondern auch bis zur totalen Auslöschung abschwächen.

So steht das Getrennte (etwa durch die Vorstellung vieler isolierter Atome) nach neuer Sichtweise nicht am Anfang der Wirklichkeit, sondern die *näherungsweise Trennung ist mögliches Ergebnis einer Strukturbildung*, nämlich: *Erzeugung von partieller Unverbundenheit durch Auslöschung im Zwischenbereich* (Dürr 1992, 1997). Dies erinnert in gewisser Weise an die Entwicklung eines biologischen Organismus aus einer einzigen Zelle durch sukzessive „Zellteilungen", die nicht durch Auftrennung, sondern durch die durch wiederholte Ausbildung von halbabgrenzenden Zellwänden erfolgt. Dies ist jedoch nur als Gleichnis gemeint, weil die Gestaltbildung der Wirklichkeit nicht in dem von uns wahrgenommenen dreidimensionalen Raum geschieht.

Die Beziehungen zwischen Teilen eines Ganzen ergeben sich also nicht erst sekundär als Wechselwirkung von ursprünglich Isoliertem, sondern sind Ausdruck einer *primären Identität von Allem,* einer *'Idemität'* (Rombach 1994). Eine Beziehungsstruktur entsteht also nicht nur sekundär durch *Kommunikation*, einem wechselseitigen Austausch von (energietragenden und deshalb physikalisch nachweisbaren) Signalen verstärkt durch Resonanz, sondern gewissermaßen auch primär durch *Kommunion*, durch Identifizierung.

4. KONSEQUENZEN DER MODERNEN PHYSIK FÜR UNSERE LEBENSWELT

Vermutlich hat sich unser (bewußtes) Denken im Zusammenhang mit unserer Greifhand entwickelt. Gewissermaßen durch einen *virtuellen* Probelauf des beabsichtigten physischen Handelns und Begreifens soll es uns helfen, den Erfolg des *tatsächlichen* Entweder-Oder-Handelns und Begreifens (im wörtlichen Sinne) zu erhöhen. Dadurch wird wohl verständlich, warum unserem Denken die 'Sowohl-Als-auch'-Struktur der Wirklichkeit, die sich in ihrer Wellennatur ausdrückt, so fremdartig und unbegreiflich erscheint. Da wir in der uns über unsere Sinne direkt zugänglichen Lebenswelt, in der wir uns zurechtfinden und (im naiven Sinne) 'darwinistisch' bewähren müssen, nur mit sehr großen Anzahlen dieser eigentümlichen, etwas irreführend als „Bausteine" der Materie titulierten Elementarprozessen umgehen müssen, haben wir es immer nur mit statistischen Gesamtheiten zu tun, in denen jegliche lokale Besonderheit und Verschiedenartigkeit weitgehend herausgemittelt ist. Die Vermutung erscheint deshalb völlig berechtigt, daß bei großen Anzahlen von Molekülen und Atomen in der Größenordnung von Billionen mal Billionen, welche die Objekte unserer Lebenswelt bilden, wir uns über die mikroskopische Exotik der neuen Physik wahrhaftig nicht den Kopf zerbrechen sollten. Dies hieße: Die im Grunde 'Sowohl-Als-auch-Wirklichkeit' stellt sich eigentlich in der für uns direkt erlebbaren makroskopischen, hochaufgemischten Welt in extrem guter Annäherung eben wie die uns wohlvertraute, zerlegbare, objekthafte, materielle 'Entweder-Oder'-Realität dar, auf die hin sich unsere reflektierende Rationalität (unser Verstand) so hervorragend entwickelt und eingestellt hat.

Wir wissen nun schon, daß diese Vermutung so nicht allgemein gültig sein kann. Jede physikalische Messung, die uns die Eigentümlichkeiten der Quantenphysik offenbart, zeigt uns doch eine Möglichkeit, wie die Mikrowelt sich auch makroskopisch bemerkbar machen kann. Dies bedarf immer irgendwelcher Verstärkungsmechanismen, die mit Instabilitäten und daraus resultierenden, lawinenartig ansteigenden Kettenreaktionen zusammenhängen. Durch positive Rückkopplungen lösen mikroskopische Einzelprozesse weitere ähnliche Prozesse aus und führen damit zu einer praktisch unbegrenzten irreversiblen Vermehrung, die dann makroskopisch als 'Faktum' registriert werden kann.

Die anziehenden Kräfte zwischen elektrisch entgegengesetzt geladenen „Bausteinen" der Materie ermöglichen lokale Anhäufungen großer Mengen solcher Bausteine. Aufgrund der Wärmebewegung der Bausteine geht man davon aus, daß sich die Phasenbeziehungen der zugehörigen Materiewellen statistisch wegmitteln, die Phasenstrukturen „verrauschen". Die quantenmechanisch-holististische Beziehungsstruktur würde dadurch effektiv verlorengehen und die übliche klassische Beschreibung gültig.

Bei sehr tiefen Temperaturen in der Nähe des absoluten Temperatur-Nullpunkts kann es jedoch unter bestimmten Umständen passieren, daß die dann einfrierende, immer schwächer werdende Wärmebewegung die quantenmechanische Kohärenz der Materiewellen nicht mehr verwackeln kann. Hier bilden sich dann *Quantenzustände von makroskopischer Dimension* heraus. Sie besitzen eigentümliche Eigenschaften, wie die der Supraleitung und der Suprafluidität, die oberhalb charakteristischer Sprungtemperaturen von wenigen Grad Kelvin wieder verschwinden. Supraleitende Magneten gibt es heute in Hochenergielabors in metergroßen Ausführungen.

Doch auch bei Zimmertemperatur können sich bei geeigneten Wechselwirkungen oder Korrelationen zwischen 'Bausteinen' ähnliche makroskopische Quantenstrukturen ausbilden. So erzwingt die von der Quantenphysik geforderte Identität aller Elektronen (die viel einschränkender ist als die Nichtunterscheidbarkeit der Elektronen) aufgrund des daraus resultierenden Pauliprinzips (allgemeiner: der Antisymmetrisierung der Vielelektronenwellenfunktion) eine Parallelstellung der Spins von Elektronen in den überlappenden Hüllen von benachbarten Eisenatomen. Daraus resultiert (unterhalb der charakteristischen Curie-Temperatur von Eisen von etwa 770 °C) eine spontane Gleichstellung der Spins und der damit verbundenen magnetischen Momente aller Elektronen in eine Richtung und erzeugt durch diesen wechselseitigen Versklavungsprozeß ein Phänomen, das uns als Ferromagnetismus bekannt ist.

Wichtig bei all den angegebenen Beispielen erscheint die Feststellung: Die *Größe* (im Sinne einer Nicht-Kleinheit) eines Objekts *reicht als Kriterium allein nicht aus, um eine totale Unterdrückung der für die Quantenphysik charakteristischen, holistischen Zustandsformen zu erreichen* und damit eine effektive Dominanz rein klassischer Erscheinungsformen zu gewährleisten.

Ich möchte aber noch einen Schritt weitergehen. Die bisher aufgeführten makroskopischen Quantenstrukturen sind immer noch recht speziell, da sie sich alle nur in der Nähe des thermodynamischen Gleichgewichtszustandes des Systems herausbilden. Ganz neuartige Ordnungs-Phänomene treten auf, wenn man sich weit von diesem Gleichgewichtszustand entfernt. Dies verlangt, daß man dem System dauernd arbeitsfähige (geordnete) Energie von außen zuführt. Das bekannteste Beispiel dafür ist der LASER (Light Amplification by Stimulated Emission of Radiation) oder Quantengenerator. Hier entlädt sich ein Medium, das durch Lichteinstrahlung geeignet auf eine instabile Zustandskonfiguration (Besetzungsinversion) hochgepumpt wird, in Form einer kollektiven, *quantenmechanisch kohärenten* (also streng phasenkorrelierten und monochromatischen) Vielphotonen-Lichtwelle. Durch den stetigen Energiedurchfluß wird also auch hier erreicht, daß sich die mikroskopische quantenmechanische Grundstruktur *makroskopisch* ausprägen kann.

In gewisser Weise ist dieser Vorgang ein *quantenmechanisches Analogon* zu den von Prigogine und anderen beschriebenen Verhalten klassischer 'dissipativer Systeme' fern vom thermodynamischen Gleichgewicht, die zur Bildung von bestimmten Ordnungsmustern neigen (Prigogine, Nicolis 1977).

5. MATERIE UND IHRE LEBENDIGKEIT

Die mögliche Ausbildung makroskopischer Quantenstrukturen (Kohärenz) bei energiegepumpten Systemen legt nun nahe, nicht bei Systemen der sogenannten unbelebten Natur stehen zu bleiben. So drängt sich hier doch die interessante Hypothese auf, das *Phänomen des Lebendigen* unmittelbar mit der neu entdeckten, *fundamentalen ganzheitlichen Struktur der Wirklichkeit* in Zusammenhang zu bringen. Biologische Systeme könnten in der Tat ähnlich wie ein Laser funktionieren. Denn biologische Systeme sind, wie der Laser, offene Systeme, die zur Aufrechterhaltung ihrer Funktion eine stetige Zufuhr von arbeitsfähiger Energie benötigen und diese aus ihrem Metabolismus durch „Nahrungsaufnahme" beziehen. Durch eine genügend starke Energiepumpe könnten sich in geeignet konstruierten und in bestimmten Substraten eingebetteten Makromolekülen oder Molekülsystemen thermische Ungleichgewichtszustände erzeugen lassen, durch die (etwa über Mechanismen, die der Bose-Einstein-Kondensation ähneln oder dieser analog sind) gewisse niederfrequente kollektive Schwingungsmoden mit großer Stärke kohärent angeregt werden. Insbesondere haben Fröhlich (Fröhlich 1968, 1969) und in der Folge andere Forscher interessante quantenfeldtheoretische Beispiele von dieser Art angegeben, die für eine Interpretation lebendiger Systeme geeignet erscheinen. Hierbei spielen die elektrischen Dipoleigenschaften der Biomoleküle die Rolle des quantenmechanischen Ordnungsparameters. E. del Giudice et al. haben die dazu entwickelten quantenfeldtheoretischen Überlegungen in interessanten Veröffentlichungen zusammengefaßt (Del Giudice, Doglia, Milani, Vitiello 1985, 1986, 1988; siehe auch Dürr 1997).

Sollte ein solcher Ansatz erfolgreich sein, so hieße dies in gewisser Weise, daß die für die Erklärung des Lebendigen vielfach herangezogene *klassische Musterbildung in chaotischen, dissipativen Systemen* (Prigogine, Nicolis 1977) darüber hinaus auch unter gewissen Bedingungen zu einer Ausprägung *makroskopischer Quantenstrukturen* führen könnte, bei der der ganzheitliche Zusammenhang über Phasenkorrelationen (Kohärenz), wie in der Mikrowelt, eine wesentliche Rolle spielen sollte.

All dies reicht jedoch noch nicht aus, um schlüssig einen direkten Zusammenhang zwischen den Gesetzmäßigkeiten der neuen Physik (der Quantenphysik mit ihrer wesentlichen Erweiterung auf Vielteilchensysteme und Quantenfeldtheorie) und den Erscheinungsformen des Lebendigen zu konstruieren. Parallelen fallen jedoch unmittelbar ins Auge und sollten deshalb zum Anlaß genommen werden, in der Biologie und, darüber hinausgehend, in der Medizin, sich gemäß den neuen Einsichten intensiver mit den, im klassischen Sinne, unkonventionellen Vorstellungen zu befassen. Ich wundere mich, daß dies nicht schon lange in der Molekularbiologie geschehen ist. Denn bei der Beschreibung der Atome und Moleküle von Makromolekülen wird immer noch als selbstverständlich angenommen, daß man dabei im wesentlichen mit den Approximationen der Chemiker auskommen kann.

Ich möchte etwa an die bekannten Kalottenmodelle komplizierter Makromoleküle der Chemiker erinnern und hier z. B. an das oft abgebildete Modell der DNS-Doppelhelix. Im DNS-Makromolekül soll der Entwicklungsplan eines Lebewesens in Form einer speziellen Abfolge bestimmter Basismoleküle (Nukleotide), ähnlich den getrennten Schriftzeichen in einem Text, verschlüsselt sein. Die sich überlappenden Kalotten der aneinander hängenden Atome, welche diese Moleküle aufbauen, sollen hier eine grobe Vorstellung von den (quantenmechanischen) Elektronenverteilungen in den Atomen vermitteln. Genauer gesagt – so sieht dies der Physiker – ist die Kalotte eine anschauliche Darstellung des Bereichs, in dem mit hoher Wahrscheinlichkeit ein Elektron angetroffen werden kann. In dieser Hinsicht geht also schon ein Teil der quantenmechanischen Verfeinerung ein. Wichtig ist jedoch: Es wird bei dieser Darstellung nur die *Intensität* und *nicht die Phase* der Elektronenwellen berücksichtigt, die im Überlappungsbereich der Kalotten eine wesentliche Rolle spielen. In dieser verstümmelten Form können die Elektronen nichts mehr voneinander 'wissen', der holistische Zusammenhang wird vernachlässigt.

Der bisherige Erfolg des Standpunkts, daß nur Intensitäten, also Wahrscheinlichkeiten für eine Beschreibung genügen, ist m. E. noch kein ausreichender Beweis, daß in der dabei unberücksichtigt bleibenden Phasenstruktur der durch Überlagerung der Teilwellen von Millionen von Elektronen gebildeten Gesamtwelle (einem total antisymmetrisierenden Produkt der Teil-Wellenfunktionen) der DNS-Doppelhelix nicht doch *wie bei einem Hologramm* für die Gestaltbildung wesentliche zusätzliche Informationen verschlüsselt sind. So glauben wir ja auch im Alltag durch eine normale photographische Aufnahme uns ein außerordentlich naturgetreues Abbild unserer Umgebung verschaffen zu können, obgleich uns die Wellenoptik lehrt, daß uns beim Photographieren ein Großteil der durch das Licht vom Objekt her übertragenen Information verloren geht, die wir uns nur durch raffinierte Methoden, wie sie die (im Vergleich zum oben erwähnten Fall viel einfachere) optische Holographie anbietet, zugänglich machen können.

6. Mögliche Bedeutung für die heutige Biologie

Die moderne Biologie ist heute so von den Erfolgen der analytischen Betrachtung des Lebendigen beeindruckt, daß sie sich immer weiter von einer mehr ganzheitlichen Betrachtungsweise entfernt. Und sie tut dies in der Überzeugung, daß sie damit den Forderungen der exakten Naturwissenschaften am besten entgegenkommt. Dies ist aber eigentlich nicht der Fall. Ich möchte dabei betonen: Es geht hierbei nicht um die Frage eines 'Entweder-Oder', sondern vielmehr um die einer *geeigneten Ergänzung* der heute dominanten analytischen Betrachtung. Es gibt klarerweise eine Komplementarität zwischen der analytischen, fragmentierenden, örtlich fokussierenden und der mehr ganzheitlichen, gestaltswahrnehmenden, beziehungsorientierten Sichtweise. Je nach Fragestellung ist die eine oder andere Sichtweise mehr oder weniger angemessen. Die analytische, fragmentierende Sichtweise hat den Vorteil, daß sie zu objektivierbaren Ergebnissen führt und deshalb in unserer Sprache direkt vermittelbar ist. Sie hat jedoch den Nachteil, daß in gewissem Grade offen bleiben muß, ob durch die bei der Analyse notwendige Isolation des Beobachtungsgegenstandes möglicherweise seine Identität und Funktionsweise wesentlich verändert worden ist. In der Mikrophysik ist dies offensichtlich der Fall: Jede Isolation von Teilsystemen zerstört die vorher bestandenen Phasenbeziehungen der Materiewellen zum Restsystem, und damit die Gesamtkohärenz der Teilchenwellenfunktionen.

Die mehr ganzheitliche Betrachtungsweise muß sich andererseits mit der prinzipiellen Schwierigkeit auseinandersetzen, daß bei ihr Aussagen kaum, oder genauer gesagt: gar nicht mehr, in einem Sinne nachkontrolliert werden können, wie dies für eine moderne Wissenschaft idealiter als notwendig erachtet wird. Diese Schwierigkeit kann strenggenommen nicht beseitigt werden, weil sie in der ganzheitlichen Struktur selbst begründet liegt. So lassen sich insbesondere kaum experimentelle Situationen herstellen, welche als genügend 'gleichartig' gelten können, um für eine Nachprüfung im üblichen Sinne geeignet zu sein. Es ist also in diesem Falle nötig, mit anderen 'Wahrheitskriterien', oder vielleicht sollte man besser sagen: 'Stimmigkeitskriterien', zu arbeiten.

Weil also die üblichen statistischen Methoden der Verifikation und Falsifikation nicht mehr anwendbar sind, wird es wohl noch einige Zeit dauern, bis wir auf diesem Terrain mehr Trittsicherheit gewinnen. Denn diese ist notwendig, um zu verhindern, nicht auf der anderen Seite in ein 'anything goes' abzurutschen. Auch im besten Falle wird bei dieser Herangehensweise nie 'Wissen' in der heute von der Wissenschaft verwendeten strengen Bedeutung zu erlangen sein. Die Quantenphysik gibt mit ihren definitiven Wahrscheinlichkeitsaussagen ein interessantes Beispiel, wie ein zunächst nur qualitatives Wissen in einem gewissen Grade doch wieder quantitativ faßbar wird und damit die totale Willkür vermeidet.

Biologen und besonders Molekularbiologen, die von der Sache her eigentlich den Überlegungen eines Physikers am nächsten stehen sollten, sind heute in der Regel davon überzeugt, daß alle diese hintergründigen Betrachtungen eines Quantenphysikers für die Biologie völlig irrelevant sind. Die neuerlichen großartigen Erfolge der Molekularbiologie, so glauben sie, haben hinreichend deutlich gemacht, daß die (wie ich das genannt habe) 'vergröberten' Vorstellungen des Mikrokosmos des Chemikers für ein Verständnis der biologisch relevanten Bausteine und ihrer Prozesse vollkommen ausreichen. Das kann so sein, muß es aber nicht, da die dabei als Begründung vorgebrachten Argumente aus meiner Sicht nicht stichhaltig sind.

Meine dezidierte Haltung ist dabei wesentlich von meinen Erfahrungen als Physiker in der Atom- und Molekülphysik geprägt. Hier gilt unbestritten und unangefochten die Quantenphysik. Also muß sie auch notwendig für alle Wissenschaftsbereiche gelten, die darauf aufbauen. Und dazu gehört nun einmal die Chemie und die Biologie, vor allen die Molekularbiologie, die ja auch in ihrer Definition an die chemisch-physikalischen Fragestellungen direkt anknüpft. Das wird auch anerkannt. Die entscheidende Frage dabei ist allerdings, ob die Quantenphysik auch *effektiv* dabei eine Rolle spielt. Sie könnte in der für die Biologie maßgeblichen Größenordnung durchaus in ihrer Wirkung so total 'verrauscht' sein, daß sie mit gutem Recht durch die klassische Physik und die daraus abgeleitete klassische Chemie ersetzt werden kann.

Das prominente Beispiel für ein solches Verhalten ist offensichtlich die unbelebte Materie in vergleichbaren Größenordnungen. Aber auch dieses Bild ist nicht ganz so eindeutig (siehe Supraleitung usw.), wie die meisten meinen. Dazu und vor allem: Die unbelebte Materie als ein vergleichbares Beispiel anzuführen hat den großen Nachteil, daß man leichtfertig eine hochinteressante Möglichkeit verschenkt, endlich einen überzeugenden Unterschied zwischen den Erscheinungsformen der unbelebten und belebten Materie ausmachen zu können, ohne von Anfang an von zwei verschiedene Arten von Materie, unbelebt und belebt, ausgehen zu müssen.

Es ist mir psychologisch verständlich, daß man mitten in einem erfolgreichen Rennen nicht gerne die Pferde wechseln möchte. So ist doch die erdrückende Mehrheit der Biologen der Auffassung, daß die empirischen Erfolge voll die Richtigkeit der bisherigen Vorstellungen zu bestätigen scheinen. Angesichts der ungeheuren Komplexität dieses Gebiets und der Fülle der noch unverbundenen Phänomene ist allerdings nicht ganz verständlich – und dies ist nicht abfällig gemeint – wie in einem solchen Dickicht eine richtige Fährte überhaupt definiert werden soll. Solange sich selbstverständlich keine Alternativen anbieten, wird man versuchen, im vertrauten Unterholz, in der Hoffnung an eine baldige Lichtung, sich weiter eine Trasse zu schlagen. Dies fällt heute um so leichter, weil die 'materialistische' Deutung des Lebendigen dem weltweiten Herrschaftsstreben hervorragend entgegenkommt. Hier wittern viele eine enorme Ausweitung ihrer Märkte. Der heutige internationale Boom in der Gentechnologie mit seinen ungeheuren Finanzierungsmöglichkeiten ist doch ohne diese handfesten wirtschaftlichen Interessen nicht verständlich. Denn die Behauptung damit dem Menschen, dem *Homo sapiens sapiens* in seiner Vollgestalt wirksam zu dienen und ihm langfristig in seinen eigentlichen Nöten zu helfen, kann doch kaum wirklich ernst genommen werden.

Andrerseits wird auch bei einigen Biologen eine wachsende Skepsis erkennbar, ob eine detaillierte Beschreibung dieser immensen Vielzahl von räumlich und zeitlich kompliziert ineinander verwobener physikalisch-chemischen Prozeßketten auch tatsächlich für eine vollständige Erklärung der Lebensprozesse ausreicht. Eine unvoreingenomme Betrachtung der lebenden Natur in ihrer unentwirrbaren Komplexität scheint uns doch gerade die unmittelbare Vorstellung aufzudrängen, daß es hier unbedingt noch eine im Hintergrund wirkende gestaltende Kraft geben muß, welche für die wesentlichen Initiierungen und die nötigen Differenzierungen sorgt sowie alle diese Prozesse in ihrem Zusammenspiel geeignet koordiniert. Wir verdrängen heute diese 'offensichtliche' Sichtweise unter dem Eindruck der höchst bemerkenswerten Erfolge analytisch-naturwissenschaftlicher Modelle. Wir verkennen dabei, daß, wie schon früher betont, die weitverbreitete Vermutung nicht schlüssig ist, eine Abweichung von den jetzigen Vorstellungen (etwa in Richtung der holistischen Quantenphysik) müsse *notwendig* bei den bisher durchgeführten Untersuchungen *zu völlig anderen* und deshalb *empirisch bereits widerlegten Ergebnissen* führen. Wir sollten uns vielmehr in dieser Hinsicht an den schon oben erwähnten Fall erinnern: Die Feststellung der *prinzipiellen Relevanz* der vielfältigen Phasenbeziehungen der von einem beobachteten Objekt ausgehenden verschiedenen Lichtwellen, welche die moderne Holographie heute auch praktisch für eine vollständigere Erfassung dieses Objekts erfolgreich benutzt, hat nicht dazu geführt, daß die ganz normale Photographie, die nur Lichtintensitäten registriert, etwas von ihrer Bedeutung eingebüßt hat. So könnte sich wohl, in Analogie dazu, eine mögliche Relevanz der mikroskopischen Gesetzmäßigkeiten vor allem in *zusätzlichen ganzheitlichen Beziehungen* bemerkbar machen und damit uns *zusätzliche wesentliche Einblicke* eröffnen. Solche Einblicke könnten u. U. eine Erklärung für die offensichtlichen Unzulänglichkeiten und das (gelegentliche) Versagen mechanistischer und chemischer Modelle liefern. Sie sollten uns motivieren, neue Ansätze zu erproben. Es lohnt sich, so glaube ich, hier künftig offener und aufmerksamer zu sein und interessante mögliche Weiterungen nicht von vornherein dogmatisch auszuschließen. Es gibt hierzu schon interessante Vermutungen und Ansätze, die vermehrt aufgegriffen und energisch weiterverfolgt werden sollten (s. z. B. Strohman 1997).

7. Schlussbetrachtungen

Unsere Ausgangsfrage: „Läßt sich Biologie letztlich auf Physik zurückführen?" kann aufgrund unserer heutigen Einsichten nicht mit einem klaren 'ja' oder 'nein' beantwortet werden. Wenn wir die Frage etwas anders stellen würden, wie etwa: Erfordert das Verständnis des Lebendigen mehr als die Gesetzlichkeit der Physik? – wobei ich beim Lebendigen sogar den Menschen mit seinem Geist und seinem Bewußtsein mit einbeziehen würde, weil ich große Hemmungen hätte, innerhalb des Lebendigen nochmals neue Schranken zu errichten – so würde meine Antwort wohl sehr in die Nähe eines 'nein' rücken. Dies setzt jedoch voraus, daß wir uns darauf verständigen, uns dabei auf die moderne holistische Struktur der Physik zu beziehen und nicht auf die stark vereinfachte mechanistische, linear-kausalanalytische klassische Beschreibung. Unter diesen Umständen muß jedoch der Begriff 'Verständnis' relativiert werden, da 'Verständnis' wegen der prinzipiellen Unmöglichkeit einer vollständigen Reduktion in der Quantenphysik, nicht mehr mit einer 'Erklärung' im üblichen Sinne gleichgesetzt werden kann. Der prinzipielle Holismus der Wirklichkeit als komplexe Potentialität eines Gesamtsystems läßt nämlich nur noch näherungsweise eine Reduktion auf (komplizierte) Verknüpfungen von einfacheren Teilsystemen zu. Solche Näherungen können jedoch in einem eingeschränkten Feld von Fragestellungen oder in bezug auf spezielle, einfachere Systeme in hohem Maße gültig und für praktische Anwendungen brauchbar sein. So haben insbesondere unsere Aussagen über das Verhalten der sogenannten unbelebten Materie, welche diese einfachere Struktur hat, eine hohe Prognosesicherheit und befähigt uns zur Konstruktion von zuverlässig und wunschgemäß funktionierenden Maschinen, wie uns dies der tägliche Umgang mit unserer hochkomplizierten Technik lehrt.

Die hier propagierte erweiterte Betrachtungsweise verurteilt uns also nicht zu Blindheit bezüglich zukünftigen Geschehens und totaler Ohnmacht bei seiner möglichen Gestaltung, aber sie zeigt uns deutlich Grenzen auf, die uns prinzipiell daran hindern, die Zukunft 'in den Griff' bekommen zu können. Insbesondere sollten wir ein Lebewesen – eine Pflanze oder ein Tier oder einen Menschen – nie mit einer Maschine verwechseln, da eine Maschine, trotz hoher Kompliziertheit, ihre ganzheitliche, 'lebendige' Struktur durch Ausmittelung im wesentlichen eingebüßt hat. Ein Lebewesen ist vielmehr wie ein Gedicht, das auf jeder Organisationsstufe – Buchstabe, Wort, Satz, Strophe – weitere Dimensionen erschließt und neue Eigenschaften zum Ausdruck bringt.

Aber dies wäre immer noch etwas, was in der Systemtheorie heute vielfach mit „Emergenz" beschrieben wird (s. z. B. Mainzer 1998, Dürr 1998). Doch ein Gedicht wird ja erst zu einem Gedicht in seiner vollen Bedeutung, wenn es in der höheren Ebene betrachtet wird, auf der auch der verständige, empfindsame und deutungsfähige Mensch eingebunden wird. Durch das verständige Lesen des Gedichts entsteht eine innige Verbindung zwischen Leser und Gedicht, die diesem erst ihren Sinn verleiht. Ganz allgemein erfolgt eine volle Sinngebung letztlich nur durch den Umstand, daß die Wirklichkeit ein primär nichtauftrennbares Ganzes, das Eine, das Nicht-Zweihafte, das 'non-aliud Cusanus' bildet, von dem wir als Betrachter nicht ein „Teil", sondern nur ein „Moment" einer bestimmten Artikulation sind, für den sich der „Sinn" aus der „Idemität", in bezug auf das Eine erschließt.

Literatur

Del Giudice, E., Doglia, S., Milani, M., Vitiello, G., „A Quantum Field Theoretical Approach to the Collective Behavior of Biological Systems", Nuclear Physics **B251** (1985), 375.

Del Giudice, E., Doglia, S., Milani, M., Vitiello, G., „Electromagnetic Field and Spontaneous Symmetry Breaking in Biological Matter", Nuclear Physics **B275** (1986), 185.

Del Giudice, E., Doglia, S., Milani, M., Vitiello, G., „Structures, Correlations and Electromagnetic Interactions in Living Matter: Theory and Applications", in: Biological Coherence and Response to External Stimuli, Ed. H. Fröhlich, Springer, Berlin, 1988, Zeitschrift für Praktische Anthropologie, Cappenberg.

Dürr, H.-P., „Das Eine, das Ganze und seine Teile.", 1992 zum 80. Geburtstag von C. F. von Weizsäcker, in: Poesis **8**, 1993, Hrsg. R. zur Lippe.

Dürr, H.-P., „Ist Biologie nur Physik?", Universitas, Zeitschrift für interdisziplinäre Wissenschaft, No. 607, 1997, S. 1.

Dürr, H.-P., „Sheldrake's Vorstellungen aus dem Blickwinkel der modernen Physik.", in: Rupert Sheldrake in der Diskussion, Hrsg. Dürr, H.-P., Gottwald, F.-Th., Scherz 1997, S. 224.

Dürr, H.-P., „Complex Reality: Differentiation of One versus Complicated Interaction of Many viewed by a Quantum Physicist.", in: From Simplicity to Complexity, Information-Interaction-Emergence, Eds. Mainzer, K., Müller, A., Saltzer, G., Vieweg 1998, S. 19.

Fröhlich, H., „Long-Range Coherence and Energy Sorage in Biological Systems", International Journal of Quantum Chemistry **2**, 1968, S. 641.

Fröhlich, H., „Quantum Mechanical Concepts in Biology", 1969, 13, in: Contributions to Physics and Biology, Ed. M. Marois, North Holland, Amsterdam.

Kuhn, Th., „The Structure of Scientific Revolutions", University of Chicago, 1962. Deutsch: „Die Struktur wissenschaftlicher Revolutionen", Suhrkamp Taschenbuch Wissenschaft, 1973.

Mainzer, K., Müller, A., Saltzer, G., Eds., „From Simplicity to Complexity, Information-Interaction-Emergence", Vieweg , Braunschweig-Wiesbaden, 1998.

Prigogine, I., Nicolis, G., „Selforganisation in Non-Equilibrium Systems – From Dissipative Structures to Order Through Fluctuations", John Wiley, New York, 1977.

Rombach, H., „Der Ursprung – Philosophie der Konkreativität von Mensch und Natur", Rombach, Freiburg, 1994.

Strohman, R.C., „Epigenesis and Complexity: The coming Kuhnian revolution in biology", Nature Biotechnology Vol. **15**, 1997, p. 194.

LEBRECHT VON KLITZING

KOMMUNIKATION – DIE BASIS DES LEBENS

Was ist Leben?

Wird heute die Frage nach dem Leben gestellt, dann wird die Antwort überwiegend bestimmt durch die aktuellen Gegebenheiten, wie sie der einzelne sieht. Dort, wo sich der Mensch am Rande des Existenzminimums bewegt oder auch der Bewohner eines Kriegsgebiets, wird mehr das Überleben in der Beantwortung der Frage stehen, während es dem im Überfluß lebenden Bürger einer Industrienation sicherlich Schwierigkeiten bereitet, diese Frage spontan in einem Satz zu beantworten.

In beiden Fällen fehlt aber in der Antwort, warum eine Masse chemischer Verbindungen, eingebettet in physikalische Gesetzmäßigkeiten sich so verhält, daß man von einem lebenden System sprechen kann. Dieses verbindende Glied ist der zentrale Punkt der eingangs gestellten Frage.

Die Frage *„Was ist Leben?"* ist in der menschlichen Gesellschaft schon immer gestellt und je nach Sichtweise auch diskutiert worden. Letztendlich drehte es sich im Kernpunkt immer um eine nicht definierbare Funktionsgröße, umschrieben mit „Geist" oder „Seele".

Mit der Möglichkeit einer Interpretation bestimmter physiologischer Abläufe zu Beginn des 20. Jahrhunderts war vor allem den Naturwissenschaftlern eine Basis gegeben, die Frage *„Was ist Leben?"* über die Gesamtheit des biologischen Funktionssystems zu beantworten, wobei aber immer die Einheit des Gesamtsystems als Grundvoraussetzung gesehen wurde.

Wenn heutzutage die Frage nach dem Leben gestellt wird, dann sehen sich die Vertreter der modernen, an den heutigen Universitäten gelehrten Biowissenschaft dazu berufen und somit auch dafür kompetent, die richtige Antwort über molekularbiologische Modelle zu finden. So herrscht die Lehrmeinung, biologische Funktionsabläufe auf dieser Ebene der Molekularbiologie oder richtiger formuliert: *Molekulartechnologie* erforschen und erkennen zu können.

Hier werden Stoffwechselprozesse und Funktionsabläufe in Zellkulturen oder Zellfragmenten analysiert und diese Erkenntnisse extrapoliert auf komplexe Funktionssysteme.

Mit Sicherheit sind diese Forschungen an einem im Prinzip eigentlich schon toten System nicht geeignet, die richtige Antwort auf die Frage nach dem Leben zu finden.

Diese Kritik ist sehr wohl begründet.

Was ist Leben? – Die Antwort des Molekularbiologen

So glaubt die überwiegende Zahl der Molekularbiologen, die Lebensfunktionen, die für den Ablauf biologischer Funktionen zuständig sind, in der Struktur der Nukleotidsequenzen auf dem Genom zu finden. Daraus ergibt sich die zwingende Hypothese, daß jeder biologische Funktionsablauf von vornherein eindeutig genetisch determiniert ist. Dieser Irrglaube mag vielleicht daher kommen, daß die Interpretation des Jacob-Monod-Modells einen Schritt zu weit geht, nämlich in der Nukleinsäure jeder einzelnen Zelle eine festgefügte, allesbestimmende Matrix zu sehen. Doch schon hier tut sich die erste Hürde auf, und zwar, daß je nach Zelltyp von den in jeder Zelle vorliegenden gesamten Informationen auf dem Genom nur ein bestimmter Teil gezielt genutzt wird. Hier liegt also eine ordnende Hierarchie vor.

Hinzu kommt, daß von den gesamten in der Nukleinsäure abgespeicherten Informationen nur ein geringer Prozentsatz aktuell abgefragt werden und weiterhin, daß Funktionsbereiche auf dem Genom offensichtlich „wandern" können. Konkret heißt dieses, daß viele während der gesamten Evolutionsgeschichte erworbene Eigenschaften zwar nicht genutzt werden, jedoch latent verfügbar sind. So bietet sich die Möglichkeit einer erheblichen Variabilität in der Informationsabfrage.

Was ist Leben? – Die Antwort aus der Sicht des Einzellers

An Mikroorganismen läßt sich dieses sehr gut darstellen: Werden einer Kultur von Coli-Bakterien statt der zuvor verabreichten Glucose Lactat (Milchsäure) angeboten, dann wird das Enzymmuster für den Stoffwechsel dieser Energiequelle innerhalb weniger Stunden geändert, wobei der Tochtergeneration aus der Zellteilung diese Information mitgegeben wird.

Diese Eigenschaft macht man sich heute im Bereich der Petrochemie und Abwasserreinigung zunutze, um bestimmte Substanzen abzubauen oder über den mikrobiellen Stoffwechsel zu verändern. Dieses ist nur ein Beispiel aus dem riesigen Anwendungsgebiet der Biotechnologie.

Würde solch einem Mikroorganismus eine äquivalente Frage nach dem Leben gestellt werden, dann wäre die Antwort: *Optimierung an die Umgebungsbedingungen.*

Dieser erste fundamentale Schritt der Energiegewinnung findet zunächst auf der individuellen Ebene der Einzelzelle statt.

Die Frage, ob es hier zu einer Aktivierung bestimmter Abschnitte auf der Nukleinsäure kommt oder durch die Information „*Lactat*" eine Neuorientierung der Tripletts auf der Nukleinsäure erfolgt, ist bisher keineswegs eindeutig beantwortet. Die letztgenannte Möglichkeit würde bedeuten, daß der im Jacob-Monod-Modell postulierte Funktionsablauf von der Nukleinsäure über die Proteinbiosynthese zum biologischen Funktionsablauf durchaus invers sein kann. Damit wäre die Evolution nicht ein Probieren bis hin zum Optimum, sondern es würden gezielt die Informationen aus der Umgebung genutzt, entsprechend für die weiteren Biosynthesen umgesetzt und vor allem diese neue Information „abgespeichert" werden. Hierfür spricht die für jeden nachvollziehbare Tatsache, daß eine durchaus effiziente Grippeschutzimpfung im darauffolgenden Jahr keine Wirkung mehr haben muß. Hier haben sich die Viren durch Veränderung der genetischen Information dieser Situation angepaßt. Obgleich Viren im biologischen Sinn keine Lebewesen sind, verfügen diese offensichtlich über eine Intelligenz, die ihnen die Vermehrung sichert.

Da Viren außer einer Lipid- und Proteinhülle mit einer besonderen enzymatischen Aktivität nur über ihre Nukleinsäure eine biologische Relevanz besitzen, kann die Anpassung an die Umgebung auch nur über deren Genom erfolgen. Über welche Mechanismen die Nukleinsäure der Viren verändert wird, ist unbekannt.

Daß der Ablauf einer Biofunktion nicht zwingend an eine vorgegebene Struktur im Genom gebunden ist, konnte an einem Experiment demonstriert werden, wo Fische während der embryonalen Phase extrem schwachen elektrischen Feldern ausgesetzt wurden. Offensichtlich kommt es hier zu einer Aktivierung rudimentärer Abschnitte auf dem Genom, wenn sich aus dem Laich einer Zuchtforelle bei diesen Experimenten eine vor mehr als 100 Jahren ausgestorbenen Urform entwickelte. Auch bei Pflanzen, insbesondere Getreide wurden ursprüngliche Anlagen wieder sichtbar. Die äußerst wichtige Erkenntnis ist hier, daß die während der Evolution nicht mehr genutzten Abschnitte auf dem Genom durchaus aktiviert werden können. Bei den genannten Experimenten reichte ein elektrisches Gleichfeld aus für eine andere Information an das Biofunktionssystem [1]. Mit Sicherheit hat sich dadurch nicht das Genom verändert, ist also mit den molekulartechnischen Methoden nicht erfassbar.

Kein Leben ohne Kommunikation

Es muß also festgehalten werden, daß Informationen aus der Umwelt einen entscheidenden Faktor im biofunktionellen Ablauf darstellen. Aber nicht nur die Information als solche, sondern auch der Zeitpunkt der Informationsübermittlung ist entscheidend. Ein schwaches elektrisches Feld während der Embryonalphase hat für das Biosystem einen anderen Informationsgehalt als zum späteren Zeitpunkt der Ausdifferenzierung. Auch hier zeigt sich deutlich die Grenze der Molekularbiologie, denn sie wird nie diesen Zeitfaktor in ihr Modell einbringen können. Die Funktion der Zeit ist nicht an Strukturen gebunden.

Der nächste Entwicklungsschritt für das elementare Biosystem wäre dann, ein Optimum für den Zellverband zu finden. Auf der untersten Organisationsstufe ist die Zelle bestrebt, sich zu teilen. Würde sie dieses fortlaufend realisieren, kann es zu Situationen kommen, die der Überlebensstrategie (Vermehrung, Energiegewinnung) widersprechen. Konkret heißt dieses, daß durch eine hohe Populationsdichte sich die Zelle vor allem auch der Energiequelle beraubt. Die Zellteilung sollte somit vernünftigerweise unter kontrollierten Bedingungen ablaufen.

Jede normale Zellkultur unterwirft sich dieser Forderung, d. h., wenn eine bestimmte Populationsdichte erreicht ist, dann ist die weitere Zellteilung beendet. Notwendigerweise müssen also zwischen den einzelnen Zellen Informationsstrecken aufgebaut werden. Die Annahme, daß die Hemmung der Zellteilung allein durch eine Anhäufung von Stoffwechselendprodukten erfolgt, ist nicht richtig. Dieses konnte sehr gut an dem Biosystem Hefe nachgewiesen werden. So beginnt eine ausgehungerte Hefezelle auf Zugabe des Substrats Glucose nicht unmittelbar mit dem Stoffwechsel, sondern testet neben der Konzentration des Substrats in der Nährlösung auch die aktuelle Populationsdichte. Ist die Substratmenge in Relation zur Zelldichte zu gering, dann erfolgt eine geringe oder nicht meßbare Stoffwechselleistung. Das gleiche gilt auch, wenn bei ausreichender Substratzufuhr die Zelldichte sehr gering ist. Sind dagegen diese beiden Eingangsgrößen im optimalen Bereich, dann beginnt der Stoffwechsel mit Energiegewinnung und Zellteilung, wobei jedoch die zuvor genannten Informationsstrecken fortlaufend aktiv bleiben. So wird auch bei kontinuierlicher Substratzufuhr und Entfernung von Stoffwechselprodukten eine vorgegebene Zelldichte nicht überschritten.

DIE KREBSZELLE HAT DIE FÄHIGKEIT ZUR KOMMUNIKATION VERLOREN

Jetzt stellt sich sicherlich die berechtigte Frage, auf welchem Weg man zu diesen Erkenntnissen gekommen ist.

Wird einer Suspension ausgehungerter Hefezellen Glucose in geringen Mengen kontinuierlich zugeführt, dann wird wiederholt aus endogenem Material impulsartig Glucose an das Medium abgegeben, und zwar durchaus mehr als die Hefe in den dazwischenliegenden Zeiträumen aufgenommen hat. Unmittelbar nach dieser Freisetzung von Glucose wird diese von der Zelle zusätzlich zu der kontinuierlich zugegebenen Glucose wieder aufgenommen. Über diesen synchronisierenden Glucosepuls bekommt die Zelle eine Information, wie viele Zellen sich an dem Substrat beteiligen. In der plötzlichen Änderung der Glucosekonzentration steckt für die Zelle die Information über Zelldichte und Gesamtvolumen. Reicht die Zufütterungsrate nicht aus, um eine Stoffwechselleistung zu erfüllen, dann wiederholt sich dieser Versuch der Kommunikationsaufnahme [2, 3, 4, 5]. Das Problem ist nur, daß mit jedem an das Medium abgegebenen Glucosepuls endogenes Material und somit vor allem auch Energie verlorengeht. Die Hefe kann auf diese Weise so weit auf ein niedriges Energieniveau gebracht werden, daß sie sich für den fakultativ vorgesehenen Weg des anaeroben Stoffwechsels entscheidet und dort unwiderruflich bleibt. Auffällig ist dann, daß die Zelle mit dem Atmungsdefekt nicht mehr die Kommunikation zum Nachbarraum sucht, sondern bei nachfolgend ausreichender Substratzufuhr sich fortlaufend teilt. Sie verhält sich wie eine Krebszelle, die die für den Gesamtverband wichtige Fähigkeit, die Zellteilung zu unterdrücken, verloren hat: die einzelne Zelle koppelt sich aus dem Gesamtverband aus. In der rudimentären Anlage, also im ursprünglichen Funktionsablauf der Zelle, ist die Zellteilung als oberstes Prinzip vorgesehen: *Leben ist hier gleichzusetzen mit Vermehrung.*

Aus der Situation, daß die interzelluläre Kommunikation nicht mehr realisiert werden kann, fällt das System auf eine aus der Evolutionserfahrung optimale Stufe zurück. Es werden andere Informationen des Genoms genutzt, mit Sicherheit ohne Änderung am Genom selbst.

Somit sind auch diese Zusammenhänge mit den gentechnischen Verfahren der Molekularbiologie nicht zu erkennen.

Das bei der Einzelzelle geltende Prinzip der Zellteilung muß sich im Zellverband einer hierarchischen Organisation unterordnen: *die interzelluläre Kommunikation steht im Vordergrund*. Hier wird die Antwort auf die Frage: „*Was ist Leben?*" zu beantworten sein mit: Optimierung durch Kommunikation. Krebszellen, die sich diesem Ordnungsprinzip der gehemmten Zellteilung im Gewebsverband nicht unterwerfen, lösen einen Teil der im Mikroskop sichtbaren interzellulären Verbindungsstrecken auf. Die Krebszelle ist also keine entartete Zelle, sondern sie folgt der im Genom festgelegten Anweisung der Zellteilung. Die Krebszelle hat den Kontakt zum Nachbarraum verloren, der wichtige Regulationsschritt „*Hemmung der Zellteilung*" kann von diesen Zellen nicht mehr ausgeführt werden.

Wenn also die Frage „*Was ist Leben?*" mit „*Optimierung durch Kommunikation*" beantwortet wird, dann wäre Krankheit als Kommunikationsstörung zu definieren. Hier wäre der Ansatz einer Erklärung für die vielfältigen Erkrankungen, die im Zusammenhang mit bestimmten Umweltbelastungen gesehen werden.

Ist Krankheit die Folge einer (interzellulären) Kommunikationsstörung?

So kommt es häufig zu gesundheitlichen Beeinträchtigungen, wenn über längere Zeiträume eine Exposition in schwachen elektrischen, magnetischen oder elektromagnetischen Feldern gegeben ist. Auffallend ist, daß die Intensitäten dieser Felder nicht ausreichen, um aus den gegebenen physikalischen Gesetzmäßigkeiten eine Wirkung haben zu können. Influenzierte oder induzierte Ströme werden im menschlichen Körper nicht die Werte erreichen, daß eine Interferenz mit biogenen Strömen

(z. B. Nervenpotentiale) erfolgt. Auch die Energieeinkopplung durch schwache elektromagnetische Felder führt praktisch zu keiner Temperaturerhöhung. Dennoch gibt es durchaus objektivierbare Krankheitsbilder, die im unmittelbaren Zusammenhang mit einer Feldexposition gesehen werden müssen. Da nicht jeder diese Sensitivitäten aufweist, müssen also Bereiche der individuellen Bioregulation betroffen sein. Wenn – wie gezeigt – schon schwache elektrische Gleichfelder die Embryonalentwicklung beeinflussen, dann sollte die Wirkung der hier genannten schwachen Felder auch auf derselben Ebene gesehen werden. Werden hier interzelluläre Informationsstrecken gestört?

Hilfestellung zur Beantwortung der Frage, welche Intensität ein Signal haben muß, um vom Menschen als Information erkannt zu werden, ist vielleicht im Bereich der Homöopathie zu finden. Die Diskussion, wie und ob überhaupt Homöopathika wirken, wird von jeher kontrovers geführt, auch wenn die häufigen therapeutischen Erfolge nicht zu übersehen sind. Das vorgebrachte Argument der mentalen Beeinflussung kann insofern widerlegt werden, als auch bei Tieren eindeutige Wirkungen sehr gut protokolliert sind. Widersprüchlich erscheint hier die Aussage, daß das Wirkungspotential mit dem Verdünnungsgrad zunimmt. Da bei den hohen Verdünnungen ein Molekül der Urtinktur nicht mehr enthalten sein muß, ist die Wirkgröße also nicht die Stoffmenge der Ausgangssubstanz.

Felder als Informationsträger

Versucht man diese Fakten sinnvoll zusammenzuführen, wäre das folgende Wirkungsmodell denkbar:

Jedes Molekül, das in eine wäßrige Lösung gebracht wird, verändert im umgebenden Raum der Wassermoleküle die Clusterstruktur: Wassermoleküle unterliegen einer vielfältigen Ordnung, die sich zum Beispiel in den unterschiedlichen Anordnungen im Eiskristall widerspiegelt. Wird nun in Wasser eine Substanz gelöst, dann erfolgt in der Umgebung der Fremdmoleküle eine Neuorientierung der Wassermoleküle. Es müssen nicht unbedingt polare Bindungen sein, es kann auch eine räumliche Orientierung der Wasserdipole im elektrischen Feld der Fremdsubstanz sein, die zu einer neuen Clusterbildung führt. Somit dient das eingebrachte Molekül als Matrize für die Anordnung der Wassermoleküle. Dieser neue Ordnungszustand ist um so ausgeprägter, je weniger störende Substanzen vorliegen. Möglicherweise sind die neugebildeten Cluster so stabil, daß sie den thermodynamischen Kraftwirkungen widerstehen, also auch bei extremen Verdünnungen vorliegen. Hier würde die Clusterstruktur des Wassers eine Abbildung des Moleküls aus der Urtinktur widerspiegeln. Die biologische Wirkung würde also nicht über das Molekül selbst erfolgen, sondern über den Ordnungszustand des Wassers. Oder anders formuliert: Im Wasser ist die Information über das Molekül enthalten.

Auch an dem folgenden Beispiel soll demonstriert werden, daß es nicht die stoffliche Menge sein muß, auf die ein Biosystem reagiert. Schmetterlinge können auf große räumliche Entfernungen ihren Partner problemlos finden. Es sind die Pheromone, also hormonähnliche Lockstoffe, die den Partner der gleichen Gattung auf die Spur führen. Das Problem ist nur, daß die Stoffmenge in der Volumenverteilung nicht ausreicht, um dieser Erklärung zu genügen. Sind elektromagnetische Felder die Informationsträger? Oder sind es die immer wieder postulierten morphogenetischen Felder?

Da die Erkenntnisse aus der Homöopathie diese Hypothese bestätigen, wäre die Konsequenz, daß dem Informationstransfer in einem biologischen System eine hohe, wenn nicht sogar die höchste Priorität eingeräumt werden muß. Jede Störung auf dieser Ebene müßte demnach Folgen im weiteren biologischen Funktionsablauf haben.

Wie wird nun die Informationsstrecke im Interzellularraum oder zwischen funktionellen Kompartimenten realisiert? Naheliegend wäre, diese über Ionenverschiebungen zu erklären. Membrankanäle, die gezielt den Transport von Molekülen zwischen dem intra- und interzellulären Raum steuern, können mit Sicherheit aber nur einen räumlichen engen Bereich beeinflussen. Die Kaskade aufeinanderfolgender Reaktionen von einer Zelle zur nächsten beinhaltet einen limitierenden Zeitfaktor, womit diese Kommunikationsstrecken für einen Informationsstransfer im gesamten Organismus ungeeignet sind.

Ein effizienter Datentransfer wäre über elektrische oder elektromagnetische Felder gegeben. Insbesondere im Bereich der Biophotonenforschung gibt es hierzu sehr konkrete Vorstellungen, daß Informationsstrecken über höchstfrequente elektromagnetische Felder realisiert werden [6].

Aber auch das elektrische Feld, das sich mit jeder Herzaktion über den gesamten Körper ausbreitet, könnte als Modulationsträger genutzt werden. So gibt es eine Korrelation zwischen bestimmten Signalkomponenten im Elektroenzephalogramm (Darstellung der Hirnströme) und dem Zeitabstand zwischen zwei Herzaktionen [7].

Aktuelle Untersuchungen zu elektrischen Potentialverteilungen an der Hautoberfläche zeigen auch hier eine erhebliche Variabilität in der Signalzusammensetzung, die durch extrem schwache elektromagnetische Pulse nachhaltig beeinflußt werden. Hier schließt sich der Kreis zu den Veränderungen der Hirnströme, ebenfalls in diesen schwachen Feldern [8, 9]. Da davon ausgegangen werden muß, daß jede bioelektrische Aktivität ein Element in der Bioregulation darstellt, ist auch die Situation gegeben, daß das biologische Regelsystem durch äußere Felder gestört werden kann. Je nachdem, wie dieses Fremdsignal bewertet wird, kommt es zu einer Fehl- oder Falschinformation. Eine besondere Sensibilität liegt bei der Immission schwacher, sich im niederfrequenten Bereich periodisch ändernden Feldern vor.

Zahlreiche Publikationen weisen darauf hin, daß für einen biologischen Effekt eine periodische Feldänderung zwingend ist. Elektrische und magnetische Felder im Energieversorgungsbereich zeigen eine 50 oder 60 Hz-Periodik, was die oft genannte Sensitivität gegenüber diesen Feldern erklären könnte. Steckt in dieser strengen Periodizität eine biologisch relevante Information? Hierzu folgender Gedankengang:

DAS BIOSYSTEM IM WECHSELBAD ZWISCHEN CHAOS UND ORDNUNG

Das Biosystem des Menschen verhält sich im Wechselspiel der unterschiedlichen Entropiezustände quasichaotisch. Zunehmende Entropie heißt, daß festgefügte Algorithmen der zahlreichen Verknüpfungen im Netz der Bioregulation sich auflösen, d. h. ein Grundzustand eingenommen wird. Nur so ist es möglich, neue Information aufzunehmen und sich entsprechend der einfließenden externen Signale neu zu formieren. Ein starres Regelsystem ist nicht mit dem Leben vereinbar. So ist es aus der Medizin bekannt, daß strenge Periodizitäten einer biologischen Rhythmik, wie zum Beispiel die strengperiodische Abfolge von Herzaktionen, auf ein lebensbedrohliches inaktives Regelverhalten hinweisen.

Das Biosystem unterliegt also einer Regelcharakteristik, wie sie in der Technik unter „*fuzzy-Logik*" (adaptives Regelsystem) bekannt ist: die „Stellglieder" zwischen den Regel- und Führungsgrößen sind nicht starr, sondern werden der Situation fortlaufend angepaßt. Hier werden gezielt quasichaotische Zustände durchlaufen, um den Algorithmus der Regelcharakteristik jederzeit neu definieren zu können.

Übertragen auf das biologische System des Menschen sind unterschiedliche Entropiezustände für eine optimale Bioregulation notwendig. Zunehmende Entropie heißt, daß mit abnehmender Stabilität die Empfindlichkeit gegenüber externen Reizen zunimmt. In der Ruhe- oder Entspannungsphase, die einer Entropiezunahme entspricht, ist die Sensitivität gegenüber Störquellen erhöht, womit aber auch biologisch relevante Signale andere Schwellenwerte erreichen. Somit haben auch schwache Felder auf das Biosystem in der Ruhephase eine andere biologische Relevanz als tagsüber während der aktiven Phase: das Biosystem bewertet den Informationsgehalt einer Signalkomponente unterschiedlich. Diese Situation führt vor allem dazu, daß während der Ruhe- oder Schlafphase das biologische Regelsystem des Menschen ausgesprochen empfindlich auf jede Störung reagiert. Interferiert diese Störung mit biologischen Signalen, dann kommt es zwangsläufig zu einer Fehlinterpretation, da die Aktivität der Kontrollsysteme reduziert ist. Eine daraus folgende Fehlsteuerung biologischer Abläufe führt letztlich zu gesundheitlichen Beeinträchtigungen.

Für jeden nachvollziehbar dürften die periodisch fallenden Tropfen eines Wasserhahns sein, die tagsüber nicht wahrgenommen werden, nachts jedoch äußerst störend sind. Die akustisch wahrgenommene Information der konstantperiodischen Tropffolge ist in beiden Fällen gleich, die Sensitivität gegenüber dieser Wahrnehmung ist jedoch unterschiedlich.

Entsprechende Erkenntnisse sind aus den Studien zur biologischen Wirkung der niederfrequent gepulsten elektromagnetischen Felder abzuleiten: eine strenge Periodizität in der Pulsfolge führt bei physisch entspannten Testpersonen zu einer Störung der peripheren Hautdurchblutung. Während normalerweise die durch das autonome Nervensystem regulierte Kapillaraktivität scheinbar chaotisch abläuft, erfährt diese während und auch noch nach einer Feldexposition in der Dynamik der zeitlichen Blutflußmengen eine strenge Periodizität, die eindeutig auf ein eingeschränktes oder inaktives Regelverhalten hinweist.

Externe Felder stören das biologische Ordnungssystem

Analog zum genannten Beispiel der homöopathischen Wirkung ist es nicht die Feldintensität, sondern die Modulationsart, also der Informationsgehalt der Feldänderung, auf die das Biosystem reagiert. Der besondere Stellenwert dieser Erkenntnis muß vor allem gesehen werden im Zusammenhang mit technischen Einrichtungen, die periodisch modulierte Felder emittieren. Hier stehen im Mittelpunkt der Diskussion die drahtlosen Telekommunikationssysteme nach dem GSM- und DCS-Standard, wie auch die schnurlosen Haustelefone nach dem DECT- (bzw. GAP)-System. Das technische Grundprinzip ist hier eine Übertragung digitalisierter Informationen in periodischen Zeitschlitzen. Während das GSM- (oder DCS-) Handy die 217 Hz-Zeitschlitze im untersten Gigahertz-Band nur während des Telefonats emittiert, sendet das DECT-Telefon ununterbrochen die auf 1,8 GHz mit 100 Hz aufmodulierten Zeitschlitze. Die imitierten Leistungsdichten sind in beiden Fällen Größenordnungen unterhalb der international festgelegten Grenzwerte der ICNIRP[10] (*International Commis-*

sion on Non-Ionizing Radiation Protection), dennoch kommt es zu physiologischen Veränderungen, die zunächst zwar reversibel sind, aber bei Langzeitexpositionen zu gesundheitlichen Beeinträchtigungen führen.

Dabei geht es nicht um die hochfrequente Trägerwelle selbst, sondern um die niederfrequente Modulation.

Periodische Lichtblitze, wie sie bislang in Diskotheken gezielt genutzt wurden, können bei entsprechender Disposition zur Ekstase oder auch epileptischen Anfällen führen. Konkret handelt es sich um eine Exposition einer niederfrequent modulierten Mikrowelle. Energetisch betrachtet liegt hier sowohl die emittierte gemittelte HF-Leistung aus dem Puls/Pausen-Verhältnis als auch der Puls selbst weit im nichtthermischen Bereich. Dennoch läßt sich der hinreichend bekannte Bioeffekt nicht verleugnen, gleichgültig, ob dieser positiv oder negativ sei. Obgleich auch hier zum Wirkungsmodell keine Kenntnisse vorliegen, weiß man heute, daß die Periodizität der Blitzfolge das Problem darstellt. Allein aus diesem Grund werden Stroboskope in Diskotheken nicht mehr mit der periodischen Blitzfolge betrieben. Noch eine andere Erkenntnis konnte hier gewonnen werden: es gibt bestimmte Frequenzbereiche in der Modulation, die zur Irritation führen.

Der grundsätzliche Unterschied zum gepulsten Hochfrequenzsignal der drahtlosen Telekommunikation ist der Frequenzbereich der Trägerwelle, der für das Auge nicht detektierbar ist.

Alle hierzu aufgestellten Theorien zu den Wirkungsmodellen haben bis heute nicht die Frage beantwortet, auf welcher Ebene tatsächlich die Feldwirkung zu sehen ist. Der entscheidende Punkt jedoch ist, daß die Periodizität einen entscheidenden Faktor darstellt, eine Tatsache, die in keiner Grenzwertreglung zu finden ist. Mit dem derzeitigen Wissen lassen sich die für den nichtthermischen Bereich beschriebenen Effekte über die physikalischen Gesetzmäßigkeiten nicht erklären. Dieses darf nun keineswegs bedeuten, daß sich die Wirkungsmechanismen außerhalb des physikalischen Raums bewegen; vielmehr muß gefragt werden, welche physikalischen Gesetze diesen Prozessen zugrunde liegen. Erschwerend kommt hinzu, daß eine Wirkung auf ein komplexes Biosystem von vielen Variablen mitbestimmt wird. Es kann zum Beispiel die Phasenlage des circadianen Rhythmus, also die Tageszeit entscheidend dafür sein, wie sich ein Störfaktor letztlich darstellt. Aber auch andere Faktoren einer Vorschädigung prägen das Gesamtbild, das sich dann in der klinischen Diagnostik findet. Eine Dauerbelastung durch Chemikalien kann das regulatorische Funktionssystem des Menschen derart überfordern, daß eine weitere Störung nicht mehr kompensiert werden kann: der Mensch wird ernsthaft krank. Der Arzt sieht sich dann mit einer Summe von Erscheinungsbildern konfrontiert, deren Interpretation in der üblichen Matrix einer Diagnostik oft nicht möglich ist. Die nicht selten praktizierte Einordnung als psychiatrische Erkrankung dokumentiert die Hilflosigkeit. Daß vorbelastete oder vorgeschädigte Systeme auf eine zusätzliche Störung empfindlicher reagieren, wird in der Praxis bei Testverfahren durchaus genutzt. Viele tierexperimentelle Studien werden bewußt so durchgeführt, nur tut man sich schwer, bei Erkrankungen unklarer Genese auch einmal daran zu denken, daß vielleicht schon andere Einflußgrößen entscheidend mitgewirkt haben.

Innerhalb weniger Generationen hat sich für das biologische System des Menschen ein in der Evolutionsgeschichte erheblicher Einschnitt ergeben durch bis dahin unbekannte Umweltbedingungen unterschiedlichster Art.

BEFINDET SICH DIE GESELLSCHAFT AUF KOLLISIONSKURS ZUM LEBEN?

Die mit Ende des 19. Jahrhunderts explosionsartige Industrialisierung hat neben den sicherlich vielen positiven Ergebnissen auch einige negative Aspekte gebracht, die erst in den letzten Jahren in ihrer Bedeutung erkannt wurden. Es sind einmal die Erkenntnisse aus der chemischen und pharmazeutischen Industrie, die zweifelsohne viele Probleme lösten aber auch Situationen geschaffen haben, die erst im Nachherein in ihrem gesamten Ausmaß erkannt wurden. Als Beispiel sei hier die Malaria genannt, die vor allem in den Sumpfgebieten mit einer großflächigen Kontamination mit DDT eingedämmt werden konnte. Erst später kam die Erkenntnis, daß diese toxischen organischen Phosphorverbindungen äußerst stabil sind und über die Nahrungskette sich im menschlichen Organismus schnell anreichern. Erst als in der Folge vermehrt Mißgeburten auftraten, wurde man sich allmählich über die Tragweite bewußt. Erkannt wurde dieses sehr schnell von Naturwissenschaftlern und Medizinern, doch Interessenkonflikte mit der chemischen Industrie ließen Jahre verstreichen, bis ein Verbot der weiteren Verbreitung halbherzig akzeptiert wurde. Das ist ein Beispiel von vielen, wo scheinbare Vorteile in den Vordergrund gestellt wurden, um aktuelle Marktanteile zu wahren. Die gesamte Holzschutzmittelproblematik oder auch das Geschehen um Asbest gehört in diese Kategorie. Es waren vorübergehende Vorteilsgewinne, die marktpolitisch voll ausgenutzt wurden. Daß dieses fast durchweg geschah, ohne die gesamten Konsequenzen einzukalkulieren, hat bisher immer erhebliche Folgekosten nach sich gezogen. Dennoch werden diese sich schon wiederholenden Erkenntnisse ignoriert. Jüngstes Beispiel in dieser Kette sind die Erkrankungen durch Langzeit-Expositionen in gepulsten Hochfrequenzfeldern.

In den Gedankenexperimenten zu nichtthermischen Einwirkungen wird häufig übersehen, daß ein komplexes Biosystem nicht nur am Ort der Einwirkung auf einen schwachen Reiz reagiert, sondern diese Störung als Information in alle Kompartimente weitergeleitet wird. Ein schwacher Lichtreiz auf der Hautoberfläche bleibt kein lokal begrenztes Ereignis. Das Verfahren, mit Lichtimpulsen Hauterkrankungen zu therapieren, darf in seiner Bewertung nicht reduziert werden auf den Ort der Applikation: das gesamte Biofunktionssystem reagiert hierauf. Die von vielen Fachdisziplinen vertretene Maxime der linearen Dosis-Wirkungsbeziehung ist bei der Anwendung auf das Biosystem um so weniger angebracht, je schwächer die applizierte Größe ist. Die iterativ arbeitenden biokybernetischen Systeme verstärken weit entfernt von jeder Linearität bestimmte Signalkomponenten, die sich dann je nach Situation negativ oder positiv auswirken.

Die Lichtempfindlichkeit des Auges reicht bei Dunkeladaptation aus, um in großer Entfernung ein aufflammendes Streichholz zu erkennen. Dieses kann eine Information enthalten, die je nach gegebener Ausgangssituation zu einer Reaktion des Menschen führt. Von der Leistungsdichte her liegt dieses Lichtsignal als elektromagnetische Welle im thermischen Rauschen, technisch gesehen dürfte es nicht registriert werden.

Es gibt zahlreiche Untersuchungen zum Einfluß schwacher Felder auf den Menschen; so wird der Blutdruck erhöht[11], die Variabilität der aufeinanderfolgenden Herzaktionen eingeschränkt oder auch die spektrale Zusammensetzung der Hirnströme verändert. Über eine längere Expositionszeit kommt es dann zu erheblichen gesundheitlichen Beeinträchtigungen, wie Arrhythmien oder mangelnde Sauerstoffversorgung des Gewebes.

Hier werden die von außen wirkenden Signale entweder falsch interpretiert oder das System der gesamten Bioregulation reagiert individuell in Abhängigkeit von der Gesamtsituation. Das

Reaktionsmuster wird vor allem bestimmt von den Faktoren „Expositionszeit" und „Vorbelastung". Hier spielen – wie schon erwähnt – vor allem Chemikalien eine große Rolle. Bei den chemischen Gefahrenstoffen waren und sind es die Grenzwerte nach der „maximalen Arbeitsplatzkonzentration" (MAK-Werte), die immer noch als Richtlinie für eine biologische Belastung gelten. Allerdings weiß man auch, daß das gemeinsame Auftreten zweier Schadstoffe nicht dem üblichen Algorithmus der Addition genügt; man spricht hier von Synergie-Effekten, die zusammen mit der Variabilität des Biosystems jede Kalkulation und damit jede Prognose einer biologischen Wertigkeit über den Haufen werfen können.

Die physikalischen Gesetze der Thermodynamik reichen hier für ein Modell der Feldwirkung nicht aus. Alles weist darauf hin, daß der Informationsgehalt der Feldänderung die Wirkgröße ist: wichtige für den physiologischen Ablauf notwendige Informationsstrecken werden gestört oder inaktiviert.

Diese Erkenntnisse müssen also dahingehend interpretiert werden, daß jede Kommunikationsstörung in einem intakten Biosystem zu einer Fehlregulation führt, die sich im weiteren Verlauf als Krankheit manifestiert.

Somit muß für den Menschen die Antwort auf die Frage „*Was ist Leben?*" in einer anderen Dimension gesucht werden. Nicht nur die Fähigkeit intra- und interzelluläre Kommunikation zu optimieren, sondern zusätzlich die Sensibilität gegenüber externen Signalen bestimmt das Leben. Damit wird natürlich eine klassische Hemmschwelle bei den meisten Naturwissenschaftlern überschritten.

Dennoch wird akzeptiert, wenn auch nur halbherzig, daß die *Schumann*-Resonanzen (Resonanzschwingung zwischen Erdoberfläche und Ionosphäre mit ca. 8 Hz Grundfrequenz, ausgelöst durch elektrische Entladungen, z. B. Gewitter) die Evolutionsgeschichte der Menschheit mitgestaltet haben. Daß diese auch heute noch von erheblicher biologischer Relevanz sind, ergibt sich aus der Tatsache, daß bei längeren Aufenthalten im Weltraum entsprechende Feldgeneratoren zum Flugsystem gehören.

Mit der Frage nach dem Leben stellt sich auch die Frage nach dem Tod. Ist die Kommunikationsfähigkeit eine elementare Voraussetzung für das Leben, dann führt das Erlöschen dieser Fähigkeit zum Chaos des Gesamtsystems. Der Übergang vom Leben zum Tod ist vorprogrammiert mit der Reduzierung und vollständigen Aufgabe der Informationsstrecken zwischen den Organen, zwischen den Zellen bis hin zu den intrazellulären Verknüpfungen. Schon vor diesem letzten Schritt liegt die formaljuristisch-medizinische Definition dessen, was mit „*Tod*" bezeichnet wird, obgleich bestimmte Hautzellen oder Haarzellen noch erstaunlich lange „leben". Wird mit der Auflösung der Struktur auch jede Information gelöscht? Oder bleibt diese weiterhin erhalten? Unsere, sich an Strukturen orientierende Denkweise wird hierauf keine Antwort finden.

Es ist die Frage gestellt „*Was ist Leben?*". Für das individuelle biologische System *Mensch* ist versucht worden, einen Pfad für die Antwort zu finden. Wie sieht es jedoch aus mit der Gesamtpopulation? Hier ist der Mensch Teil einer organisierten Gesamtmenge, die wie der Zellverband auch nur über Kommunikationsaustausch existieren kann. Auch hier führt die fehlende oder gestörte Kommunikation zu einem Regulationsverhalten, das weit weg vom Optimum ist.

Die derzeitigen technischen Errungenschaften im Bereich der Kommunikation lassen befürchten, daß die notwendigen unmittelbaren Kommunikationsstrecken zwischen den einzelnen Menschen aufgelöst werden. Auf der untersten Zellebene führt dieses zur Aktivierung der rudimentären Maxime *Zellteilung*, zu dem, was unter Krebswachstum eingeordnet wird.

LITERATUR

[1] Ciba-Geigy AG, „Verbessertes Fischzuchtverfahren", Patentschrift: EP 0 351 357 (1989).
[2] von Klitzing, L., Betz, A., „Metabolic Control in Flow Systems, I", Arch. Mikrobiol. **71**, 220-225 (1970).
[3] von Klitzing, L., „Glycolytic Regulation in Yeast Cells as a Function of Polyglucoside Metabolismn", IRCS **2**, 1596 (1974).
[4] von Klitzing, L., „Influence of Polyglycoside Metabolism on Oscillatory-Controlled Glycolysis in Yeast Cells", studia biophysica **48**, 231-234 (1975).
[5] von Klitzing, L., „Oscillatory Controlled Glycolysis in Yeast Cells – an Extended Model of Glycolytic Regulation", studia biophysica **55**, 211-216 (1976).
[6] Popp, F.A., „Coherent Photon Storage of Biological Systems" in: Electromagnetic Bio-Information, Hrsg. F.A. Popp, U. Warnke, H.-L. König und W. Peschka (Urban & Schwarzenberg, München 1989), 144-167.
[7] von Klitzing, L., „Bestimmen beim Menschen enzephalo-elektrische Signale die Pulsfrequenz?", EEG-EMG **23**, 55-114 (1992).
[8] von Klitzing, L., „Low-Frequency pulsed electromagnetic fields influence EEG of man", Physica Medica **11**, 77-80 (1995).
[9] von Klitzing, L., „Low Frequency Magnetic Fields Influence Brain Activity and Blood Flow of Man", in: „Biologic Effects of Light 1998", (Hrsg. Holick/Jung), Kluwer Academic Publ. USA-Norwell, 231-236 (1999).
[10] International Commission on Non-Ionizimg Radiating Protection (ICNIRP), „Guidelines for Limiting Exposure to Time-Varying Electric, Magnetic, and Electromagnetic Fields (up to 300 GHz)", Health Physics **74**, 494-522 (1998).
[11] Braune, S. et al., „Resting blood pressure increase during exposure to a radio-frequency electromagnetic field", The Lancet **351** (1998) 1857-1858.

JIIN-JU CHANG

SUBSTANZIELLE UND NICHT-SUBSTANZIELLE STRUKTUR LEBENDER SYSTEME

Einleitung

Auf die Frage „Was ist Leben?" eine Antwort zu finden, hängt in erster Linie davon ab, was man unter dem Begriff „Leben" versteht. Sieht man hier die strukturelle Ebene, dann ist es der hohe Ordnungszustand der biologischen Strukturen, der Leben auszeichnet. Daneben gibt es jedoch noch einen weiteren Ordnungszustand, der nicht über Materie oder materielle Strukturen zu verstehen ist. Es ist die Wirkung bioelektromagnetischer Felder, die mehr und mehr in der Diskussion stehen, da sie bei biofunktionellen Abläufen eine entscheidende Rolle spielen. So konnte kürzlich nachgewiesen werden, daß zwischen verschiedenen Blättern einer Tomatenpflanze über elektrische Signale Kommunikationsstrecken aufgebaut werden [1]. Auch einzelne Zellen kommunizieren über Lichtemissionen, also über elektromagnetische Felder [2]. Fröhlich [3] und Popp [4] haben insbesondere typische Kohärenz-Eigenschaften dieser Felder beschrieben und somit die Voraussetzungen geschaffen, grundsätzliche Fragestellungen aus der Biologie mit Erkenntnissen der modernen Physik zu verknüpfen. Dieses reicht von der Funktionsbeschreibung der DNA in der gesamten Biofunktionalität, der Interpretation verschiedener Bioregulationsabläufe bis zu Modellvorstellungen des Krebsgeschehens oder auch zur Evolution. Es zeigt sich, daß viele ungeklärte Fragen zu biologischen Funktionsabläufen über die Wirkung bioelektromagnetischer Felder eine schlüssige Antwort finden.

Im folgenden werden Erkenntnisse aus Experimenten vorgestellt, insbesondere zu den Kohärenz-Eigenschaften bioelektromagnetischer Felder. Hier sind es vor allem die Studien zu Biophotonen in Hinblick auf mögliche Anwendungen im medizinischen, aber auch im Agrarbereich.

1. Biologische Strukturen und deren Felder

Mit der Entwicklung des Modells der DNA-Doppelhelix vor etwa 50 Jahren durch Watson und Crick und der gleichzeitig von Perutz und Kendrew vollzogenen Strukturaufklärung der Proteine begann eine neue Ära in der Biologie.

Die folgenden intensiven Forschungen zur Aufklärung biologischer Strukturen führten zur Ansicht, daß Leben in erster Linie an Materie gebunden ist. Der entscheidende Unterschied zwischen Leben und toter Materie wurde im faszinierenden Ordnungszustand in den Strukturen des Biosystems gegenüber einfacheren Strukturen nichtlebender Materie verdeutlicht. So sind die Biomembranen nur deshalb funktionsfähig, da sie eine pseudokristalline Struktur aufweisen und trotz mechanischer Festigkeit in den physikalischen Eigenschaften äußerst flexibel sind. Das gelingt nur durch das Zusammenspiel von Phospholipiden in einer bimolekularen Anordnung mit eingelagerten Proteinen, die wiederum Transporteigenschaften besitzen und auch die Funktion der Ionenkanäle in den Membranen realisieren.

Ein anderes Beispiel ist die DNA, ein Polymer aus miteinander verknüpften Desoxy-Nukleotiden. Zwei dieser Polynukleotidstränge bilden eine Doppelhelix, mit immer identischem Drehsinn. Diese Nukleinsäure bildet mit den basischen Histonen das Chromatin, wobei das Nukleosom die grundlegende Struktureinheit darstellt. Mit dem Cytoskeleton und anderen Biomolekülen evolutionieren sie zu Assoziaten, die die für jedes Biosystem spezifischen Informationen immer dann gewährleisten, wenn sie benötigt werden.

Die genannten Beispiele führen aber auch zu Fragen, die unter Umständen über die materielle Basis hinausgehen: warum sind es gerade diese Strukturen, die zu einem lebenden System gehören? Welche Kräfte sorgen dafür, daß sich immer wieder diese Formen ausbilden? Wieso sind sie über bestimmte Zeiten stabil? Zwar lassen sich mit Hilfe der physikalischen Gesetzmäßigkeiten viele Zustandsformen scheinbar erklären, nur reichen diese Erkenntnisse nicht aus, um die Komplexität der Biofunktion im Detail und insbesondere auch in der Gesamtheit beschreiben zu können.

Es gibt, statistisch gesehen, nur vier Möglichkeiten für die Kräfte, die eine solche komplexe Ordnung regulieren können, nämlich starke und schwache Kernkräfte, Gravitationskräfte und elektromagnetische Kräfte. Da die Kernkräfte eine zu geringe Reichweite aufweisen – ihr Wirkungsradius ist extrem klein gegenüber der Ausdehnung einer Zelle –, da auch die Gravitationskräfte in der Zelle um viele Größenordnungen schwächer als die elektrische oder magnetische Kraft ausfallen, bleibt letztlich nur das elektromagnetische Feld übrig, das die entscheidende Rolle für das Zellgeschehen spielen muß.

Leben selbst ist gekennzeichnet durch Dynamik. Solange die einzelne biologische Zelle existiert, muß sie aktiv sein, sei es intrazellulär durch Stoffwechselprozesse als auch interzellulär, denn auch die langreichweitige Kommunikation ist ein wesentlicher Bestandteil in der Biofunktion. Neuronen mit ihren Hunderten von Synapsen, mit denen der Kontakt zum Nachbarraum realisiert wird, demonstrieren das aktive Moment der Kommunikation. Nicht zufällig, sondern gezielt werden Synapsen aktiviert oder bleiben inaktiv. Es ist undenkbar, daß diese Kommunikation allein nur über chemische Transmitter abläuft.

Noch ein weiterer Punkt zeigt den wesentlichen Unterschied zwischen lebenden und toten Systemen auf. Die klassischen physikalischen Gesetze fordern die Zunahme der Entropie; das intakte Biosystem scheint sich diesem Prinzip zu widersetzen: es kommt nicht überall zu dem randomisierten Chaos, sondern über große Bereiche zu höchstgeordneten Funktionen. Um diesen hohen Ordnungszustand zu erreichen, müssen viele Informationen über große Strecken innerhalb kürzester Zeit vermittelt werden. Hier sind elektromagnetische Felder mit Abstand das geeignete Medium.

Bioelektrische Felder sind ohnehin in jedem Biosystem bekannt. Deren Informationsgehalt wird in der klinischen Diagnostik umfassend genutzt, z. B. in der Elektrokardiografie oder Elektroenzephalografie. Aber auch im zellulären Bereich existieren elektrische Felder. Sie spielen eine Rolle in der räumlichen Zuordnung der Makromoleküle, was zu Ordnungsstrukturen führt, die für die verschiedenen Zellfunktionen notwendig sind, wie z. B. Ionentransport, Energiegewinnung usw.

Hinzu kommt das weitere Phänomen, daß die bioelektrischen Felder sowohl fixiert sind (z. B. als Membranpotential) als auch nicht lokalisiert in den unterschiedlichen Kompartimenten der Zelle auftreten. Während das quasistationäre elektrische Potential der Membran als lokales Feld jede Veränderung des interzellulären Raums registriert, zeigen die vielfach beobachteten nichtlokalen elektrischen Feldänderungen des Kalzium-Oszillators die Dynamik im Zellinneren.

Aber: Was ist eigentlich ein bioelektromagnetisches Feld? Ist es ein elektrisches Feld und wenn ja, wie ist es zu beschreiben? Oder sind es magnetische und/oder elektromagnetische Felder? Welche Eigenschaften müssen diese Felder besitzen, um eine biologische Wirkung zu haben? Welche Funktionen haben diese Felder im einzelnen und vor allem: werden diese beeinflußt durch äußere Felder? Wie greifen solche Felder in das biologische Regulationssystem ein? Könnte ein gezielter Einsatz elektrischer, magnetischer und/oder elektromagnetischer Felder für den therapeutischen Einsatz in der Klinik genutzt werden, zum Beispiel gegen Krankheiten wie Krebs oder Schilddrüsenerkrankungen? Zu all diesen Fragen gibt es bis heute noch keine eindeutige Antwort.

2. LANGREICHWEITIGE WECHSELWIRKUNGEN UND DIE KOHÄRENZ IN LEBENDEN SYSTEMEN

Aufgrund der besonderen Strukturen und Eigenschaften von Zellmembranen und den immer wiederkehrenden Bindungsstrukturen, insbesondere der Wasserstoffbrücken in Makromolekülen mit den frei beweglichen Elektronen, postulierte Fröhlich[3], daß biologische Systeme durch kohärente Nicht-Gleichgewichts-Anregungen in der Lage sind, über große Strecken Phasenkorrelationen zu realisieren (siehe auch Beitrag Hyland). Popp[4] führte aus, daß selbst bei kürzesten Reaktionsabläufen im Nanosekunden-Bereich Wellenpakete im Zellvolumen im klassischen Sinne kohärent bleiben müssen, da die Zeit, in der sie die Distanz der Zelle durchlaufen (die kleiner als 10^{-13} s ist), sicher um Größenordnungen kleiner ist als die Zeit im Nanosekunden-Bereich, in der sie ihre Phaseninformation überhaupt erst verlieren können. *Der Zwang zur klassischen Kohärenz innerhalb einer Zelle, die Periodizität biologischer Strukturen (insbesondere der DNA), die notwendige Wechselwirkung im Bereich der Dicke-Bedingung (siehe unten), die extrem niedrigen Photonenzahlen sowie nichtthermische Energiezufuhr in der Zelle führen dann zu einem elektromagnetischen Feld, das sich nach Popps Kohärenztheorie in der Wechselwirkung mit der Zell-Materie zur* Quantenkohärenz *(in Form von Eigenzuständen des Vernichtungsoperators) weit weg vom thermischen Gleichgewicht aufschaukeln* muß. *Quantenkohärenz ist nicht identisch mit der klassischen Kohärenz, wenngleich viele Eigenschaften (zum Beispiel die Interferierbarkeit der Wellen) ähnlich sind.* (Ein wesentlicher Unterschied, der biologisch von extremer Bedeutung ist, liegt zum Beispiel in der Photonenzählstatistik (PCS) innerhalb der klassischen Kohärenzzeit. Während klassisch kohärente Wellenpakete eine geometrische Verteilung als PCS aufweisen, folgen quantenkohärente Felder einer Poisson-Statistik.) Innerhalb des Kohärenzvolumens verlieren Raum und Zeit ihre Bedeutung, wie Li und Popp (siehe Beitrag Li) verschiedentlich aufzeigten.

Es gibt zahlreiche Experimente, die aufweisen, daß für die Organisationsstruktur und biologischen Funktionsabläufe Prozesse über größere Entfernungen koordiniert ablaufen müssen. Diese langreichweitigen Wechselwirkungen sind notwendige Voraussetzungen oder Konsequenzen kohärenter Felder.

Zu diesen Beispielen gehören Phasenübergänge. Das Chromatin kondensiert zum Beispiel bei bestimmten Ca^{2+}-Konzentrationen zu Superstrukturen. Abhängig vom Mengenverhältnis Protein/DNA kommt es zu unterschiedlich strukturierten Komplexbildungen zwischen dem cAMP-Rezeptor-Protein (CRP) und pBR 322 bei nichtspezifischer DNA-Bindungs-Struktur. Wenn das Verhältnis der Konzentrationen höher als 100 ist, bilden die Komplexe teilweise superhelikale Strukturen, bei einem Verhältnis um 200 schlagen sie in völlig superhelikale Strukturen um.

Ionen tragen natürlich zu den internen Feldern biologischer Systeme bei. Aber sie werden von den Feldern selbst auch stark beeinflußt. Unter Verwendung der NMR-Spektroskopie und Reagenzien, die eine paramagnetische Frequenzverschiebung anzeigen, untersuchten wir Veränderungen der intrazellulären Na^+-Konzentrationen in menschlichen Erythrozyten, die durch gepulste elektrische Felder hervorgerufen werden. Gewöhnlich nimmt die extrazelluläre Na^+-Konzentration ab, wenn infolge des Einstroms von Na^+ aus dem Extrazellulärraum in die Zelle die intrazelluläre Na^+-Konzentration zunimmt. Jedoch, wenn die intrazelluläre Na^+-Konzentration einen bestimmten Wert erreicht hat, steigt die extrazelluläre Na^+-Konzentration sogar an. Das deutet auf langreichweitige Wechselwirkungen hin.

P^{31}-NMR-Spektren von embryonalen Gehirnzellen in Suspension wurden aufgenommen, um den Metabolismus der Phospholipide und der Energie während der Entwicklung zu verfolgen. Die Peaks von PME, Pi, PDE, ATP und anderen Komponenten können entsprechend ihrer spezifischen Shifts identifiziert und quantitativ analysiert werden. Es zeigte sich insbesondere, daß der Peak von PCr unabhängig vom pH-Wert stabil blieb. Auch nach Zugabe von $PCrNa_2$ änderte sich daran wenig, im Gegensatz zum Peak des Pi, der sich dramatisch veränderte. Auch das ist ein Indiz für langreichweitige Wechselwirkungen.

Aus physikalischer Sicht kann kein elektrisches Feld existieren, ohne im allgemeinen auch mit den Feldern der Umgebung zu interferieren. Somit ist jedes bioelektrische Feld das Ergebnis aus der Summe der sich beeinflussenden Felder, sowohl vom System selbst als auch aus dem Umfeld. Aus dieser Tatsache ist ersichtlich, daß ein ursprüngliches „zelleigenes" Feld nicht ohne weiteres bestimmt werden kann.

Indirekt kann man sich der Problemlösung nähern, indem man die Reaktionsdynamik des Biosystems unter dem Einfluß äußerer Felder analysiert. Eine noch bessere und nichtinvasive Methode ist der Nachweis und die Analyse der Biophotonenemission, um mehr über die bioelektrischen Felder an sich zu erfahren.

3. BIOPHOTONENEMISSION LEBENDER SYSTEME

Die Biophotonenemission (ultraschwache Photonenemission) aus biologischen Systemen ist ein universelles Phänomen. Die Photonenintensität liegt im Bereich einiger weniger bis zu einigen Hundert Photonen/cm^2 pro Sekunde. Die Wellenlängen überdecken das Spektralgebiet zwischen mindestens 260 und mindestens 800 nm, also im sichtbaren einschließlich Ultraviolett-Bereich. Nach F.-A. Popp haben diese Biophotonen ihren Ursprung in einem nichtlokalisierten, kohärenten elektromagnetischen Feld eines lebenden Biosystems, ausgehend im wesentlichen von der DNA. Die Biophotonen-Messung enthält biologisch relevante Informationen über den Zustand dieses Feldes, insbesondere auch über den Kohärenzgrad im untersuchten System. Die Ergebnisse zeigen, daß die Biophotonenemission mit der Dynamik biofunktioneller Abläufe korreliert. Sie ist eine der wenigen nichtinvasiven Techniken, die ein System, ohne es zu stören, möglicherweise vollständig zu analysieren gestattet.

Die Kohärenz der Biophotonenemission kann anhand ihrer statistischen Verteilung (Photonenzählstatistik, Photocount statistics, PCS) überprüft werden. Die Statistik chaotischer Photonenstrahlung folgt innerhalb deren Kohärenzzeit einer geometrischen Verteilung, die einer (quanten-) kohärenten Strahlung dagegen *stets* einer Poisson-Verteilung[4]. Die Lumineszenzanregung lebender Systeme („delayed luminescence"), die Sekunden bis Minuten nach der Anregung in die stationäre Phase der Biophotonenemission übergeht, folgt einer hyperbolischen Abklingfunktion[5]. Poissonverteilung der spontanen Emission und hyperbolisches Abklingen sind hinreichende Kriterien für ein kohärentes Feld[5]. Es gibt zahlreiche experimentelle Daten zur statistischen Verteilung der spontanen Biophotonenemission, z. B. von Dinoflagellaten (Abb. 1) oder vom intakten Gehirn eines Hühnerembryos (Abb. 2).

In Abb. 3 ist die Lichtemission von Glühwürmchen dargestellt, die ebenfalls einer Poissonverteilung folgt. Wir konnten zeigen, daß die gewöhnliche Biolumineszenz eine *von Biophotonen getriggerte* Chemilumineszenz (Luciferin-Luciferase) ist. Sie folgt somit der Statistik der Biophotonen. Gemessen wurde von Popp mit einem Koinzidenzzähler, der nur jene Photonen registriert, die zeitgleich auf zwei gegenüberliegende Photomultiplier treffen.

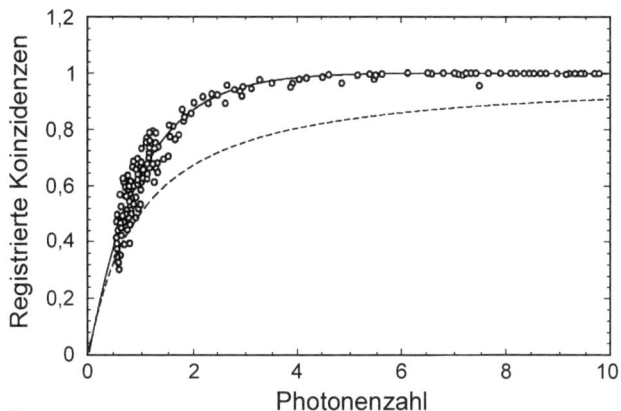

Abb. 1:
Statistische Verteilung der spontanen Biolumineszenz von P. elegans, gemessen im CCS-System. Die Punkte geben die registrierten Koinzidenzen wieder; die theoretische Poissonverteilung entspricht der durchgezogenen Linie, die gestrichelte Linie der geometrischen Verteilung.

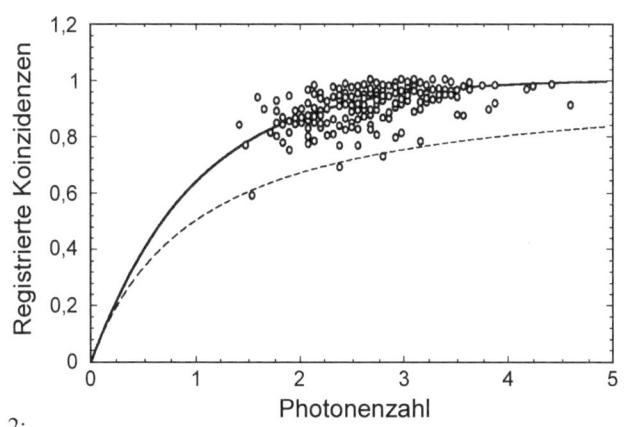

Abb. 2:
Statistische Verteilung der Photonenemission aus einem isolierten intakten Gehirn eines Hühnerembryos. Sonst wie in Abb. 1.

Wir konnten zeigen, daß die verzögerte Lumineszenz von Blättern ebenfalls *zu jedem Zeitpunkt* einer Poissonverteilung folgt, wobei die Abklingkurve eine *hyperbolische* Funktion be-

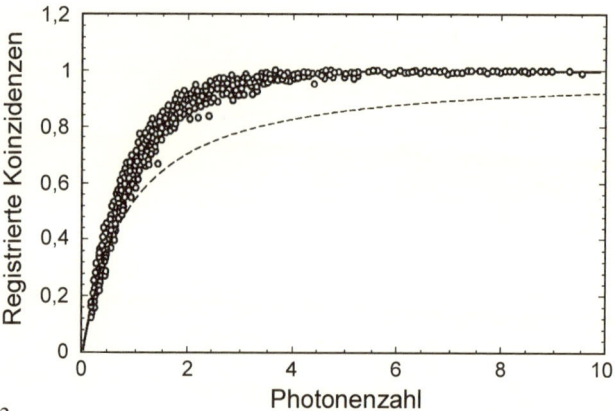

Abb. 3:
Statistische Verteilung der Biolumineszenz von Glühwürmchen. Sonst wie in Abb. 1.

schreibt und auch, wie Popp und Li zeigten[5], beschreiben *muß*. Auch die verzögerte Lumineszenz eines in Suspension gehaltenen Hirnextrakts von Hühnerembryonen, nach Anregung mit weißem Licht, als Zeitfunktion dargestellt, dokumentiert das hyperbolische Abklingen (Abb. 4).

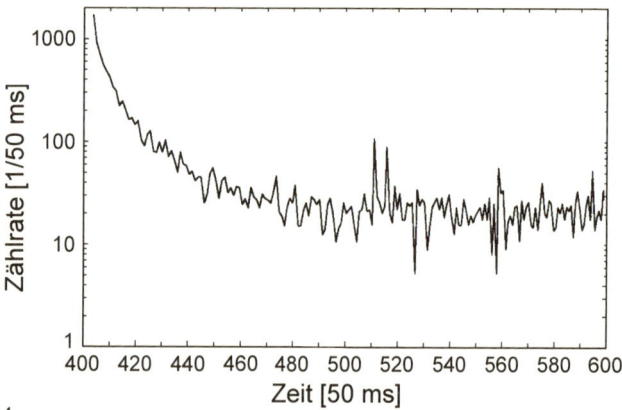

Abb. 4:
Abklingfunktion der Lumineszenz eines Hirnzellen-Extrakts aus Hühnerembryonen nach Lichtexposition (weißes Licht). Die Zeitfunktion klingt nicht exponential, sondern hyperbolisch ab.

Es muß hier betont werden, daß heute eine Vielzahl gut reproduzierbarer Experimente vorliegt, die die hohe Kohärenz der Biophotonen-Felder beweisen. Wie diese nahezu perfekte Kohärenz zustandekommt, ist bis heute zwar ungeklärt. Doch muß davon ausgegangen werden, daß diese Felder eine entscheidende Rolle in der Biokommunikation und somit auch in der Bioregulation spielen.

Die Kommunikation zwischen Zellen oder Kompartimenten hat für das Verständnis der biologischen Funktionsabläufe grundlegende Bedeutung. Worum es auch geht, sei es Wachstum, Entwicklung oder Zelldifferenzierung, wie auch Onkogenese oder Nervenaktivitäten bis hin zur Evolution, immer hat die Kommunikation höchste Priorität. Die auch heute noch aktuellen Forschungen zur interzellulären Kommunikation über chemische Botenstoffe haben zwar viele Erkenntnisse gebracht, jedoch ist diese Art der Kommunikation immer nur auf ein kleines Volumenelement reduziert und somit für das Gesamtsystem nicht effizient, wenn es darum geht, über makroskopische Entfernungen Information zu übertragen. Schon theoretisch wäre hierfür ein elektromagnetisches Feld als Medium am besten geeignet, was Albrecht-Buehler [2] anhand seiner Versuche auch experimentell untermauerte. Er bediente sich hierzu eines Glas-Objektträgers, auf dessen einer Seite (Seite A) er BHK-Zellen kultivierte. Nach einigen Tagen beimpfte er die andere Seite (Seite B) ebenfalls mit BHK-Zellen, wobei die weitere Kultivierung in absoluter Dunkelheit erfolgte. Er konnte zeigen, daß die einzelnen Zellen der auf der Seite B angezogenen Kultur nicht die übliche randomisierte Verteilung aufwiesen. Vielmehr wies die Orientierung und Verteilung auf eine Beeinflussung durch die Zellen der Seite A hin. Seine Erklärung hierfür war, daß die interzelluläre Kommunikation nur über ein elektromagnetisches Feld erfolgen konnte. Wildon et al. [1] beschrieben entsprechende Signalstrecken zwischen den Blättern von Tomatenpflanzen. Shen et al. berichteten in diesem Zusammenhang von nicht an Materie gebundenen Kommunikationswegen zwischen einzelnen

Blutzellen. Unabhängig hiervon haben wir Experimente mit Dinoflagellaten, und zwar mit Gonyaulax polyedra und P. elegans durchgeführt.

Hierzu wurden Kulturen von P. elegans in zwei Küvetten gebracht, die über eine Blende optisch voneinander getrennt werden konnten. An jeder Küvette befand sich ein Photomul-

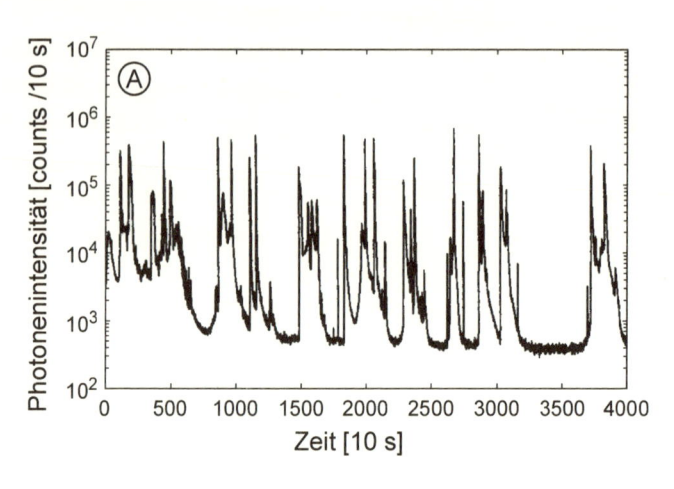

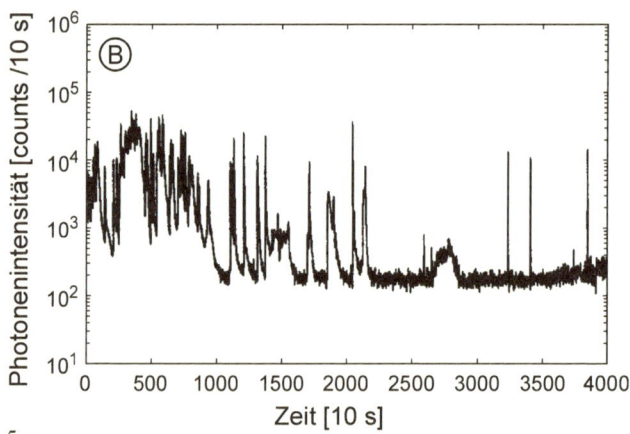

Abb. 5a:
Photonenemission von zwei P. elegans-Proben bei geschlossener Blende: es gibt keine Korrelation der beiden Zeitfunktionen (Chang et al. 1994, Chinese science bulletin **40**, 76 - 79).

tiplier zur Photonenregistrierung. Solange der Lichtweg zwischen den beiden Küvetten verschlossen blieb, erfolgte die Photonenemission in den beiden Küvetten zufällig (Abb. 5a). Wurde die Blende geöffnet, konnten dagegen überzufällig häufig synchrone Lichtemissionen zwischen den Küvetten gemessen werden (Abb. 5b).

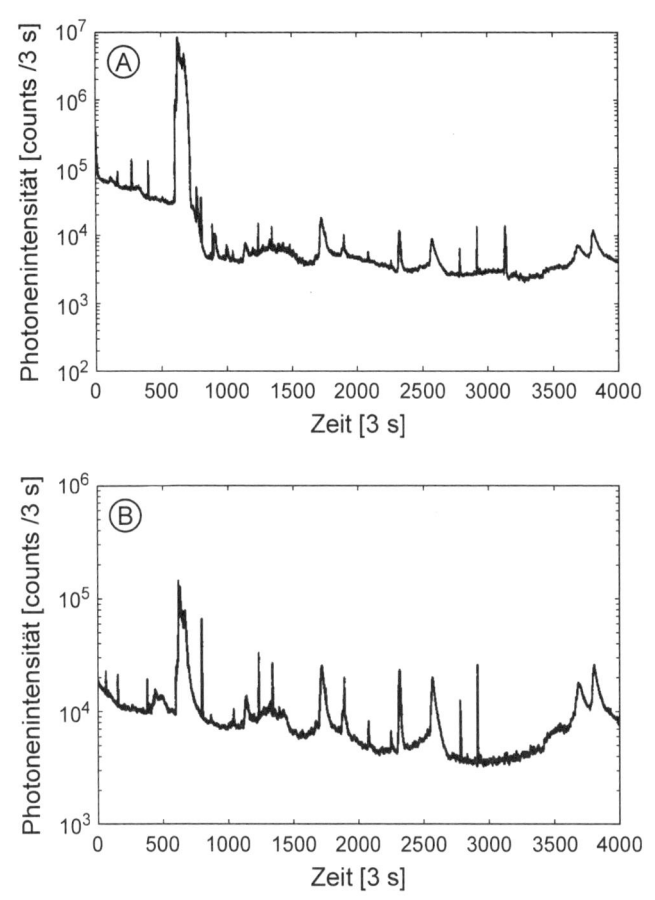

Abb. 5b:
Versuch wie in Abb. 5a, jedoch mit geöffneter Blende: auffällige Korrelation im zeitlichen Ablauf der Emissionen.

Dieses Phänomen kann dahingehend interpretiert werden, daß eine Kommunikation über kohärente elektromagnetische Felder erfolgt, die am einfachsten aus dem theoretischen Ansatz von Dicke [8] verständlich werden. Durch Interferenz kohärenter elektromagnetischer Wellen kann sowohl Verstärkung wie Abschwächung erfolgen. Sind die Abstände der emittierenden und empfangenden Antennensysteme klein gegenüber der Wellenlänge, dann entstehen Effekte destruktiver und konstruktiver Interferenz, die in Dickes Theorie als „subradiance" bzw. „superradiance" bezeichnet werden. Innerhalb der biologischen Systeme sind die Strukturen (z. B. die Abstände der Basenpaare der DNA) wesentlich kleiner als die Wellenlänge des Lichts. Die „subradiance" hat eine wesentlich längere Lebensdauer als die „superradiance". Sie ist kohärent und deshalb auch zur Interferenz zwischen den Systemen am besten geeignet. Somit entstehen Schwebungsfrequenzen zwischen den beiden Küvetten, die in der Tendenz zur Auslöschung (Destruktion oder Kompensation) des interzellulären Lichtfelds führen. Geringste Störungen einer solchen relativ instabilen Gleichgewichtssituation, in die bei geöffneter Blende *beide* Systeme integriert sind, führen konsequenterweise zu Lichteruptionen, die dann selbstverständlich synchron ablaufen. Das gilt natürlich nicht nur für die Emission aus beiden Küvetten, sondern auch innerhalb der einzelnen Proben.

Hieraus kann aber keineswegs der Schluß gezogen werden, daß bei nichtsynchroner Photonenemission keine Kommunikation stattfindet. Die Synchronisation zeigt jedoch, daß im lebenden System ein kohärentes Feld vorhanden ist. Bleibt die Frage, wie es zu einem so hohen Kohärenzgrad kommt und wie die eine Zelle die andere erkennt. Zur Sensitivität dieser Kommunikation sowohl in Hinblick auf das Biosystem selbst als auch im Zusammenspiel des Biosystems mit umgebenden Einflußgrößen gibt es noch eine Reihe unbeantworteter Fragen.

4. Wechselwirkungen zwischen Biosystem und Umwelt

Leben ist dadurch gekennzeichnet, daß es als offenes System fortlaufend Informationen, aber auch Materie und Energie mit dem umgebenden Raum austauscht. Aus physikalischer Sicht erfolgt alles letztlich über den Energietransfer, sei es durch Emission oder Absorption. Dennoch gibt es den entscheidenden Unterschied zwischen dem lebenden und toten System bei der Umsetzung absorbierter Energie. Aus zahlreichen experimentellen Befunden ist bekannt, daß die Wirkung externer Felder auf ein Biosystem einer nichtlinearen Charakteristik unterliegt.

Bei externen elektromagnetischen Feldern ist zu unterscheiden zwischen den beiden Kategorien „Wechselfelder" und „gepulste Felder". Biologische Effekte durch elektrische Wechselfelder sind zahlreich beschrieben worden. So nimmt bei einer 2450 MHz-Exposition die Aktivität der membrangebundenen Na/K-ATPase von menschlichen Blutkörperchen zwischen 28 und 45 % ab. In einem elektrischen 60 Hz-Feld mit Feldstärken zwischen 350 V/m bis 450 V/m wird das Wachstum von Pflanzenwurzeln gehemmt. Epidemiologische Studien haben eine erhöhte Leukämierate bei Kindern in der Nähe von Hochspannungsanlagen aufgezeigt und niederfrequente magnetische Felder beschleunigen die Heilung bei Knochenbrüchen. Unter 2 MHz-Exposition teilten sich Seeigeleier in zwei Hälften, wobei nur die sogenannte Mutterzelle den gesamten Zellkern enthielt.

Mit gepulsten elektrischen Feldern lassen sich reversibel Zellmembranen aufbrechen, was zur Technik der Elektroporation und Zellfusion führte. Gepulste elektrische Felder mit einer Feldstärke von 2400 V/cm erhöhen bei Hefe die Äthanolproduktion um 25 - 30 %, in Einzelfällen sogar um das Doppelte. Gepulste elektrische Felder ermöglichten das Einschleusen eines kompletten CD4-Proteinmoleküls in die Erythrozyten-Zellmembran des Bluts vom Menschen und Kaninchen. Die Aktivität des Enzyms Na/K-ATPase menschlicher Erythrozyten kann erhöht werden sowohl durch elektrische Wechselfelder als auch durch schwache gepulste Felder.

Insgesamt gesehen verursachen elektrische Pulse in Zellsuspensionen zahlreiche Effekte. Erwähnt wurden schon die Elektroporation und Elektofusion, aber auch die flüssig/kristallinen Membraneigenschaften. Veränderungen der Membranproteine und Membranstrukturen, Aktivitätszunahme der Membranenzyme, schließlich auch die Photonenemission decken Feldwirkungen auf. Wie jedoch ein Biosystem auf ein extremes Feld reagiert, scheint von vielen Faktoren abzuhängen.

Experimente an Zellen werden häufig unter der Annahme einfachster und klassischer physikalischer Gesetzmäßigkeiten interpretiert. So wird die Membran als elektrischer Kondensator gesehen, wenn es darum geht, elektrische Feldwirkungen (z. B. die Entladung des Membranpotentials) zu beschreiben. Die Folge ist, daß mögliche Feldwirkungen einer linearen Dosis/Wirkungsbeziehung die Situation oft völlig falsch wiedergeben. Das lebende System zeichnet sich gerade dadurch aus, daß z. B. membranständige Enzyme abhängig vom elektrischen Feldeinfluß Aktivitätsänderungen aufweisen. Hier zum Beispiel versagt das Wirkungsmodell des Energietransfers. Vielmehr spielt der Informationsgehalt des elektrischen Feldes eine entscheidende Rolle.

So gibt es einige Erkenntnisse zum Einfluß elektrischer oder elektromagnetischer Felder auf intrazelluläre Signalstrecken. Eine zentrale Rolle spielt hier das nicht gebundene Kalzium. Wir konnten nachweisen, daß im Gehirn des Hühnerembryos die im Cytosol befindliche Kalzium-Ionenkonzentration unmittelbar nach einem einzigen elektrischen Impuls anstieg, und zwar abhängig von der Intensität des Pulses. Diese Zunahme der Kalziumkonzentration erfolgte auch, wenn die Kalziumkanäle der Membranen blockiert wurden oder Kalzium über EDTA abgefangen wurde. Offensichtlich wirkt das elektrische Feld auf den „Kalzium-Messenger" unmittelbar.

Die zeitlichen Änderungen der Kalzium-Ionenkonzentration wurden mit Hilfe einer mikroskopischen Laserabtastung registriert. Dabei zeigte sich, daß die Kalzium-Ionen in den Zellpolen früher ihr Maximum erreichten als in den somatischen Teilen.

Seit einiger Zeit versuchen wir in unseren Labors Möglichkeiten eines therapeutischen Einsatzes zu finden. Unter gewissen Bedingungen konnten durch elektromagnetische Felder Krebszellen von Mäusen verstärkt zum Zelltod gebracht werden. Die nähere Betrachtung dieser Effekte weist darauf hin, daß elektromagnetische Felder unmittelbar auf die DNA wirken. Es ist durchaus zu erwarten, daß die Erkenntnisse über die Wirkungen zwischen elektromagnetischen Feldern und Biosystemen zu gezielten Anwendungen im Bereich der Medizin und Landwirtschaft führen werden.

5. Diskussion und Schlussfolgerung

Bioelektrische oder bioelektromagnetische Phänomene sind schon seit langem bekannt. Die Experimente zu den Biophotonenfeldern führten zu einer erheblichen Erweiterung der Kenntnisse zur Wirkung elektromagnetischer Felder. Biophotonen sind durch ihre Kohärenz gekennzeichnet (näheres bei F.-A. Popp in diesem Buch, bzw. Sekundärliteratur) und typisch für jedes intakte Biosystem. Über die besondere Eigenschaft der Kohärenz (als Ordnungsparamter!) greifen diese Felder in die Bioregulation ein, wobei dieses Stadium der Kohärenz die Trennung zwischen Struktur und Felder so weit aufzulösen vermag, daß Raum und Zeit innerhalb der Kohärenzvolumina keine Bedeutung mehr haben. Ein solcher Zustand ist optimal für den Kommunikationsfluß und somit die ideale Voraussetzung für die Bioregulation. Da die räumlichen Abmessungen innerhalb einer Zelle sowohl kleiner, aber in der Größenordnung auch größer sein können als die Wellenlängen der Biophotonenfelder, spielt das Kohärenz-Volumen die entscheidende Rolle für die gesamte Steuerung. Nur so kann die Zelle die Informationen aus dem umgebenden Raum überhaupt optimal aufnehmen.

Zwar gibt es noch viele offene Fragen, zum Beispiel, wie diese Felder entstehen und wie das Wirkungsmodell im Detail zu beschreiben wäre. Es ist zwar bekannt, daß gerade biologische Strukturen einen hohen Ordnungszustand aufzeigen und somit auch elektrische Ladungen räumlich orientiert sind, nur reicht dieses nicht aus, um darin die Quelle der Kohärenz zu sehen. Auch der Umkehrschluß ist nicht zwingend. Es besteht steigender Bedarf an Wissenschaftlern, die die reichhaltigen Verknüpfungen zwischen der materiellen Struktur und dem elektromagnetischen Feld ausfindig machen, um dann das zu verstehen, was wir mit „Leben" bezeichnen.

DANKSAGUNG

Die Autorin bedankt sich bei Prof. Dr. Shizhang für die langjährige Unterstützung und Beratung. Ich bin auch Prof. Dr. Fritz-Albert Popp dankbar für die Zusammenarbeit im Bereich der Photonenforschung und für die wertvollen Diskussionen zu diesem Beitrag.

LITERATUR

[1] D.C. Wildon, J.F. Thain, D.E.H. Minchia, Nature, **360**, 62 (1992).
[2] G. Albrecht-Buehler, Pro. Natl. Acad. Sci. USA, **89**, 8288 (1992).
[3] H. Fröhlich, Int. J. Quantum Chem., **2**, 641 (1968).
[4] F.-A. Popp, in Recent Advances in Biophoton Research and its Applications, eds. F.-A. Popp, K.H. Li, and Q. Gu (World Scientific Publishing Co. Ltd., Singapore-London, 1992), p. 1.
[5] F.-A. Popp, and K.H. Li, Int. J. Theor. Physics., **32**, 1573 (1993).
[6] J.J. Chang, and F.-A. Popp, in Biophotons, eds. J.J. Chang, J. Fischer, and F.-A. Popp, (Kluwer Academie Publishers, 1998), p. 217.
[7] X. Shen, W.P. Mei, X. Xu, Experientia, **50**, (1994).
[8] F.-A. Popp, J.J. Chang, Q. Guand, M.W. Ho, (1994), in Bioelectrodynamics and Biocommunication, eds, M.W. Ho, F.-A. Popp, and U. Warnke, (World Scientific Publishing Co. Ltd., Singapore-London, 1994), p. 293.

Hans-Jürgen Fischbeck

Zum Wesen des Lebens

Eine physikalische, aber nicht-reduktionistische Betrachtung

1. Das Leben – (k)ein Wunder?

Soweit wir sehen, ist das Leben die erstaunlichste, ja wunderbarste Erscheinung unserer Welt. Wie wenig selbstverständlich es ist, wissen wir erst, seit wir gesehen haben, daß die ganze Architektur des Weltalls darauf abgestimmt zu sein scheint, daß Leben überhaupt möglich ist. Winzige Änderungen grundlegender Konstanten, die aus heutiger Sicht durchaus auch anders sein könnten, würden beispielsweise schon dazu führen, daß Leben, wie wir es kennen, nicht mehr möglich ist. Wir kennen es nur in der einen einzigen Form, an der wir als erkennende Wesen selbst Anteil haben. Wie wahrscheinlich Leben im Kosmos ist, wie häufig es also – dann sicherlich sehr verschieden von dem unsrigen – anzutreffen ist, ist eine vermutlich unbeantwortbare Frage.

Seit langem fragt man sich, was denn das Wesen dieser außerordentlichen Erscheinung sei. Unsere unmittelbare Anschauung sagt uns, daß Leben sich von der unbelebten Welt qualitativ unterscheidet. Demzufolge versuchte die Biologie, noch als vorwiegend beschreibende Wissenschaft, die Besonderheit des Lebens durch das Wirken besonderer zielbestimmter Kräfte – vis vitalis oder Entelechie genannt – zu erklären. Je mehr sie sich aber als empirische, experimentierende und erklärende Naturwissenschaft etablierte, um so mehr wurde klar, daß solche Kräfte unter den kausalen Wenn-Dann-Fragestellungen des Experiments nicht aufzufinden waren, während biochemische und biophysikalische Erklärungsmuster immer weiter vordrangen und die Lebenserscheinungen immer erfolgreicher zu erklären vermochten. Demzufolge wurden diese vitalistischen Konzepte zu Beginn unseres Jahrhunderts endgültig ad acta gelegt. Man einigte sich darauf, das Leben durch drei Erscheinungen, nämlich *Stoffwechsel, Fortpflanzung* und (variable) *Vererbung* als hinreichend definiert anzusehen. Alle drei lassen sich bis ins Detail biochemisch und physikalisch erklären.

Damit schien klar – und das ist der herrschende Konsens –, daß das Leben 'nichts als' ein besonderes, wenn auch höchst erstaunliches und komplexes materielles Zusammenspiel von Molekülen im Rahmen von Chemie und Physik ist und sich insofern nicht *prinzipiell*, sondern nur *phänomenal* von der unbelebten Natur unterscheidet. Demnach sollte es einen graduellen Übergang von der unbelebten zur belebten Natur gegeben haben, der sich bei der Entstehung des Lebens vor etwa 4 Mrd. Jahren auf unserer Erde abgespielt haben muß. Also, möchte man sagen, das Leben ist erstaunlich, aber wunderbar ist es nicht – oder doch?

2. Das Leben als Phänomen der Selbstorganisation

Ins Auge springt, daß das Leben seine hoch komplexe Ordnung gegen den Trend des zweiten Hauptsatzes der Thermodynamik zur ständigen Zunahme der Unordnung (Entropie) aufrechterhalten kann. Daß dies im Einklang mit dem Entropie-Satz möglich ist, zeigten Prigogine und andere. Sie machten klar, daß lebende Systeme „dissipative Strukturen" sind, die von einem ständigen Durchfluß von Stoffen und Energie leben und so ihre Struktur dynamisch aufrechterhalten. Leben ist somit nur fern vom thermodynamischen Gleichgewicht durch Entropie-Export in die Umgebung möglich. Dies geschieht durch Dissipation (= Zerstreuung) von geordneter, d. h. arbeitsfähiger Energie. Deren Quelle ist mittelbar oder unmittelbar fast ausschließlich das Sonnenlicht.

Auch die immensen Strukturbildungen, die das Leben auszeichnen, wurden damit ansatzweise verständlich, denn dissipative Systeme strukturieren sich selbst in Abhängigkeit von äußeren und inneren Parametern durch *Selbstorganisation*, etliche davon so, daß man durchaus von Stoffwechsel und Fortpflanzung sprechen kann. Damit schien klar: Leben ist ein Phänomen der Selbstorganisation besonderer biochemischer dissipativer Strukturen, deren Besonderheit nun aber mit dem dritten Merkmal des Lebens, der Vererbung, zusammenhängen muß.

Der wohl größte Triumph der modernen Molekularbiologie war die Aufklärung der molekularen Mechanismen der Vererbung. Wie von selbst kam dabei ein neuer Begriff ins Spiel: *Information*. Er drängte sich auf, denn das Erbmolekül, die DNS [1], ist offenbar ein wie mit Buchstaben geschriebener Text, der den Aufbau der Proteine kodiert und überdies das Steuerungsprogramm der Zellmaschinerie und sogar das ontogenetische Programm des „lebenden Systems" enthält. Dieser Begriff wurde als wesentlich anerkannt. Zu Recht wurde der Ursprung des Lebens als Ursprung der Information gedeutet (Eigen, Küppers).

3. Was bedeutet Information in Lebenszusammenhängen?

Der Begriff Information, der unabweisbar zuerst als Erbinformation, kodiert in der DNS, daherkam, erwies sich als ein Kuckucksei im biochemischen Nest, denn Information hat ja eine Doppelstruktur aus materiellem Kode („Syntax") und ideeller Bedeutung („Semantik"). Der Bedeutungsaspekt ist es wohl, der Norbert Wiener zu seinem berühmten Diktum

„Information is information, not matter or energy"

veranlaßte. Physik und Chemie haben Materie und Energie zum Gegenstand und nichts sonst, auch nicht Information. Die sich daraus ergebenden spannenden erkenntnistheoretischen Fragen analysiert Küppers in seinem lesenswerten Buch „Der Ursprung biologischer Information" [2], aber er beantwortet sie anders als ich. Zwar führt er an, „daß Information eine eigentümliche Zwischenstellung zwischen Natur- und Geisteswissenschaften einnimmt" und daß „das, was an biologischen Strukturen 'planmäßig', d. h. informationsgesteuert ist, einen 'Sinn' und eine 'Bedeutung' im Hinblick auf die Aufrechterhaltung der funktionellen Ordnung besitzt" [3], so daß der biologischen Information eine definierte Semantik zukommt, aber er springt nicht über den Schatten, 'Sinn' und 'Bedeutung' eine ideelle Natur zuzugestehen, um im materiellen (um nicht zu sagen materialistischen) Monismus bleiben zu können. Damit erhebt sich natürlich die Frage, was 'Sinn' und 'Bedeutung' denn dann sein sollen. Küppers zieht sich aus der Affäre, indem er den semantischen Aspekt der Information mit dem pragmatischen identifiziert, den er als die *kausale* Wirkung empfangener Information zur Erzeugung neuer Information interpretiert: „Die Semantik wird hier objektiviert durch die 'meßbare' Wirkung, Information zu erzeugen." [4]. Für Monod, der wie die große Mehrheit seiner Kollegen Geistiges ebenfalls scheut wie der Teufel das Weihwasser, hingegen ist – so Küppers – „die Semantik biologischer Information nur ein Epiphänomen bestimmter syntaktischer Strukturen." [5]

Es gibt nun aber einen guten Grund, der 'Bedeutung', die Information erst zur Information macht, einen von der kodierenden materiellen Struktur *unabhängigen* Status zuzuschreiben: Ein und dieselbe Bedeutung kann ganz verschieden materiell kodiert werden. Dieser unabhängige Status wird in der ganzen Tradition der europäischen Geistesgeschichte *ideell* genannt. Daß Bedeutungen auch in der Molekularbiologie im Prinzip unabhängig von der kodierenden Struktur sein können, geht daraus hervor, daß Bedeutungen bestimmter gleicher Kodes (wie sonst auch) kontextabhängig sein können [6].

Ich werde daher den Informationsbegriff nicht, wie sonst in der Biologie üblich, in einem reduktionistischen Sinn verstehen. Als solcher ist er nämlich, streng genommen, vermeidbar und überflüssig [7]. Sondern ich nehme ihn ernst in seiner materiell-ideellen Doppelstruktur, in der er in der Tat, wie Küppers bemerkt, zwischen Natur- und Geisteswissenschaft vermittelt. Information, wie ich sie verstehe und voraussetze, ist charakterisiert durch die folgenden vier Feststellungen:

- Information hat eine Doppelstruktur aus ideeller Bedeutung (Semantik) und deren materieller Kodierung (Syntax). Strukturierte Materie ist keine Information, solange sie bedeutungslos ist.

- Bedeutungen ergeben sich nur in Lebenszusammenhängen. Somit gibt es Information auch nur im Leben, das sich genau dadurch qualitativ von der leblosen Welt unterscheidet.

- Bedeutungen sind unabhängig von ihrer Kodierung, d. h., ein und dieselbe Bedeutung kann physikalisch ganz verschieden kodiert werden.

- Information ist konstitutiv eine Beziehungsgröße, d. h., sie wird stets ausgetauscht zwischen Sender und Empfänger, die beide deren Bedeutung „verstehen".

Bedeutungen aber sind nicht Gegenstand von Physik und Chemie. In deren Begriffen kann man nicht von den bedeutenden, d. h. ideellen Aspekten des Lebens reden.

Was sind Bedeutungen, wo kommen sie her? Bedeutungen definieren sich gegenseitig und ergeben dadurch einen sich selbst stützenden (selbstkonsistenten) Sinnzusammenhang. Dieser in sich geschlossene und ohne Rest aufgehende Sinnzusammenhang der Bedeutungen ist eine nichttriviale geistige Struktur. (In idealisierten Modellen kann dies eine algebraische Gruppenstruktur sein.) Der Sinnzusammenhang ist dadurch gegeben, daß das entsprechende Leben gelingt: „Der Sinn des Lebens ist das Leben", wie Helga Königsdorf sagt [8]. Leben ist auf sich selbst bezogen und durch sich selbst definiert. Reales Leben ist ein realisiertes geistiges Sinngebilde.

Der Reduktionismus, der nur die Kausalbeziehungen physiko-chemischer Reaktionen sieht, will davon nichts wissen, weil er immer noch unter der Suggestion des kausalen Determinismus der klassischen Physik steht, obwohl dieser doch durch die Quanten- und die Chaostheorie – wie in Abschnitt 5 näher ausgeführt wird – obsolet geworden ist. Er meint, Bedeutungen gäbe es eigentlich gar nicht, sie würden den biochemischen Vorgängen lediglich vom Menschen beigelegt, d. h. sie seien epiphänomenal. Konsequenterweise muß man dies dann auch von den Sprachspielen des Menschen sagen, und das Leben, in welcher Form auch immer, erscheint sinnlos, bedeutungslos, geistlos. Das *kann* nicht wahr sein, schon deshalb nicht, weil der Reduktionismus (Reduktionismus steht hier für eine ganze Reihe anderer, fast gleichbedeutender -ismen wie Empirismus, Objektivismus, Materialismus) nichts Vernünftiges darüber sagen kann, was denn Wissen – ein Wort, das er gern für sich in Anspruch nimmt – überhaupt sein soll.

Wenn also die Selbstorganisation des Lebens wesentlich durch Informationsaustausch vonstatten geht und bewerkstelligt wird, dann ist es dies, was „lebende Systeme" von toten *kategorial*, also doch prinzipiell, unterscheidet und zu Lebe-*Wesen* macht. Dabei sind es die Bedeutungen, die im Rahmen stochastischer Kausalität „Sinn im Zufall" herstellen, wo sonst nur chaotisches Verhalten zu erwarten wäre. Wie das in einer Art „Abwärts-Verursachung" (downward causation) auf zellulärer Ebene möglich ist, wird in Abschnitt 6 erläutert.

Leben ist mithin sowohl ein materielles als auch ein ideelles Phänomen. Die Schnittstelle von Geist und Materie ist Information. Leben ist nicht geistlos, es ist *inspiriert*. Man wird dem Leben nicht gerecht, wenn man es verdinglicht und lediglich objektivierend naturgesetzlich-kausal zu *erklären* versucht und meint, damit sei *alles* gesagt. Das ist nur die „Orthoebene" des adäquaten Erkennens von Sachverhalten. Die Bedeutungsebene der ausgetauschten Informationen ist so nicht zu erfassen. Leben besteht aber nicht nur aus Sachverhalten, sondern ist wesentlich Beziehungswirklichkeit. Leben lebt somit nicht nur vom Stoffwechsel allein, sondern zuerst und vor allem vom Austausch sinnvoller Informationen, deren Bedeutungsebene die Sinnganzheit eines Lebewesens ergibt. Zum *Erklären* muß also das *Verstehen* kommen, was einer Annäherung an die Semantik auf einer *deutenden* „Metaebene" des Erkennens entspricht.

Das bedeutet, daß die Biologie im vollen Sinne der Lehre vom Leben, wie die Medizin, keine reine, allein auf Physik und Chemie gegründete Naturwissenschaft sein kann.

4. Leben als Kommunikationsphänomen

Austausch von Informationen bedeutet Kommunikation, und sie ist es, die die Selbstorganisation des Lebens bewirkt. Leben ist ein immenses Kommunikationsgeschehen auf drei, wenn nicht vier einander umgreifenden Stufen seiner Selbstverwirklichung *(Autopoiese)*: der zellulären Ebene, der organismischen Ebene, der innerartlichen Ebene und der zwischenartlichen Ebene der Symbiosen und Biotope. Es spielt sich jedesmal in einer eigenen „Sprache" ab. Jedesmal werden Ganzheiten kommunikativ konstituiert. Im folgenden möchte ich allbekannte Tatsachen unter diesem Gesichtspunkt kurz rekapitulieren:

Auf zellulärer Ebene haben wir eine „Sprache", die in Ribonukleinsäuren und Proteinen kodiert ist. Partner der Kommunikation sind die Zellorganellen. Die Zelle als funktionelle Ganzheit ist abgegrenzt durch eine Zellmembran und zugleich offen durch allerlei Rezeptoren und Kanäle für den Stoff- und Signalaustausch. Auch informationell ist sie in sich geschlossen und offen zugleich. Einzeller waren die ersten Lebewesen. Es gibt sie noch heute in immenser Vielfalt in prokaryotischer (Bakterien) und eukaryotischer (mit Zellkern) Gestalt.

Nach der Evolution einzelliger Lebewesen haben die Eukaryoten unter ihnen gelernt, zusammenzuwirken und vielzellige Organismen zu bilden. Spezialisierte Zellen bilden Organe und kooperieren durch den Austausch noch kaum bekannter chemischer Botenstoffe. Die Koordination der Organe geschieht durch ein hormonelles und – bei höheren Lebewesen – durch ein damit gekoppeltes neuroelektrisches Kommunikationssystem, das im Verein mit dem Immunsystem die Ganzheit des Organismus in einer „Autopoiese zweiter Ordnung" konstituiert. Auch vielzellige Lebewesen, durch eine Haut abgegrenzt von ihrer Umgebung, sind informationell in sich geschlossen und offen zugleich.

Organismen bilden einerseits durch innerartliche Kommunikation als „Autopoiese dritter Ordnung" die Überlebensgemeinschaft ihrer Art. Eine Fülle verschiedener signalsprachlicher Kommunikationsformen und -systeme zur Nahrungssuche, zum Schutz gegen Feinde und zur Fortpflanzung hat sich evolutionär herausgebildet. Mehr noch als die sexuelle Paarungsfähigkeit bestimmt gegenseitiges Verstehen in dieser Kommunikation die unverwechselbare Identität einer Art. Hier gibt es keine materielle Abgrenzung mehr nach außen, sondern nur noch die Verstehensgrenzen der Kommunikationsgemeinschaft.

Der Mensch wurde zum Menschen dadurch, daß er neben dem signalsprachlichen auch noch ein alles übergreifendes begriffssprachliches Kommunikationssystem entwickelte. Es gestattet die Ablösung der Kenntnis der umgebenden Welt (Kognition) von der sinnlichen Wahrnehmung und verschafft dem Menschen Zugang zur geistigen Welt abstrakter Strukturen, so daß sich aus Kenntnis Erkenntnis – wiederum kommunikativ – formt: Der Mensch aß vom Baum der Erkenntnis, wurde frei von der strikten Bindung an instinktive Verhaltensmuster und wurde sich seiner selbst bewußt. Dies hob ihn als verantwortliches Wesen (Sündenfall!) aus der übrigen Tierwelt heraus.

Andererseits bildeten sich in Nahrungsketten und Symbiosen verschiedenartigste zwischenartliche Kommunikationsformen heraus, die Tier- und Pflanzengesellschaften zu Biotopen und diese letztlich zur Biosphäre als einer „Autopoiese vierter Ordnung" integrieren. Fast alle Arten dieses umfassenden Kommunikationsnetzwerks sind auf andere Arten angewiesen, weil sich auch dieses Netzwerk sich selbst stützend (selbstkonsistent) in Stoff- und Informationskreisläufen organisiert.

Der kommunikative Stufenbau des Lebens mit seinen einander umgreifenden Ganzheiten – Zelle, Organismus, Artgemeinschaft, Biotop –, die informationell abgeschlossen und offen zugleich sind, erinnert an die abstrakte Struktur formaler Systeme. Diese sind durch Axiome und Ableitungsregeln mit der Fülle ihrer formalen Folgerungen einerseits vollständig definiert und in diesem Sinn abgeschlossen, andererseits sind sie nach dem Gödelschen Theorem unabgeschlossen (offen), weil sie 'wahre' Aussagen enthalten, die sich aus den Axiomen und den gegebenen Regeln nicht ableiten lassen. Zwar mögen sich solche Aussagen in einem umfassenderen System wieder regulär ableiten lassen, aber auch ein solches größeres System ist nach Gödel wieder abgeschlossen und offen zugleich.

Übertragen auf die abstrakte (d. h. geistige) Struktur des Lebens könnte dies folgendes bedeuten: Die autopoietischen Ganzheiten des Lebens sind auf der semantischen Ebene Bedeutungssysteme, die abgeschlossen (d. h. selbstkonsistent) und offen zugleich sind. Das heißt, daß es Kombinationen von Bedeutungen geben kann, die einen Sinn haben, der über die Autopoiese des betreffenden Lebewesens hinausweist und in übergreifende Sinnzusammenhänge hineinpaßt.

Es erhebt sich nun die Frage: Findet der kommunikative Stufenbau des Lebens mit der Biosphäre seinen Abschluß, so daß nicht mehr gilt, was auf den unteren Stufen festzustellen war, nämlich daß die je internen Kommunikationssysteme in sich abgeschlossen und offen zugleich sind? Oder ist auch das umfassende biosphärische Kommunikationsgeschehen geschlossen und offen zugleich? Nimmt man an, auch dieses sei informationell offen, dann würde sich die Evolutionsgeschichte des Lebens, die sich auf der direkten, der „Orthoebene" objektivierender Naturwissenschaft als zielloses Spiel von „Zufall und Notwendigkeit" darstellt, auf einer bedeutenden Metaebene *verstehen* lassen als Kommunikationsgeschehen zwischen Schöpfer und Schöpfung, wie es dem biblischen Schöpfungsglauben entspricht.

Bedeutungen sind keine Sachverhalte. Sie lassen sich experimentell nicht feststellen. Sie sind nicht Gegenstand von Physik und Chemie. Allgemein gilt, daß sie sich nicht durch *Beobachtung*, sondern nur durch *Beteiligung* an der Kommunikation erfassen lassen. Beobachten, d. h. messen, lassen sich die physikalischen Signale, nicht aber ihre Bedeutung. Dennoch lassen sie sich – in Grenzen – *deuten,* indem man sie in den mutmaßlichen Sinnzusammenhang der Erhaltung des Lebens des Einzelwesens und seiner Art stellt.

Dies tut die Biologie z. B. in der Verhaltensforschung, muß dann aber die Orthoebene der Feststellung von Sachverhalten durch Messung verlassen und sich auf eine Metaebene der Deutung begeben, die Anfänge des *Verstehens* darstellen, insofern wir Menschen ebenfalls biologische Lebewesen sind.

Viel weiter reicht die *Deutung* von Sachverhalten auf der Ebene der zellulären Kommunikation, weil hier der Zusammenhang zwischen Kode und Bedeutung fester und die Funktionszusammenhänge weitgehend objektiven Charakter haben. Daher gelingt es, die Bedeutungen der auf molekularer Ebene ausgetauschten Informationen in der begrifflichen Metasprache der Wissenschaft z. B. durch die Bezeichnung der vielerlei -asen (z. B. Transkriptase, Polymerase ...) auszudrücken.

Dennoch ist an ein vollständiges *Verstehen* der Zusammenhänge nicht zu denken, nicht nur wegen der immensen Komplexität des zellulären Geschehens, sondern auch, weil anzunehmen ist, daß das Leben einer Zelle Zusammenhänge aufweist, die sich nicht aus einzelnen Teilen (Biomoleküle und ihre chemische Paarwechselwirkung) zusammensetzen lassen. Dadurch wird in gewissem Sinne auch eine Zelle bereits zu einem Lebe-Wesen, das mehr ist als eine „chemische Fabrik" selbst dann, wenn sie einem Organismus angehört.

Zusammenfassend läßt sich sagen: Kommunikationsnetzwerke sind auf der gleichen Stufe der Autopoiese (wenn nicht sogar durch Membranen, so doch immer durch Verstehensgrenzen gegeneinander abgegrenzt), die z. T. heftig verteidigt werden (z. B. Immunreaktion, Insektenstaaten ...).

Die Bedeutungswelt, die Semantik der internen Kommunikation, läßt sich empirisch nicht ermitteln, sie ist transempirisch. Das heißt nicht, daß externe Bedeutung empirischer Daten nicht doch bis zu einem gewissen Grade, wie bereits angedeutet, möglich ist.

Damit ist gezeigt, daß das Leben nicht allein empirisch *erklärt* werden kann, es wird in seinem *Wesen* gerade nicht *verstanden*, denn es ist von „transempirischen Räumen"[9] durchzogen, eben den Bedeutungswelten der internen Kommunikationen. Ein kleiner Teil der uns als menschliche Wesen in leib-seelischer Einheit ausmachenden Kommunikation wird uns *bewußt*, so wie anzunehmen (aber nicht zu beweisen) ist, daß höhere Säugetiere zumindest über eine uns aber prinzipiell verborgen bleibende (d. h. transempirische) bewußte Wahrnehmung verfügen. Jeder Mensch ist als bewußtes Wesen durch seine Selbstkommunikation zwischen Bewußtsein und Gedächtnis konstituiert. Auch sie ist mit ihren Inhalten natürlich transempirisch und kann nicht neurobiologisch dekodiert werden, wie Alfred Gierer[10] berechnungstheoretisch gezeigt hat. In der transempirischen, selbstkommunikativen Wirklichkeit des Menschseins gründet die Menschenwürde. Sie kann – so ist Franz Josef Wetz entgegenzuhalten – empirisch weder begründet noch bestritten werden [11].

5. Kausalität, Finalität, Zeitstruktur

Wie ich einleitend feststellte, suchte man in der Biologie angesichts der offenkundigen Zielbestimmtheiten im Verhalten und in der Entwicklung von Lebewesen nach final wirkenden Kräften, fand aber nur, daß die kausalen physikalisch-chemischen Ursache-Wirkungs-Beziehungen uneingeschränkt überall im Leben gültig sind. Von diesen nahm man im Banne der klassischen Physik an, daß sie eindeutig sind und daher alles, was geschieht, naturgesetzlich bestimmen (Determinismus). Die Quantentheorie lehrte aber zur Verblüffung der naturwissenschaftlichen Welt, daß dies im mikroskopischen Bereich nicht so ist. Dort hat man im allgemeinen nur noch eine statistische Kausalität derart, daß aus einer Ursache nur mit einer – allerdings berechenbaren – Wahrscheinlichkeit Wirkungen hervorgehen. In makroskopischen Zusammenhängen aber mitteln sich solche Schwankungen im allgemeinen weg, so daß sich wieder ein eindeutig bestimmtes Verhalten ergibt. Man einigte sich bald darauf, daß die Quantentheorie zwar zur Erklärung der chemischen Bindung gebraucht wird und bei gewissen Einzelerscheinungen der Sinneswahrnehmung sowie bei Mutationen der DNS auch wesentlich ist, sonst aber außer Acht gelassen werden kann. Dann aber kamen als weitere Überraschung die Erkenntnisse der Chaostheorie hinzu, die besagen, daß sich selbst recht einfache deterministische Systeme unvorhersagbar – chaotisch, wie man sagt – derart verhalten, daß beliebig kleine Änderungen in den Anfangsbedingungen beliebig große Änderungen in der Entwicklung des Systems zur Folge haben können. In Instabilitätspunkten – sogenannten Bifurkations- d. h. Verzweigungspunkten – können sich quantenmechanische Effekte allemal auswirken.

Damit ist klar, daß Kausalität für das Verhalten komplexer Systeme – lebende Systeme sind weit komplexer als alle bisher betrachteten – bestenfalls einen Rahmen darstellt, innerhalb dessen vieles nahezu gleichwahrscheinlich *zufällig* geschehen kann. Chaotisches Verhalten ist zu erwarten.

Den systematischen Wenn-Dann-Fragen physikalisch-chemischer Forschung offenbaren sich nur reproduzierbare Kausalbeziehungen. Was in deren Rahmen unbestimmt bleibt, gilt als zufällig, weil man andere *empirisch* nicht faßbare Zusammenhänge für nicht existent erklärt, ohne sich einzugestehen, daß man Wissenschaft damit *empiristisch* ideologisiert. Nun verhalten sich aber „lebende Systeme" als Lebewesen nicht chaotisch, sondern *sinnvoll*. Diese Grundtatsache veranlaßte Wolfgang Pauli, *nichtkausale* Zusammenhänge zu vermuten, die „Sinn im Zufall" hervorzurufen vermögen [12].

Die Vermutung ist, daß die Semantik der das Leben organisierenden Kommunikationsprozesse im Rahmen der lückenlos geltenden Kausalität ordnende Sinnzusammenhänge schafft, also „Sinn im Zufall" bewirkt. Bedeutungen als solche sind als ideelle Gegebenheiten überzeitlich präsent, d. h. sie überbrücken invariant die Zeit. Zu erreichende Ziele sind solche überzeitlich gesetzten Ideen, die im Rahmen des kausal Möglichen handlungsleitend und zielerfüllend, aber nicht kausal wirken können. Die offenkundige Finalität von Lebensprozessen kann empirisch-kausal nicht *erklärt*, wohl aber (be-)deutend *verstanden* werden. Die Semantik der das Leben organisierenden Informationsaustauschprozesse ist somit kein Epiphänomen, wie Monod behauptet, sondern macht die Qualität des Lebens aus, so daß meine Antwort auf die Frage nach dem Wesen des Lebens lautet:

Leben ist ein bedeutungsgeleitetes semantisch-kohärentes Kommunikationsphänomen.

Aus dieser Sicht ist den drei genannten Merkmalen des Lebens – Stoffwechsel, Fortpflanzung, Vererbung – ein viertes hinzuzufügen, das den unabdingbaren ideellen Aspekt des Lebens zum Ausdruck bringt und zusammenfaßt: *Sinnbestimmtheit*.

6. Leben aus quantentheoretischer Sicht

Sinnzusammenhänge auf der Bedeutungsebene konstituieren auf ihrer jeweiligen Stufe autopoietische Ganzheiten wie Zellen, Organismen, Artgemeinschaften, Biotope. Sie sind, wie gesagt, transempirisch und inhaltlich nicht auf physiko-chemische Weise erfaßbar. Wenn aber das Leben, wie behauptet, im kausalen Rahmen unter Umständen weite, nicht determinierte Spielräume hat, in denen es *bedeutungsgeleitet* ist, dann muß es auch nichtkausale Wirkungen geben, die von der Bedeutungsebene auf die physikalische Ebene herunterreichen. Auf der Grundlage der Quantentheorie ist so etwas durchaus denkbar. Semantische Kohärenz sollte sich dabei in Quantenkohärenz ausdrücken können. Das bedeutet allerdings, von der bisher allgemein unterstellten Annahme abzurücken, daß die Quantentheorie in der Biologie im wesentlichen nur zur Erklärung der chemischen Bindung erforderlich sei. Wie Quantenkohärenz auf zellulärer Ebene denkbar ist, will ich im folgenden zeigen.

Komplementarität ist einer der Grundbegriffe der Quantentheorie. Schon Niels Bohr wies darauf hin, daß es ein komplementäres Verhältnis zwischen dem Leben einer Zelle und dessen vollständiger empirischer Erforschung geben muß. Letztere würde zur Tötung des Lebens führen.

Die Quantentheorie ist zunächst holistisch im umfassenden Sinne, d. h., sie bezieht sich primär auf alles in allem, in dem es nichts einzelnes, nichts von anderem Unterscheidbares gibt. Dieses All-Eine ist das prinzipiell mathematisch beschreibbare Mögliche (Potentialität). Wie aus Potentialität Realität werden kann, beschreibt sie durch eine mathematische Vorschrift, die man „Meßprozeß" nennt und die einem realen, geeignet definierten Experiment entspricht. Dabei setzt sie voraus, was sie aber auch erklären kann, nämlich, daß es unterscheidbare (klassische) Objekte überhaupt gibt. Objekte erhalten objektive Eigenschaften – durch die sie dann von anderen unterscheidbar sind – durch sogenannte permanente Messung [13], die *Dekohärenz*, also eine Herauslösung aus dem allgemeinen Zusammenhang bewirkt. Je größer ein solches Objekt ist, um so schneller und vollständiger vollzieht sich diese Dekohärenz [14]. Im allgemeinen behalten nur elementare Teilchen, Atome und hinreichend kleine Moleküle Züge quantenmechanischer Komplementarität. Biomoleküle sind als Biopolymere im allgemeinen sehr groß. Reißt man sie aus dem Lebenszusammenhang einer Zelle heraus und untersucht sie in vitro (d. h. im Reagenzglas), wie es die Molekularbiologie macht, sind sie permanenter Messung durch ein *dissipatives Milieu* ausgesetzt, die sie als weitgehend klassische Objekte mit eindeutigen Eigenschaften erscheinen lassen. Lediglich die die chemische

Bindung bewirkende Elektronenkorrelation bleibt erhalten. Im Lebenszusammenhang einer Zelle – in vivo – hingegen befinden sie sich in einem *kooperativen Milieu,* das erwarten läßt, daß sogenannte EPR-Korrelationen [15] zwischen den Biomolekülen erhalten bleiben und die Dekohärenz folglich unvollständig ist.

Deshalb ist anzunehmen, daß Biomoleküle in vivo – anders als in vitro – nicht vollständig voneinander unterscheidbar sind, weil sie in einem gemeinsamen Zusammenhang EPR-korreliert sind. Dieser Umstand wird, wie mir scheint, vom genetic engineering der Molekularbiologie bisher vollständig ignoriert. Man geht sogar noch weiter, indem man die DNA in lauter Gen-Schnipsel zerhackt (PCR-Methode), deren Basensequenz bestimmt, diese Schnipsel computergestützt wie ein Puzzle zusammensetzt und dann glaubt, mit der so bestimmten Gesamtsequenz das Ganze der DNS wieder in der Hand zu haben. Deren Elektronenkorrelation, die definitiv nicht als Summe von Teilen verstanden werden kann, hat man dabei natürlich ebenfalls zerhackt. Ohne Beweis glaubt man, daß die den Gesamtzusammenhang herstellende Elektronenkorrelation ohne Bedeutung sei. Sie könnte aber auf der Bedeutungsebene jenen Kontext darstellen, der erst die Bedeutung kontextabhängiger Abschnitte des Genoms festlegt.

Nun ist aber, wie gesagt, selbst die ganze DNS nicht das Ganze, um das es geht, nämlich die lebende Zelle. Das Entscheidende ist, daß ihr Leben durch in sich geschlossene Funktionszusammenhänge verwirklicht ist. Vielfach verzweigt, passen Anfänge und Enden des Netzwerks zusammen. Semantisch gesprochen, stehen die sich gegenseitig definierenden Bedeutungen im Sinnzusammenhang der Autopoiese. Dieser Sinnzusammenhang der Bedeutungen ist eine im Leben der Zelle realisierte abstrakte Struktur. Mathematisch bedeutet dieses Zusammenpassen von Anfängen und Enden periodische Randbedingungen, die die semantisch-kohärenten Zusammenhänge auszeichnen vor den übrigen im Rahmen der kausalen Stochastizität möglichen. Messender Eingriff in diese Zusammenhänge würde unweigerlich die Quantenkorrelation stören und unkenntlich machen. Komplementarität, so scheint mir, ist hier der Grund für die Transempirizität der Bedeutungsebene der internen autopoietischen Kommunikation der Zelle. Periodische *Rand*bedingungen hätten damit die Wirkung einer sog. Abwärts-Verursachung, die nichts zu tun hat mit der üblichen Kausalität der *Anfangs*bedingungen, weil der Gesamtzusammenhang herunterwirkt auf die Schritte, die ihn verwirklichen.

Aus guten Gründen wird vermutet [16], daß Quantenkohärenz auch die Bedingung für die Möglichkeit der semantischen Kohärenz des Bewußtseins-Phänomens ist derart, daß auch hier nichtkausale Rückwirkungen der semantischen auf die syntaktische Ebene der neuronalen Kommunikation zwischen Bewußtsein und Gedächtnis geschehen, die nicht nur semantische Kohärenz sichern, sondern auch sinnbestimmte Willensentscheidungen ermöglichen, die Kausalketten in der materiellen Welt auslösen können, um ideell gesetzte Ziele zu erreichen.

Quantenkohärenz ist überall da zu vermuten, wo sich semantische Kohärenz ausprägt und stabilisiert in Prozessen, die andernfalls chaotisch verlaufen müßten, wo Informationsaustausch also im Rauschen ohne gehörigen Signal-Rausch-Abstand vonstatten geht. Das ist längst nicht in allen Kommunikationsvorgängen des Lebens der Fall. Im Gehirn macht der vermutlich quantenkohärente Bewußtseinszustand nur einen kleinen Teil der neuronalen Aktivitäten aus, die m. E. als quantenmechanische „Meßprozesse" an diesem Quantenzustand aufzufassen sind [17].

So wie sich der Bewußtseinszustand definitiv unterscheidet von dem der Bewußtlosigkeit, so unterscheidet sich eine lebende Zelle qualitativ von einer toten. Zwischen diesen beiden Polen quantenphysikalisch ermöglichter semantischer Kohärenz – dem der Zelle und dem des Bewußtseins (auch in der bewußten Wahrnehmung höherer Tiere) – spannt sich das Leben aus auch über gleichsam technische (klassisch-physikalische) Kanäle des Informationsaustauschs. In der menschlichen Gesellschaft vollzieht sich der Informationsaustausch außer im direkten Kontakt im eigentlich technischen Sinne nunmehr in zunehmend schnelleren globalen Netzwerken.

7. Anhang: Ein einfaches Modell für Quantenkohärenz

Ich *behaupte*, daß sich ein rein klassisches System wechselwirkender Moleküle chaotisch verhalten müßte und funktional nicht stabil sein kann, und *vermute* demgegenüber, daß die Dekohärenz der Biomoleküle in vivo unvollständig ist und daß eine gewisse Quantenkohärenz erhalten bleibt, um eine Zelle funktionell zu stabilisieren in – zugegeben – weit entfernter Analogie zum Atom, das ja bekanntlich klassisch nicht stabil ist.

Was kann man tun, um diese Mutmaßung wissenschaftlich zu prüfen und gegebenenfalls zu falsifizieren? Wenn man bedenkt, wie schwer es war, die Experimente zum EPR-Paradoxon und zur Bellschen Ungleichung zu machen, so sieht man, daß es nahezu aussichtslos erscheint, Quantenverschränkungen in der lebenden Zelle nachweisen zu wollen, zumal da, wie schon gesagt, jeder messende Eingriff diese Korrelationen zerstören würde. Eine der wenigen nicht eingreifenden (invasiven) Möglichkeiten, die lebende Zelle aufschlußreich zu beobachten, ist die Messung der Photonenemission lebender Zellen (Biophotonen). Sie ist zwar sehr schwach, zeigt aber ungewöhnliche Eigenschaften, wie in anderen Beiträgen zu diesem

Buch dargelegt wird. Es ist eine bisher ungelöste Aufgabe, von diesen Merkmalen der Photonenemission eindeutig auf die Lebensvorgänge in der Zelle zurückzuschließen.

Ich *hoffe* aber, daß auf theoretischem Wege gezeigt werden könnte, daß

1. ein simples zyklisches reaktionskinetisches Modell keine stabile Lösung hat, während
2. ein entsprechendes quantenmechanisches Modell eine solche stabile quantenverschränkte Lösung in der Tat hat.

Dieses Modell weist nur das erste und letzte der vier oben genannten Merkmale des Lebens auf, nämlich Stoffwechsel und Sinnbestimmtheit. Sinnbestimmtheit (semantische Kohärenz) erscheint dabei aufs Äußerste reduziert in Gestalt eines funktionellen Zyklus. Es erinnert nur äußerlich an den Eigenschen Hyperzyklus und verbindet sich mit einer völlig anderen Fragestellung. Da Fortpflanzung und Vererbung fehlen, wird dabei sogar noch auf die Zweiheit von Nukleinsäuren und Proteinen verzichtet. Es ist ein Modell von n Katalysatoren (Enzymen) E_i (i=1,...,n), die durch chemische Reaktionen

$$E_i + B_i + A_{i-1} \leftrightarrow E_i + A_i + C_i$$

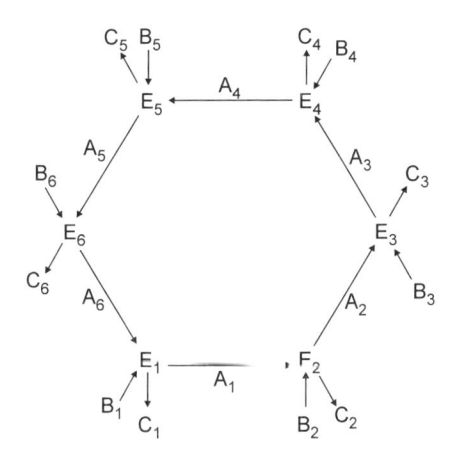

miteinander verbunden sind. Dabei sind die B_i aufgenommene und die C_i ausgeschiedene Moleküle (Stoffwechsel), während die Moleküle A_i bei der Reaktion am Enzym E_i gebildet werden, um die Verbindung (Informationsübermittlung) zur nächsten Reaktion am Enzym E_{i+1} herzustellen. Zu einem Zyklus werden die Reaktionen dadurch verbunden, daß $E_{n+1} = E_1$, $A_{n+1} = A_1$, $B_{n+1} = B_1$, $C_{n+1} = C_1$ sein soll. Die zugrundeliegende abstrakte (geistige) Struktur wäre die einfachst mögliche, nämlich die einer zyklischen Gruppe. Sie dürfte zu simpel sein, um die Voraussetzungen des Gödelschen Theorems zu erfüllen und daher abgeschlossen sein. (Bessere – freilich dekohärente – Modelle für die Biochemie einer Zelle diskutiert Walter Fontana [18].) Es sollte dies ein stochastisches Modell mit regellosen Schwankungen in den von außen vorgegebenen Konzentrationen b_i der „Nahrungs"-Moleküle B_i sein. Kritisch ist, daß sich die Konzentrationen bzw. Reaktionsraten a_i der im Zyklus entstehenden „Boten"-Moleküle A_i so einstellen müssen, daß $a_{n+1} = a_1$ ist. Ich vermute, daß dies in einem stochastischen reaktionskinetischen Modell nicht stabil möglich ist, weil dabei die einzelnen Reaktionen statistisch unabhängig voneinander wären. Erst Quantenkohärenz könnte den Zyklus stabilisieren.

Wie könnte dieses Problem quantenmechanisch formuliert werden? Thermodynamisch handelt es sich ja um ein quasistationäres Nichtgleichgewichts-Problem. Kann man einen Näherungsansatz machen, der der vermuteten unvollständigen Dekohärenz entspricht, d. h. teilweise, aber nicht vollständig faktorisiert ist derart, daß der dem ganzen Zyklus zugehörige Faktor einen Restbestand der internen unitären Zeitabhängigkeit widerspiegelt? Die quantenmechanischen Übergänge von einem Enzym zum nächsten wären dann nicht statistisch unabhängig voneinander, um die „periodische Randbedingung" zu erfüllen (downward causation). Dadurch würde der Zyklus stabilisiert werden. Vielleicht ist ein solches Problem einfach genug, um lösbar zu sein.

LITERATUR UND ANMERKUNGEN

[1] Das Erbmolekül Desoxyribonukleinsäure (DNS) ist ein sehr langes doppelsträngiges Kettenmolekül, bei dem wendeltreppenartig zwischen einem Gerüst aus Zuckern (Ribose) eine buchstabenartige Folge von vier verschiedenen Molekülgruppen (Nukleotiden) aufgereiht ist. Je drei dieser Nukleotide kodieren für eine der 20 Aminosäuren, aus denen die Eiweiße (Proteine) aufgebaut sind.

[2] Bernd Olaf Küppers, Der Ursprung der biologischen Information, Serie Piper 1990.

[3] Ebenda S. 61.

[4] Ebenda S. 82.

[5] Ebenda S.158.

[6] Regine Kollek, „Strategien zum Umgang mit Unsicherheit in der Gentechnik", Seite 132, in: Marcus Elstner (Hg.), „Gentechnik, Ethik und Gesellschaft", Springer 1997.

[7] Andreas Dally, „Bemerkungen zum Unterschied zwischen Information und Erkenntnis", Ethik und Sozialwissenschaften 9 (1998), S.74.

[8] Helga Königsdorf, „Respektloser Umgang", Aufbau 1989, S. 114.

[9] Wolfgang Jantzen, „Transempirische Räume – Sinn und Bedeutung in Lebenszusammenhängen", in: Hans-Jürgen Fischbeck (Hg.), „Leben in Gefahr? – Von der Erkenntnis des Lebens zu einer neuen Ethik des Lebendigen", Neukirchen 1999.

[10] Alfred Gierer, „Die Physik, das Leben und die Seele – Anspruch und Grenzen der Naturwissenschaft", Serie Piper 1988.

[11] Franz Josef Wetz, „Die Menschenwürde ist antastbar – Eine Provokation", Klett-Cotta 1998.

[12] Wolfgang Pauli, „Vorlesung an die fremden Leute", in: H. Atmanspacher et al. (Hg.), „Der Pauli-Jung-Dialog und seine Bedeutung für die moderne Wissenschaft", Springer 1995, S. 324.

[13] Dies ist eine ständige regellose Wechselwirkung mit anderen, i.a. viel kleineren Partikeln.

[14] D. Giulini, E. Joos et al., „Decoherence and the Appearance of a Classical World in Quantum Theory", Springer 1996.

[15] Von EPR-Korrelationen spricht man, wenn die quantenmechanische (Anti-)Symmetrisierung der Wellenfunktion eines Reaktionskomplexes erhalten bleibt, auch wenn sich die Reaktionspartner voneinander entfernen.

[16] Roger Penrose, „Der Schatten des Geistes – Wege zu einer neuen Physik des Bewußtseins", Spektrum Akademischer Verlag 1995.

[17] Hans-Jürgen Fischbeck (Hg.), „Das Gehirn und die Wirklichkeit des Geistes – physikalische Aspekte des Bewußtseins", Protokoll der Evangelischen Akademie Mülheim 1/98.

[18] Walter Fontana, „Molekulare Semantik – Evolution zwischen Variation und Konstruktion", in: Valentin Braitenberg, Inga Hosp (Hg.), „Evolution – Entwicklung und Organisation in der Natur", rororo 1994.

GERARD J. HYLAND

KOHÄRENTE ANREGUNGEN IN
LEBENDEN BIOSYSTEMEN UND
IHRE KONSEQUENZEN

EINFÜHRUNG

Aus physikalischer Sicht sind lebende Systeme offen und dissipativ. Sie erhalten sich *weit weg* vom thermischen Gleichgewicht durch die Aufnahme metabolischer Energie. Sie sind aus diesem Grunde auch „weit weg" von der Gültigkeit irgendwelcher systematischer Gesetzmäßigkeiten, zum Beispiel solcher, die auf lineare Wechselwirkungen aufbauen. Sie sind strukturell stabil. Die thermischen Fluktuationen der individuellen molekularen Komponenten stören den Metabolismus nur unerheblich. Die Unterschiede zwischen inaktiven und aktiven Biosystemen – zwischen toten und lebenden Organismen – äußern sich vermutlich in einer relativ geringen Zahl der Freiheitsgrade, die lebende Systeme dominieren [1]. Da die geordnete Funktionalität von Biosystemen eine *ganzheitliche* Eigenschaft darstellt, ist die Annahme vernünftig, daß diese wenigen dominierenden Freiheitsgrade in ihrem Wesen auf kollektiven Moden beruhen, die durch den Einstrom metabolischer Energie weit weg vom thermischen Gleichgewicht aufgebaut werden. Die anderen Moden verbleiben überwiegend im thermischen Gleichgewicht. Es sind die relativ wenigen, stark angeregten kollektiven Moden, die die komplexe Organisation (und Kontrolle) des lebenden Systems charakterisieren, indem sie es weit stärker beherrschen als nur die Summe ihrer Teile. Es handelt sich um eine Organisation, die von der im Wesen zufälligen Energiezufuhr erzeugt und aufrechterhalten wird. Daß ein Energiezustrom über hinreichend lange Zeit tatsächlich *eine dynamische Ordnung* – und nicht etwa wachsende Unordnung, wie man intuitiv erwarten könnte – aufbauen kann, ist heute als Besonderheit von Nicht-Gleichgewichts-Systemen hinreichend gut bekannt. Diese Eigenschaft beschreibt die Fähigkeit zur „Selbstorganisation" in einem *nicht*linearen Regime, dessen Aufrechterhaltung allerdings von der Verfügbarkeit von Energie abhängt, mit einem Zufluß, der hinreichend hoch ist, damit die Tendenz zur thermischen Dissipation überwunden werden kann. *Es wird also ein Zustand stabilisiert, der im thermischen Gleichgewicht extrem unwahrscheinlich und höchst instabil wäre.*

FRÖHLICHS KOHÄRENTE ANREGUNGEN

Ziemlich unabhängig – aber zeitgleich – mit der Entwicklung dieser allgemeinen Ideen der „dissipativen Strukturen" zeigte H. Fröhlich [2] vor etwa dreißig Jahren mit einem spezifischen (und etwas idealisierten) Modell eines aktiven (lebenden) Biosystems, wie eine *dynamische Ordnung* (durch einen Nicht-Gleichgewichts-Phasenübergang) erzeugt werden kann. Er legte die bemerkenswerten dieelektrischen Eigenschaften aktiver Biomaterie zugrunde, im besonderen die ubiquitäre Anwesenheit elektrisch polarisierbarer Bestandteile, die nicht nur die Zellmembranen einschließt. Zwischen den Zellmembranen freilich erzeugt metabolische Pumpenergie ein enorm hohes elektrisches Feld von ungefähr 10^7 V/cm, das nicht zusammenbricht. Aber auch Makromoleküle sind einbezogen, die in einem solchen Feld stark polarisiert werden. Die „Ordnung" bezieht sich hier auf eine starke, selektive Anregung einer einzelnen kollektiven Mode des Systems, die (nach einer bestimmten Zeit) angeregt und stabilisiert wird, vorausgesetzt, daß die Pumpleistung s einen bestimmten kritischen Wert s_0 überschreitet. Unter diesen Bedingungen wird die einlaufende Energie nicht mehr thermalisiert, sondern über bestimmte nichtlineare Prozesse in die kollektive Polarisationsmode mit der niedrigsten Frequenz kanalisiert, in der die Energie dann in geordneter Weise biologisch verfügbar gespeichert bleibt. Die Umgebung spielt dabei die Rolle eines Wärmebades. Eine einzelne longitudinale kollektive Mode wird auf diese Weise nichtlinear und kollektiv angeregt, und zwar *mechanisch*, wobei die Vibrations-Amplitude den Wert, der im thermischen Gleichgewicht bei der Temperatur der Umgebung angenommen würde, wesentlich übersteigt.

Während die Existenz kollektiver Vibrationen einschließlich jener einzelner Makromoleküle schon vor Fröhlichs Arbeit gut bekannt war, muß sein Vorschlag, daß oberhalb einer bestimmten metabolischen Minimal-Pumpleistung die Anregung einer einzelnen solchen Vibrationsmode eines intrazellulären Makromoleküls alle anderen dominieren kann – wobei diese einzelne Mode *makroskopische* Bedeutung gewinnt – als *neu* und weitreichend beurteilt werden. Für einen bestimmten Grad von „Lebendigkeit" (metabolischer Aktivität) ermöglicht dieser Prozeß eine unerwartete (nichtthermische) *dynamische Ordnung*. Deren Existenz könnte anderweitig nicht verstanden werden. Diese Ordnung liefert möglicherweise das Verständnis für die gesamte Organisation und die ungewöhnlichen Kontrollfunktionen lebender Systeme. In solchen dynamisch geordneten Zuständen schwingen die dipolaren Einheiten zusammen in Phase – also *kohärent* –, so daß das Gesamtsystem aller Dipole sich wie die makroskopische Replikation einzelner Dipole verhält. Es oszilliert kollektiv wie ein einziger Riesen-Dipol (siehe weiter unten).

Es sollte aber betont werden, daß jede dieser kohärenten Anregungen nur innerhalb eines bestimmten Leistungsfensters $s_0 < s < s_1$ existiert. Für $s < s_0$ ist die metabolische Pumprate zu niedrig, um die thermische Dissipation zu überwinden, welche das System in die Bose-Einstein-Verteilung zurückzubringen versucht. Andrerseits können für $s > s_1$ nichtlineare Wechselwirkungen, die Zwei-Quanten-Prozesse enthalten, die zufällig einströmende Energie nicht mehr in die kollektive Polarisationsmode der niedrigsten Frequenz kanalisieren, so daß die Dissipation erneut überwiegt. Nur im Bereich $s_0 < s < s_1$ kann der einfließende Energiestrom die Dissipation überwinden, um eine *dynamische Ordnung* zu realisieren. Außerhalb dieses

Fensters kann nur dielektrische Erwärmung auftreten, obwohl dieser Effekt für $s < s_0$ vermutlich vernachlässigbar ist. Wir halten fest, daß bei einer bestimmten Temperatur der Bereich klar festgelegt ist, in dem unerwartete kohärente Anregungen existieren.

Besonders wichtig bleibt der Hinweis, daß die Existenz dieser Art kohärenter Anregung nichtlinearen Wechselwirkungen zuzuordnen ist, die innerhalb des Leistungsfensters ($s_0 < s < s_1$) einen Teil der einlaufenden Energie gegen Thermalisierung schützen. Die Fähigkeit, die einlaufende Energie auf diesem rein mechanischen Weg zu speichern, beruht hier auf einem extremen Nicht-Gleichgewichts-Effekt, der eine superkritische Pumpleistung erfordert. Der subkritische Anteil wird einfach thermalisiert, so wie man es intuitiv erwartet. Es ist interessant festzustellen, daß die rein mechanische Natur dieser Energiespeicherung als „Diskriminante" des Lebens schon 1943 Schrödinger[3] (und etwas später auch F. London) klar war. In seinem einflußreichen Buch „What is Life?", das er in diesem Jahr veröffentlichte, findet man die folgende Behauptung: *„The living organism seems to be a macroscopic system which in part of its behaviour approaches to that purely mechanical (as contrasted with thermodynamical) conduct to which all systems tend as the temperature approaches the absolute zero and all molecular disorder is removed"*. Es ist aber wesentlich darauf hinzuweisen, daß der grundsätzliche Unterschied zwischen dem von Schrödinger erwähnten mechanischen Verhalten bei absoluter Temperatur 0, der einem Gleichgewichtszustand entspricht, und dem Verhalten, das lebende Systeme auszeichnet, in einem extremen *Nicht*-Gleichgewichts-Effekt besteht.

Zu jeder Gruppe identischer Dipol-Beiträge korrespondiert eine kohärente Anregung, die durch eine spezifische Frequenz und eine minimale metabolische Pumpleistung charakterisiert ist. Die Werte dieser Anregungen ändern sich im allgemeinen von Fall zu Fall, ebenso wie die Zeit, sie anzuregen und zu stabilisieren. Es ist die Gesamtheit dieser kohärenten Anregungen, von denen jede nur in einer bestimmten Periode des Lebenszyklusses auftreten mag, die die geordnete Funktion (wie Homöostase) lebender Systeme beschreibt, aber in einer Weise, die trotz empirischer Fortschritte der sogenannten Quanten-Medizin [4] noch weiterer Aufklärung bedarf.

Abschätzungen der Frequenzen dieser kohärenten Anregungen, die aus charakteristischen linearen Dimensionen und elastischen Eigenschaften, insbesondere der Schallgeschwindigkeit, gewonnen werden, reichen von 10^9 bis 10^{13} Hz [5], abhängig von den speziellen dipolaren Einheiten, die die kollektiven Moden ausbilden. Das sind zum Beispiel Bereiche der Zellmembranen, die von eingebauten Proteinen separiert sind, oder die Proteine selbst, oder andere zytoplasmatische, biologische Makromoleküle, die häufig Wasserstoffbrücken enthalten. Die Frequenzen der Anregungen, die die Zellmembran einschließen, liegen schätzungsweise im Bereich von 10^{10} bis 10^{12} Hz. Dieser Bereich enthält die Mikrowellen-Region des elektromagnetischen Spektrums. Andrerseits wurde über eine kollektive Dipol-Frequenz bei 5×10^{13} Hz im Fall von Amid-Strukturen berichtet, die über Wasserstoffbrücken gebunden sind [6]. Kollektive niedrige Frequenzen um 10^9 Hz errechnete man für eine Anzahl von „giant breathing and rocking modes" in Doppelhelix-Strukturen [7].

BEDEUTUNG FÜR DIE BIOLOGIE

Es sollte erwähnt werden, daß die Möglichkeit von kohärenten Nicht-Gleichgewichts-Anregungen zwar nicht auf aktive Biosysteme beschränkt ist – das nächstliegende nichtbiologische Beispiel ist vermutlich der gepumpte Laser [8] –, aber ihre Auswirkungen sind besonders weitreichend: so bieten sie eine völlig neue Basis nicht nur zum Verständnis der ungewöhnlich hohen Empfindlichkeit einer Reihe biologischer Systeme gegenüber ultraschwacher externer elektromagnetischer Strahlung im Mikrowellenbereich (*siehe weiter unter*), sondern auch für Wahrnehmung, Kommunikation (sowohl intra- und interzellulär) und Kontrolle. So bewirkt die starke Anregung bestimmter Polarisations-Moden einen entsprechenden elastischen Druck auf die Begrenzungen des Systems. Das könnte eine Rolle für die Zellteilung spielen, da die dielektrische Selbstenergie formabhängig und proportional zum Quadrat der Polarisation ist [1]. Zudem wurde gezeigt [11], daß zwischen zwei kohärent oszillierenden Systemen („giant dipoles"), die durch einen Abstand R (der größer als ihre individuellen Abmessungen ist) getrennt sind, eine langreichweitige Kraft (proportional R^{-3}) existiert. Diese Wechselwirkung ist nicht nur frequenzselektiv, sondern kann ein- und ausgeschaltet werden, je nachdem wo die metabolische Pumprate im super- oder subkritischen Bereich liegt. Sie kann sogar ihr Vorzeichen umkehren, abhängig von der Dielektrizitätskonstante des umgebenden Mediums (das in den meisten Fällen hauptsächlich Wasser sein dürfte). Umgekehrt bestimmt die Frequenz der kohärenten Anregung die Ausdehnung des räumlichen Bereichs, in dem die Wechselwirkung stattfindet [5]. Die Bedeutung dieser ursprünglich unerwarteten Wechselwirkung liegt darin, daß sie für den Fall attraktiver Kopplung als „Wegbereiter (Vereinfacher)" für viele kurzreichweitige chemische Reaktionen verschiedenster Art dienen kann, so zum Beispiel verschiedene Enzym-Substrat-Reaktionen.

In diesem Zusammenhang sollte auch ein Modell [12,13] erwähnt werden, das verschiedene Aspekte der Gehirnwellen (*EEG*) erklärt, so wie es 1. dazu kommen kann, daß so niedrige Amplituden in Anwesenheit thermischen Rauschens existieren können, ohne daß enorm große Volumina des Gehirngewebes notwendig sind, und 2. die extrem hohe Sensitivität der Gehirnfunktionen gegenüber ultraschwachen externen elektromagnetischen Feldern. Im wesentlichen bleibt die frequenzabhängige attraktive Wechselwirkung periodisch. Sie erleichtert und ermöglicht die zyklische Anregung und Desaktivierung autokatalytischer chemischer Reaktionen innerhalb des Enzym-Substrat-Systems, die in der Großhirnrinde auftreten. Wenn lediglich die angeregten Zustände ein elektrisches Dipolmoment besitzen, dann müssen die periodischen chemischen Reaktionen eine oszillatorische elektrische Polarisation hervorrufen. Dann nimmt die Anregung unter bestimmten Bedingungen die Form eines Grenzzyklus an. *Das ist aber eben die Eigenschaft, die Gehirnwellen auszeichnet.* Es ist aber auch möglich [14], einen Kollaps dieses (elektrischen) Grenzzyklusses durch Exposition an ein äußeres oszillatorisches elektromagnetisches Feld herbeizuführen, denn der Grenzzyklus speichert die Energie des einfließenden Signals so lange, bis die endliche Speicherkapazität erreicht ist. Danach bricht er zusammen. Die Rolle des äußeren Feldes besteht dann einfach darin, den Kollaps des Grenzzyklus zu triggern. Dabei wird die gespeicherte Energie freigesetzt. Im Endeffekt verstärkt dieser Mechanismus den geringen Energieeinstrom auf ein physiologisch signifikantes Niveau.

Auf zellulärer Ebene kann die Existenz der Vielzahl (mechanischer) kohärenter Anregungen sehr gut die Basis eines komplexen und hochentwickelten logischen Systems bilden. Darüber können nicht nur lebenswichtige zelluläre Funktionen kontrolliert und integriert, sondern auch die interzelluläre Kommunikation erleichtert werden [15], möglicherweise über das nichtstrahlende zeitabhängige Nahfeld, von dem bekannt ist, daß es mit lebenden, nicht aber mit toten Zellen in Verbindung steht [16]. (Die Existenz dieser auf Zellebene ablaufenden Kontrollmechanismen würde natürlich die Abhängigkeit dieser Mechanismen vom Gehirn stark einschränken. Die Zahl der Gehirnzellen im menschlichen Körper ist interessanterweise ja um einen Faktor 10^6 niedriger als die Gesamtzahl der Körperzellen.) Daß solche hocheffizienten Kanäle der interzellulären

Kommunikation existieren, legen verschiedene Beobachtungen nahe. Die bemerkenswerteste davon ist die Nachweisbarkeit von Effekten ultraschwacher Mikrowellenstrahlen in *aktiven* Biosystemen in beträchtlichen Abständen vom Eintrittspunkt der Strahlen, ein Ergebnis, daß bei der starken Absorption von Millimeterwellen in *inaktiver* Biomaterie nicht erwartet werden kann. Die Effekte bleiben in aktiver Biomaterie sogar noch eine Zeitlang *nach* der Bestrahlung erhalten [17]. Weitere Beobachtungen dieser Art beziehen sich auf Unterschiede in den dieelektrischen Eigenschaften lebender und toter Materie [18] und auf die bessere Durchlässigkeit von Licht in lebenden Systemen [19]. Metabolische Aktivierung führt zwangsläufig zu nichtlinearen dielektrischen Response-Effekten.

ELEKTROMAGNETISCHE KONSEQUENZEN DER BIO-KOHÄRENZ

Wie ursprünglich in Fröhlichs Arbeit vorgetragen wurde, besteht die kohärente Anregung in einem superthermisch aktivierten Bulk kollektiver *longitudinaler* elektrischer Moden, deren Longitudinalität nicht nur gegen Strahlungszerfall schützt, sondern auch gegen Absorption. Dadurch wird die Möglichkeit ausgeschlossen, die Anregung elektromagnetisch zu verwerten. Hinsichtlich der Absorption sollte daran erinnert werden, daß in einem unendlichen Bulk-System sogar die Mehrzahl der *transversalen* Moden optisch *in*aktiv sind, da nicht nur die Frequenz mit der Frequenz der Strahlung übereinstimmen muß, sondern auch der Wellenvektor k. Folglich sind nur die Moden mit $k \sim 0$ optisch aktiv. Wenn aber die linearen Abmessungen in einem System klein gegenüber der

Wellenlänge der Strahlung sind – ein Fall, der für Mikrowellen typisch ist –, dann wird die elektrische Polarisation im wesentlichen richtungsunabhängig. Eine Klassifikation in longitudinale und transversale Moden wird im wesentlichen sinnlos [5, 20]. Darüber hinaus werden die Frequenzen v_S der dreifach entarteten Oberflächen-Moden infolge der langreichweitigen Natur der Dipol-Dipol-Wechselwirkung abhängig von Form und Abmessungen des Systems [21], wobei $v_T < v < v_L$ gilt, mit v_T als Frequenz der transversalen und v_L als Frequenz der longitudinalen Moden. Wie Fröhlich [21] (schon 1949) zeigte, bildet die Mode einer Kugeloberfläche mit der niedrigsten Frequenz eine Schwingung mit konstanter Amplitude über der Oberfläche aus – das bedeutet $k = 0$ –, wobei alle drei Oberflächenmoden optisch aktiv sind. Entsprechend muß dem Bulk longitudinaler Moden ein bestimmter Grad an *Transversalität* zugeordnet werden. Demnach ist dieser Bulk nicht weiter elektromagnetisch inaktiv. Das Absorptionsspektrum dieses „kleinen" Ausschnitts hängt nun aber nicht mehr allein von v_T ab, wie das bei dem „großen" Bulk der Fall ist. Es sollte auch zur Kenntnis genommen werden, daß in der $k = 0$-Mode, die einer richtungsunabhängigen Polarisation entspricht, das ganze System *kohärent* in Phase als ein Riesen-Dipol schwingt. Es kann deshalb elektromagnetische Strahlung absorbieren, dessen Vakuumwellenlänge wesentlich größer ist als die Abmessungen des Biosystems und dessen Frequenz in Resonanz mit der $k = 0$-Mode steht [20]. Umgekehrt trägt eine strahlungslose longitudinale Bulk-Mode, wie Fröhlichs kohärente Mode, im Fall eines kleinen Systems, wie dem einer Zelle, auch zu *strahlungsaktiven* Oberflächenmoden bei. Die Intensität sollte aber sehr gering sein [22]. Bisher wurden solche Moden nicht entdeckt. Es ist aber nötig, diese Suche fortzusetzen [24].

Da elektromagnetische Strahlung im Mikrowellenbereich auf diese Weise an lebende zelluläre Systeme ankoppeln kann, verstehen wir *mit Fröhlichs Theorie kohärenter Anregung* nicht nur die starke resonanzhafte Absorption ultraschwacher (transversal polarisierter) Mikrowellenstrahlung in lebenden Systemen, sondern auch, wie diese Strahlung nach hinreichend langer Exposition auch dann noch bestimmte Prozesse anstoßen kann, wenn ihre Intensität unterhalb des thermischen Rauschens liegt – *siehe weiter unten*. Die Schwierigkeiten, diese Phänomene anders zu verstehen, werden offensichtlich, wenn man bedenkt, daß 1. der Wert der Quantenenergie hv dieser Strahlung weit unter der mittleren (inkohärenten) Energie kT des thermischen Rauschens liegt, 2. die Wellenlängen, um die es hier geht, mindestens um einen Faktor 100 größer sind als typische Abmessungen in einer Zelle, und daß 3. das elektrische Feld von Mikrowellen vernachlässigbar gegenüber dem der Zellmembran ist. Darüber hinaus erscheint es unwahrscheinlich, daß lebende Systeme diese extrem hohe Sensitivität gegenüber einer kohärenten Strahlung entwickelt haben, die es in der natürlichen Umgebung gar nicht gibt. Andrerseits beruht die Fähigkeit eines aktiven Biosystems, externe *kohärente* Strahlung im Mikrowellenbereich wahrzunehmen (und darauf zu reagieren) genau darauf, daß solche Strahlung das elektromagnetische Gegenstück der kohärenten *mechanischen* Vibrationen darstellt, die das System *selbst* erzeugt, sobald es metabolisch genügend aktiv ist. Mit anderen Worten: Überkritische Zufuhr metabolischer Energie aktiviert das Biosystem resonanzhaft. Dadurch wird es in die Lage versetzt, einströmende, ultraschwache Mikrowellenstrahlung der gleichen Frequenz bis zu einem solchen Grade zu verstärken, daß spezifische, entsprechende Bio-Effekte auftreten. Das ist ein entsprechender Vorgang wie bei einem Radioempfänger, der die extrem schwachen Wellen des Senders in einen starken Ton (der dem Bio-Effekt entspricht) umsetzt, sobald er auf Empfang abgestimmt ist [5].

Andrerseits wurde vorgeschlagen [5,20], daß im Fall nichtthermischer Effekte, die durch schwache kohärente Mikrowellenstrahlung induziert werden, diese externe Strahlung die metabolische Energiezufuhr auf einen superkritischen Wert verstärken könnte. Dabei wird eine kohärente Anregung „eingeschaltet", die etwas in Gang setzt, was man nur als *ersten* Schritt in einer Kette von eben solchen Bioprozessen bezeichnen kann, die den beobachteten Effekt schließlich herbeiführen. Das könnte zum Beispiel mit Funktionen zusammenhängen, die die Homöostase nach Schädigung durch unpassenden oder eingeschränktem Metabolismus wieder herstellen. So könnte man nichtthermische Effekte therapeutisch nutzen. Berichte, die man in der Literatur findet [13, 25], stehen im Einklang mit dieser Vermutung.

Überdies ermöglicht Fröhlichs Bio-Kohärenz eine ziemlich unterschiedliche und neue Art der elektromagnetischen Kommunikation lebender Systeme, die bisher wenig untersucht wurde.

Diese Möglichkeit beruht auf der makroskopischen Quanten-Natur [26] von Fröhlichs kohärenter Anregung. Sie macht die Anregung zugänglich für ein äußeres elektromagnetisches *Vektorpotential* [27]. Das ist ein Feld, aus dessen räumlicher (bzw. zeitlicher) Abhängigkeit das bekannte magnetische (bzw. elektrische) Feld herzuleiten ist. Makroskopische klassische Systeme reagieren auf magnetische und elektrische Felder, die in einem Strahlungsfeld in orthogonaler Phasenrelation stehen. Die Existenz der Bio-Kohärenz als integraler Aspekt lebender Systeme würde aber zusätzlich bedeuten, daß mittels des Vektorpotentials lebende Systeme auf äußere elektromagnetische Einflüsse sogar dann reagieren können, wenn weder ein elektrisches noch ein magnetisches Feld überhaupt vorhanden ist! Umgekehrt kann die experimentelle Evidenz solcher Einflüsse, wenn auch nur beschränkt, als Indizienbeweis für die Existenz von Fröhlichs kohärenten Anregungen angesehen werden. Es gibt zur Zeit zwei Belege dafür, daß ein Vektorpotential (das, um keine magnetische und elektrische Komponente aufzuweisen, von einer toroidalen Spule erzeugt wird) tatsächlich lebende Systeme beeinflussen kann, nämlich Effekte auf die Entwicklung von *Drosophila*-Embryos [28] und auf die Keimrate verschiedener Samen [29].

Experimentelle Hinweise auf Bio-Kohärenz

Den stärksten Hinweis auf die Existenz einer endogenen kohärenten Anregung unter adäquaten metabolischen Bedingungen ergaben Laser-*Raman*-Spektren metabolisch aktiver Bakterienzellen (*Escherichia coli* und *B. megaterium*). Die Linien (Raman-Verschiebungs-Linien, Stokes/Anti-Stokes-Linien, die die Frequenzänderung des eingestrahlten Lichts durch inelastische Streuung an optischen Phononen des kondensierten Systems wiedergeben), sind im Experiment [30] stark ausgeprägt [31]. Sie sind aber nicht vorhanden, wenn das System nicht metabolisiert. Dann können nur *breite* Banden beobachtet werden. Es sollte auch darauf hingewiesen werden, daß die Laser-Raman-Linien nur in ganz bestimmten Zeitabschnitten der Evolution des Systems auftreten, im Einklang mit der Erwartung, daß die Anregung kohärenter Moden eine spezifische biologische Aufgabe zu erfüllen hat. Die suprathermische Natur der Anregung wird überzeugend durch ein Intensitätsverhältnis der Anti-Stokes- zur Stokes-Linie nahe des Maximums von 1 nachgewiesen [32], was bedeutet, daß etwa gleich viel Phononen emittiert wie absorbiert werden. Im thermischen Gleichgewicht erwartet man einen Wert um 0,5. Es sollte nicht verschwiegen werden, daß solche Experimente viele Schwierigkeiten mit sich bringen, nicht nur wegen der Nähe der Frequenz der kohärenten Mode zum Frequenzband der Wasserabsorption und nicht nur wegen der Notwendigkeit hochgradiger Synchronisation trotz hoher Verdünnung, die wiederum notwendig ist, um die Zellen aktiv zu halten, sondern besonders wegen der möglichen ungünstigen Effekte, die die Laserbestrahlung selbst auf die Aktivität des Biosystems ausübt.

Weitere Indizien stammen von Reaktionen einer Vielfalt lebender Organismen auf ultraschwache Mikrowellenstrahlung. Sie können recht einfach als Folge der Fröhlichschen kohärenten Anregungen verstanden werden. Bevor wir dies genauer begründen, sei betont, daß die Fähigkeit lebender Organismen auf ultraschwache Strahlung – die deutlich schwächer als die eigene thermische Emission ist (da die mittlere thermische Energie kT die Quantenenergie hv von Mikrowellenstrahlung weit übersteigt) – empfindlich zu reagieren, darauf beruht, daß die Strahlung hinreichend kohärent ist. Infolge der geringen Bandbreite Δv dominiert die kohärente Mikrowellenstrahlung jedoch den thermischen Poynting-Energiefluß im thermischen Gleichgewicht bei physiologischen Temperaturen. Man kann leicht zeigen [33], daß für Δv im MHz-Bereich die thermische Komponente mindestens eine Größenordnung *niedriger* ist als die kohärente Mikrowellen-Komponente, bis hinab zu Mikrowellen-Intensitäten von 10^{-12} W/cm^2. Dort kann die Strahlung noch *klassisch* behandelt werden. Was aber völlig unvereinbar mit Überlegungen ist, die solche Effekte thermisch erklären wollen, ist die oft stark resonanzartig ablaufende Reaktion lebender Systeme auf diese Art der Strahlung, wobei Q-Werte um 10^4 keine Seltenheit sind, also Werte, die weit höher liegen als jene, die von Resonanzeffekten in toter Materie im thermischen Gleichgewicht bekannt sind. Ferner nimmt die Linienschärfe der Resonanzeffekte *zu, je niedriger* die Leistungsdichte der einfließenden Mikrowellenstrahlung ist [34]. Es sollte erwähnt werden, daß – im Gegensatz dazu – in der Nähe dieser Resonanzfrequenzen die dielektrischen Parameter des Systems (von denen der Grad der induzierten Wärmeentwicklung abhängig ist) wesentlich weniger stark mit der Frequenz variieren. Schließlich – und erneut im Gegensatz zu Wärmeeffekten – äußern sich nichtthermische Effekte oft nur nach einer bestimmten Expositionszeit und über einer bestimmten Intensitätsschwelle der Bestrahlung, um sich dann über dieser kritischen Schwelle über mehrere Größenordnungen wachsender Strahlungsintensität kaum noch zu verändern [35].

Um es allgemein auszudrücken: Die beobachteten nichtthermischen Effekte können nicht durch irgendeine Form der Wärmebestrahlung ersetzt werden. Oft sind sie gegenläufig zu thermischen Effekten, verlaufen also in entgegengesetzte Richtungen, wie die konventioneller Erwärmung. Durch dielektrische Wärmezufuhr sind sie folglich bei höheren Mikrowellenleistungsdichten leicht auszulöschen. Die nichtthermischen Bio-Effekte, über die bisher berichtet wurde, sind sehr vielfältig. Sie beinhalten:

a) Positive und negative Resonanzeffekte auf die Wachstumsrate von Hefekulturen (S. cerevisiae) in der Nähe von 41 GHz [34], und vorwiegend negative (*contra-thermische*) Einflüsse [36, 37] auf das Wachstum von Bakterienkolonien (E. coli) bei 71 GHz und 73 GHz – auch um 66 GHz, entsprechend jener Frequenzen, bei denen die RNA ein Protein und die DNA Maxima der Absorptionsbanden aufweisen [36].

b) Synchronisation der Zellteilung von Hefekulturen (S. carlsbergensis) [38], vorausgesetzt, die Mikrowellenstrahlung ist linkszirkular polarisiert.

c) „Anschalten" bestimmter epigenetischer Effekte, so die Induktion von Colicin [39] und Lambda Prophagen [40, 41] in lysogenen E. coli – nach Mikrowellenbestrahlung spezifischer Frequenz hinreichender Intensität über hinreichend lange Zeit.

d) Rückkehr zur Homöostase in einem weiten Feld der Humanpathologie durch ultraschwache Mikrowellenstrahlung mit selektiven Frequenzen, die im Fall gesunder Menschen völlig wirkungslos bleibt. Diese sogenannte „Mikrowellen-Resonanz-Therapie" [25] – die um so wirksamer ist, je stärker man die Intensität reduziert (sogar bis zur Quantengrenze) – kann als nichtthermischer Gegenspieler der Mikrowellen-*Diathermie* betrachtet werden, als elektromagnetisches Hochfrequenz-Analogon zur Pharmakologie, so wie es die Mikrowellen-Diathermie zur Chirurgie darstellt. Betrachtet man die wachsende Resistenz verschiedener Bakterienstämme (z. B. *Staphylococcus aureus* und *Pseudomonas aeruginosa*) gegenüber konventionellen Antibiotika, so muß die alternative elektromagnetische (antibiotisch wirksame) Therapie vor diesem Hintergrund als zeitgemäße und willkommene Entwicklung betrachtet werden. Sie verdient weitere Erforschung. In diesem Zusammenhang sollte auch auf synergetische Effekte zwischen verschiedenen (psychoaktiven) Arzneimitteln und Mikrowellenbestrahlung hingewiesen werden [42].

Wir wollen nun zeigen, wie diese nichtthermischen Effekte der ultraschwachen Mikrowellenbestrahlung lebender Systeme mit Fröhlichs kohärenten Anregungen verstanden werden können.

a) *Die hochresonante Verstärkung der Wachstumsrate von Hefe mit Hilfe der Mikrowellenbestrahlung* wird verständlich, wenn man annimmt, daß der Zellzyklus der Hefezellen (in einer bisher unverstandenen Weise) auf einer kohärenten Anregung beruht, deren Frequenz mit der der eingestrahlten Mikrowellen übereinstimmt. Die Resonanz-Verstärkung, die man bei der Wachstumsrate von Hefezellen beobachtet, hat exakt die Form, die man von der Verstärkung der Amplitude eines Grenzzyklus-Oszillators durch einen äußeren Stimulus erwartet, der harmonisch mit der Zeit variiert [34].

b) *Die Fähigkeit der ultraschwachen Mikrowellenbestrahlung zum „Anschalten" (Triggern) eines bestimmten epigenetischen Effekts* [39, 40, 41] wird verständlich, wenn man ihn mit dem Effekt einer kohärenten Anregung vergleicht, für die die endogene Pumprate metabolischer Energie s_m unterhalb der kritischen Schwelle s_0 liegt ($s_m < s_0$). Die Strahlung hat dann nur die Differenz ($s_0 - s_m$) – die im übrigen beliebig klein sein kann – beizutragen, um das „Anschalten" auszulösen [5]. Abschätzungen, die auf Fröhlichs Modell beruhen, zeigen, daß die Zeit Δt, die notwendig ist, um eine kohärente Anregung zu erzeugen, minimal wird, wenn die Frequenz der Mikrowellenstrahlung mit der der Anregung übereinstimmt. In einigen Fällen kann der beobachtete „Anschalt"-Effekt mit einer kurzreichweitigen chemischen Reaktion zwischen zwei *unterschiedlichen* Bio-Konstituenten zusammenhängen, die durch die bereits erwähnte *langreichweitige Anziehungskraft* nahe genug zusammengebracht werden, um überhaupt reagieren zu können. Diese Kraft, die umgekehrt proportional zur dritten Potenz des Abstands der Reaktanten verläuft, muß zwischen zwei unterschiedlichen dipolaren Systemen existieren [11], vorausgesetzt, beide sind kohärent mit etwa der gleichen Frequenz angeregt. In diesem Fall übernimmt die äußere Strahlung die Rolle, eine (oder beide) der kohärenten Anregungen durchzuführen. Hinweise auf eine solche frequenzselektive Wechselwirkung liefert das Phänomen der Rouleaux-Formierung von roten Blutzellen [43]. Dabei bewegen sich die Zellen aufeinander zu, um sich zu spulenartigen Stäbchen (Rouleaux, „Geldrollen") zu formieren, sobald sie sich unterhalb eines bestimmten Abstands in der Größenordnung von Mikrometer (der allerdings größer als der Bereich chemischer Kräfte ist) aufeinandertreffen. Die Geschwindigkeit, mit der die Geldrollen-Bildung stattfindet, ist wesentlich höher als sie von der Brownschen Bewegung erwartet wird. Wenn man das Membranpotential der Zellen ausschaltet (oder die metabolische Aktivität unterbindet), reduziert sich die Rouleaux-Bildungsrate auf den von der Brownschen Bewegung erwarteten Wert, um wieder anzusteigen, wenn das Membranpotential wieder aufgebaut wird. Ferner beobachtet man in einem Gemisch von Säugetierzellen, daß vorzugsweise *ähnliche* Zellen reaggregieren, erneut im Gegensatz zu den Erwartungen Brownscher Bewegung. Diese Effekte stimmen hervorragend mit den Eigenschaften selektiver langreichweitiger Wechselwirkungen von Systemen überein, die kohärent mit ungefähr gleichen Frequenzen angeregt sind.

c) *Therapeutische Effekte ultraschwacher Mikrowellenbestrahlung mit spezifischen Frequenzen* werden verständlich, wenn ein vorgegebener pathologischer Befund – wegen unpassender oder zerstörter metabolischer Funktion – mit der Unfähigkeit verknüpft ist, eine bestimmte kohärente Anregung aufrecht zu erhalten. Erneut kann der Strahlung die Funktion zugeordnet werden, die endogene Rate der Energiezufuhr hinreichend hoch über die kritische Schwelle (s_0) anzuheben. Konsequenterweise wird dann nach einer bestimmten Zeit der Bestrahlung (die erneut im Resonanzfall minimal ist) die kohärente Anregung *wieder neu eingeschaltet*, was dazu führt, daß die Homöostase wieder hergestellt wird. Für den Fall, daß die endogene kohärente Anregung *bereits* abläuft, hat die externe Mikrowellenstrahlung natürlich keinen Einfluß, im Einklang zu Berichten, die *keinen* Effekt der Mikrowellenbestrahlung bei Probanden feststellen können, deren Homöostase funktioniert [25].

Schließlich sollte auch auf umfangreiche Experimente hingewiesen werden, die in den neunziger Jahren in Russland durchgeführt wurden [44]. Sie bewiesen den Einfluß nichtthermischer kohärenter Mikrowellenbestrahlung auf die Genom-Konformation in E. coli bis hinunter zu Intensitäten um 10^{-17} W/cm². Das bestärkt die Vermutung, daß in diesem System die chromosomale DNA das ultimate Target der Wechselwirkung mit *Millimeter*-Wellen ist. Diese gleiche Arbeit zeigte auch einen interessanten Zusammenhang zur Polarisation (Chiralität) der Strahlung, über den schon einmal berichtet wurde [38]. Möglicherweise im Zusammenhang mit diesen Untersuchungen steht ein kürzlicher Bericht [45], wonach die *Biophotonenemission* im optischen Bereich stark ansteigt, wenn Leukozyten mit schwacher Mikrowellenstrahlung bestrahlt werden. Als Quelle der Biophotonenemission kommt die DNA in Betracht [46]. Obwohl es verlockend ist, die Biophotonenemission als einen Strahlungsaspekt von Fröhlichs kohärenten Moden zu interpretieren, erscheint es bei der Beobachtung der Biophotonen im *sichtbaren* Bereich wahrscheinlicher, daß die kohärente Mode eher die *Kohärenz* der Biophotonen bedingt als die *Emission* selbst.

SCHWIERIGKEITEN IN DER BEWEISFÜHRUNG

Manchmal wird die Glaubwürdigkeit der verfügbaren experimentellen Beweise durch Mängel in der Reproduzierbarkeit in unabhängigen Versuchen in Frage gestellt. Eine bessere Einstellung wäre aber die Erkenntnis, daß diese Situation mehr auf den biologischen „Tatsachen des Lebens" beruht, als daß sie eine Anklage rechtfertigte. Die Nichteindeutigkeit biologischer Reaktionen ist unausweichliche Konsequenz ihrer Vitalität. Das hält sie gleichzeitig „weit weg" vom thermischen Gleichgewicht. Entsprechend weit weg sind lebende Systeme von dem Bereich, in dem sie linear (und deshalb eindeutig vorhersehbar) auf externe Einflüsse reagieren. Statt dessen halten sie sich notwendigerweise in einem *nichtlinearen Bereich* auf, in dem die Reaktion *auf dem Zustand des Systems beruht*, der zum Zeitpunkt der Applikation des Reizes vorliegt. So hängt zum Beispiel die Fähigkeit der Mikrowellenbestrahlung bestimmter Intensitäten, die Anschaltprozesse einiger Bio-Effekte auszulösen, davon ab, ob die verfügbare Intensität ausreicht, um ein Energiedefizit auszugleichen. *Dessen Höhe aber wird von dem aktuellen Stand des Metabolismus bestimmt.* Zum Problem der Reproduzierbarkeit trägt ferner die Tendenz lebender Systeme bei, infolge ihrer inhärenten Nichtlinearität *deterministisches Chaos* auszuführen [47]. Das bedeutet, daß sie so hochempfindlich auf Umweltbedingungen reagieren, daß selbst geringste Unterschiede zwischen namentlich identischen Systemen zu stark unterschiedlichen Entwicklungen veranlassen. Das Problem wird noch durch die Tatsache verschlimmert, daß die Spezifikation des Zustands eines lebenden Systems die Kenntnis *vieler* Parameter erfordert, so zum Beispiel den natürlich vorgegebenen Stand des Metabolismus (im Vergleich zur Leistungsdichte des Strahlungsfeldes), den Entwicklungszustand zum Zeitpunkt der Bestrahlung, die Natur wesentlicher Nährstoffe, etc.

Schließlich ist es sogar durchaus wahrscheinlich, daß die Vitalität des untersuchten Systems durch das spezielle experimentelle Vorgehen negativ beeinflußt wird.

AUSBLICK

Obwohl Fröhlichs kohärente Anregung ursprünglich als die stark angeregte kollektive Mode betrachtet wurde [1], die *ständig* ein lebendes von einem nichtlebenden System zu unterscheiden vermag, ist die Situation wahrscheinlich komplexer. Es ist zum Beispiel klar ersichtlich, daß eine *bestimmte* kohärente Anregung nur die Rolle einer Übergangserscheinung spielen kann. Sie existiert nur in einer beschränkten Periode während der Entwicklung eines Systems, in dem sie einige spezifische Funktionen triggert – z. B. im Zusammenhang mit der Zellteilung – oder um bestimmte Bio-Komponenten, wie Enzyme und Substrate, zu bestimmten Zeiten zusammenzuführen.

Von besonderem Interesse und von potentieller Bedeutung ist der Zusammenhang zwischen dem Konzept der Bio-Kohärenz und der Bedeutung von *Wasser*. Wegen seiner stark *dipolaren* Eigenschaft ist Wasser geradezu ein dipolares Paradesystem, das auch den Hauptanteil zu Biosystemen beiträgt. Obwohl sein Einfluß auf die Eigenschaften gelöster Biomoleküle schon lange bekannt ist (so wie auch umgekehrt diese das Zellwasser strukturell verändern), muß der strukturierende Effekt einer *kohärenten makroskopischen Polarisationswelle* auf das Wasser eines aktiven biologischen Systems noch untersucht werden. Es ist aber bereits klar, daß allein aus Überlegungen der Konsistenz die Ausdehnung des Fröhlich-Modells sehr wohl notwendig sein könnte, um interne dipolare Eigenschaften des Wassers zu verstehen.

Die Möglichkeiten des Wassers – sowohl in biologischen *wie auch* in nichtbiologischen Systemen – eine (symbiotische) kohärente Anregung über makroskopische Distanzen selbst zu unterstützen [48], wobei diese Ausdehnung im gleichen Größenordnungsbereich wie die Kohärenzlänge des Sonnenlichts liegt, wird Gegenstand einer aufregenden und relativ jungen wissenschaftlichen Entwicklung [49]. Eine solche kohärente Anregung bildet ein selbststabilisierendes, starkes elektrisches Feld aus, das in Phase mit einer kollektiven materiellen Anregung schwingt. Dabei treten intramolekulare elektronische Übergänge zwischen dem Grundzustand und einem bestimmten Anregungszustand des Wassermoleküls auf. Diese Möglichkeiten werten das Wasser von seiner traditionellen Rolle als passives, raumfüllendes Lösungsmittel in Biosystemen zu einer besonderen Rolle auf, die jedoch noch weiter erforscht werden muß. Nichtbiologisch könnten die Konsequenzen sogar noch weitreichender sein. Ein Gebiet, auf dem die Bedeutung der Wasser-Kohärenz noch zu erforschen ist, betrifft das Nicht-Gleichgewichts-Phänomen der *Sonolumineszenz*. Dieses Phänomen findet zur Zeit starke Aufmerksamkeit, besonders in der Quantenfeldtheorie, die einen möglichen Zusammenhang zum Casimir-Licht herstellt.

Potentiell am wichtigsten ist jedoch die Möglichkeit lebender Organismen, auch auf jene Vektorpotentiale anzusprechen, die weder elektrische noch magnetische Komponenten aufweisen. Das bedarf jedoch dringend der Erforschung.

Es ist deshalb wahrscheinlich, daß das Konzept der kohärenten Nicht-Gleichgewichts-Anregungen, das H. Fröhlich so genial vor etwa 30 Jahren in die Biologie einführte, nicht nur ein entscheidender Faktor zum Verständnis des Lebens ist, sondern noch weitergehende Relevanz und tiefere Bedeutung besitzt als ursprünglich angenommen.

LITERATUR UND ANMERKUNGEN

[1] Fröhlich, H., in: „Theoretical Physics and Biology", Proceedings of the First International Conference on Theoretical Physics and Biology, Versailles, 1967, pp.12-22, Edited by M. Marois, North Holland, Amsterdam, 1969.

[2] Fröhlich, H., Phys. Lett. **26A**, 402-3 (1968); Int. J. of Quantum Chemistry **2**, 641-649 (1968).

[3] Schrödinger, E., „What is Life?", pp. 69-70, CUP, 1944.

[4] Betskiy, O.V., J. of Communications Techn. and Electronics **38**, 65-82 (1993).

[5] Fröhlich, H., Adv. in Electronics & Electron Phys. **53**, 85-152 (1980).

[6] Careri, G., in: „Theoretical Physics and Biology", Proceedings of the First International Conference on Theoretical Physics and Biology, Versailles, 1967, p. 55, Edited by M. Marois, North Holland, Amsterdam, 1969.

[7] Prohofsky, E.W. and Eyster, J.M., Phys. Lett. **50A**, 329-330 (1974).

[8] Weitere Beispiele sind die kürzlich beobachteten/vorausgesagten kohärenten THz - Strahlen durch kohärente LO-Phononen in Te/GaAs. die mit ultrakurzen (Femtosekunden-) Laser-Pulsen gepumpt werden [9, 10].

[9] Dekorsky, T. et al., Phys. Rev. **B53**, 4005-4014 (1996).

[10] Kuznetsov, A.V. and Stanton, C.J., Phys. Rev. **B51**, 7555-7565 (1995).

[11] Fröhlich, H., Phys. Lett. **39A**, 153-4 (1972).

[12] Fröhlich, H., Neuroscience Res. Prog. Bull. **15**, 67-72 (1977).

[13] Fröhlich, H. and Hyland, G.J., in: „Scale in Consciousness Experience", pp. 405-438, Edited by J. King and K.H. Pribram, Lawrence Erlbaum, N.Jersey, 1995.

[14] Kaiser, F., Nanobiology **1**, 149-161 (1992) – hier findet man Referenzen zu früheren Arbeiten von 1977.

[15] Norris, V. and Hyland, G.J., Molecular Microbiology **24**, 879-883 (1997).

[16] Pohl, H.A., in: „Coherent Excitations in Biological Systems", pp. 199-140, Edited by H. Fröhlich, Springer-Verlag, Berlin, 1988.

[17] Belyaev, I. Y. et al., Z. Naturforsch. **47c**, 621-627 (1992).

[18] Smith, C.W. et al., in: „Photon Emission From Biological Systems", pp. 110-126, Edited by B. Jezowska-Trzebiatowska et al., World Scientific, Singapore, 1986.

[19] Van Brunt, E.E. et al., Annals. NY Acad. Science **117**, 217-227 (1964).

[20] Fröhlich, H., Phys. Lett. **51A**, 21-22 (1975).

[21] Fröhlich, H., „Theory of Dielectrics", OUP, 1949.

[22] Fröhlich, H., in: „Biological Coherence and Response to External Stimuli", pp. 1-24, Edited by H. Fröhlich, Springer-Verlag, Berlin, 1988.

[23] Pokorny, J. and Wu, T.-M., „Biophysical Aspects of Coherence and Biological Order", Academia, Prague, 1998.

[24] Pokorny, J. – personal communication, 1999.

[25] Sit'ko, S.P., Physics of the Alive **1**, 5-21 (1993).

[26] Das hängt damit zusammen, daß eine suprathermisch angeregte einzelne kollektive Mode quantenmechanisch als System einer extrem hohen Zahl von (Vibrations-) Quanten gleicher Frequenz angesehen werden kann, wobei die Quantenzahl weitaus höher ist als im thermischen Gleichgewicht bei physiologischen Temperaturen. Da diese Vielzahl von Quanten im gleichen Zustand (in der gleichen Phasenraumzelle) vorliegt, bilden sie das aus, was man technisch als „Bose-Kondensat" bezeichnet.

[27] Smith, C.W., Frontier Perspectives **7** (1), 9-15 (1998).

[28] Ho, M.-W. et al., in: „Bioelectrodynamics and Communication", Ch. 7, Eds. M.-W. Ho, F.-A. Popp and U. Warnke, World Scientific, Singapore, 1994.

[29] Kashulin, P.A. and Roldugin, V.A., Proc. Electromagnetic Fields & Human Health Conference, Moscow, pp.272-273, September, 1999.

[30] Es sollte ergänzt werden, daß im Fall benachbarter Wasser-Absorptionsbanden die Beobachtung solcher Linien (die um einen Faktor in der Größenordnung von 10^5 gegenüber thermischer Anregung verstärkt sind) schon allein Hinweis auf kohärente Anregung sind, wobei viele Zellen synchronisiert sein müssen, also im gleichen Stadium der Entwicklung vorliegen müssen, da die Streu-Intensität dann (und nur dann) mit dem *Quadrat* der Zahl der streuenden Einheiten ansteigt.

[31] Webb S.J. et al., Phys. Letts **60A**, 267-268 (1977); ibid., **69A**, 65-67; Physics Report, **60** (4), 201-224 (1980); V.S. Bannikov et al., Doklady Akad. Nauk. **253** (2), 479-480 (1980); F. Drissler & L. Santo, in: „Coherent Excitations in Biological Systems", pp. 6-9, Edited by H. Fröhlich & F. Kremer, Springer-Verlag, Berlin, 1983.

[32] Webb, S.J. et al., Phys. Lett. **63A**, 407-408 (1977).

[33] Hyland, G.J., Engineering Science and Education Journal **7** (6), 261-269 (1998).

[34] Grundler & F. Kaiser, Nanobiology **1**, 163-176 (1992).

[35] Devyatkov, N.D., Sov. Phys. Uspekhi (English transl.) **16**, 568-579 (1974).

[36] Webb & A.D. Booth, Nature **222**, 1199-1200 (1969).

[37] Berteaud et al., C.R. Hebd. Seances Acad. Sci. Ser. D, **281**, 843-846 (1975).

[38] Golant et al., Radiophys. Quantum Electron. **37**, 82-84 (1994); I.Ya. Belyaev et al., Electro-and Magnetobiology, **13** (1), 53-65 (1994).

[39] Smolyanskaya, A.Z. and Vilenskaya, R.L., Sov. Phys. Uspheki **16**, 571-572 (1974).

[40] Webb, S.J., Phys. Lett. **73A**, 145-148 (1979).

[41] Lukashevsky, K.V. and Belyaev, I. Ya, Med. Sci. Res. **18**, 955-957 (1990).

[42] Lai, H. et al., Engineering in Medicine and Biology **6**, 31-36 (1987).

[43] Rowlands, S., in: „Biological Coherence and Response to External Stimuli", pp. 171-191, Edited by H. Fröhlich, Springer-Verlag, Berlin, 1988; Neural Network World **4** (3), 339-356 (1994).

[44] Shcheglov, V.S. et al., Electro- and Magnetobiology **16**, 69-82 (1997) – hier findet man Referenzen zu früheren Arbeiten.
[45] Moodrick, D.G., in: „BioPhotonics", pp. 363-368, Edited by L.V. Beloussov and F.-A. Popp, Bioinform Services Co., Russia, 1995.
[46] Rattemeyer, M. and Popp, F.-A., Naturwissenschaften **68**, 572-573 (1981).
[47] Kaiser, F., in: „Energy Transfer Dynamics", pp. 224-236, Edited by T.W. Barrett and H.A. Pohl, Springer-Verlag, Berlin, 1987.
[48] Smith, C.W., in: „Ultra High Dilution – Physiology and Physics", pp. 187-201, Edited by P.C. Endler and J. Schulte, Kluwer Academic, Dordrecht, 1994.
[49] Arani, F. et al., J. of Mod. Phys. B **9**, 1813-1841(1995).

Fritz-Albert Popp

Leben als Sinnsuche

Einführung

Aus der Sicht der Molekularbiologie erscheint die Frage nach der Entstehung und dem Wesen des Lebens im Prinzip als gelöst. So entstanden vor etwa fünf Milliarden Jahren Assoziate aus Proteinen und Nukleinsäuren, die sich unter Einbindung weiterer Biomoleküle zu immer komplexeren Strukturen entwickelten. Die „Richtung" der Evolution wird dabei vom Vorteil der überlebenden Struktur gegenüber konkurrierenden Vergleichsprodukten bestimmt, die erstaunliche Vielfalt biologischer Erscheinungsformen resultiert aus „zufälligen" Mutationen des Erbguts. Dieser Antagonismus aus Selektion und zufälliger Variation ist der eigentliche Kernpunkt „wissenschaftlicher" Auseinandersetzung bis zum heutigen Tag, weil er einerseits als „Befreiungsschlag", andrerseits aber auch als Trivialität aufgefaßt werden kann. *„Befreiungsschlag"* insofern, als er – wie kein anderer Gedanke vor ihm – das vorherrschende naive christliche Weltbild der Entstehung der Lebewesen mit all seinen positiven und negativen Konsequenzen regelrecht zertrümmerte, um so auch der „Wissenschaft" zur heutigen Dominanz zu verhelfen. *„Trivialität"* insofern, als dieses als „Darwinismus" gefeierte Erklärungsmodell der biologischen Evolution grundsätzlich nicht widerlegbar ist: Der „Überlebende" ist definitionsgemäß der „Tüchtigste", genetische Veränderungen sind naturgemäß „zufällig", da sie letztlich nicht deterministisch vorherbestimmbar sein können, sei es wegen ihrer experimentellen Unüberprüfbarkeit oder/und ihrer aus der Quantentheorie folgenden Unbestimmbarkeit. Die „Stärke" des Darwinismus ist seine Unwiderlegbarkeit, die „Schwäche" das Fehlen jeder Voraussagekraft, die üblicherweise eine wissenschaftliche Theorie auszeichnet. So bleiben „Darwinisten" immer dann eine Antwort schuldig, wenn man sie nach konkreten Formen der *zukünftigen biologischen Evolution* fragt oder danach, ob und in welcher Weise Leben auf anderen Planeten existiert. Als unüberbietbarer „Vorteil" der

Darwinistischen Denkrichtung gegenüber allen bestehenden Annahmen und Vorstellungen kann ihre extreme Reduktion auf wesentliche Elemente betrachtet werden, als fataler Nachteil ihr Ausschließlichkeitsanspruch, der dem Menschen die Frage nach einem „Sinn" seines Daseins abschneidet. Die Möglichkeit, auch dann nach einem „Sinn" zu suchen, wenn er eine wissenschaftlich begründbare Antwort nicht erwarten kann, wird dabei nicht offengehalten. An die „Sinnfrage" sind elementare Funktionen unseres menschlichen Daseins gebunden, so zum Beispiel notwendige Entscheidungen im Bereich der „Ethik" bis hin zur Entfaltung unseres individuellen oder globalen „Bewußtseins".

Man steht heute vor der Aufgabe, weiterführende Modelle der Evolution zu diskutieren, die – aus den genannten Gründen – den Darwinismus zwar nicht widerlegen können, aber dennoch zu tieferen wissenschaftlichen Einsichten über das eigentliche Wesen des Lebens führen. Solche Modelle müssen sich, um glaubwürdig zu bleiben, besonders auf allgemein anerkannte Eigenschaften des Lebens stützen, die aus biochemischer Sicht nur schwer oder überhaupt nicht erklärbar sind. Dazu gehört zum Beispiel auf elementarer Ebene das „timing" biologischer Funktionen: Was veranlaßt ein Molekül, eine bestimmte Reaktion zu einem bestimmten Zeitpunkt an einer bestimmten Stelle durchzuführen? Enzymatische Reaktionen, Degradationen oder die Synthese der Biomoleküle, die Polarisation oder Depolarisation von Membranpotentialen und viele andere biologische Funktionen müssen ja *nicht nur stattfinden*, sondern besonders an der richtigen Stelle zum richtigen Zeitpunkt ablaufen. Bedenkt man, daß die Molekularbiologie bis heute weder eine Antwort auf diese Frage zu liefern vermag, noch nicht einmal die Frage überhaupt stellt, bedenkt man ferner, daß immerhin an die hunderttausend Reaktionen pro Sekunde und pro Zelle das Geschehen bestimmen, dann erhält die Suche nach dem „Dirigenten des Life-Konzerts" grundlegende Bedeutung. Die „Biophotonik", das ist die Analyse und Anwendung der Photonenemission aus biologischen Systemen, erlaubt auf diese entscheidende Frage heute Antworten, die richtig sein *müssen*, da es dazu keine vernünftige Alternative gibt. Sie zeigen überdies auch den Weg auf, wie man sich aus dem Labyrinth Darwinistischer Denkzyklen befreien kann. Aus diesem Grunde konzentriert sich mein Beitrag zum Thema „What is Life?" auf die molekulare Reaktivität und ihren notwendigen Zusammenhang zu „ganzheitlichen" Prinzipien biologischer Steuerung.

Die Steuerung biochemischer Reaktivität

Eine Zelle hat bis auf unwesentliche Ausnahmen das Volumen von ungefähr 10^{-9} cm^3. In wenigen Stunden kann in diesem mikroskopisch kleinen Bereich zum Beispiel der meterlange Molekülfaden DNA synthetisiert werden. Daneben gibt es noch eine ähnlich hohe Reaktionsrate anderer, an verschiedenen Stellen innerhalb des Zellvolumens zu verschiedenen Zeiten stattfindender Umsetzungen. Es gehört zum Standardwissen der Chemie, daß eine Reaktion dann und nur dann ablaufen kann, wenn mindestens einer der Reaktionspartner von mindestens einem Photon passender Aktivierungsenergie angeregt wird [1], da im Grundzustand alle Molekel inaktiv (inert) sind. Bei der absoluten Temperatur T um 0 K liegt dieser Fall vor. Konsequenterweise kann es bei tiefen Temperaturen keine chemische Reaktivität mehr geben. Im Reagenzglas sorgt die thermische Strahlung für die Bereitstellung passender Photonen. Dementsprechend steigt die Reaktionsrate mit dem sogenannten „Arrhenius-Faktor" $\exp(-E_a/kT)$ an, wobei E_a die notwendige Aktivierungsenergie für die betrachtete Reaktion und kT die mittlere thermische Energie bedeuten. Der Arrhenius-Faktor ist identisch mit dem Boltzmann-Faktor, der die Zahl der verfügbaren thermischen Photonen der passenden Aktivierungsenergie E_a bei der Temperatur T angibt. Im Einklang zum Arrhenius-Faktor (bzw. Boltzmann-Faktor) steigt die Reaktionsgeschwindigkeit chemischer Umsetzungen im Reagenzglas etwa um den Faktor 2, wenn die Temperatur unter Normalbedingungen (bei Zimmertemperatur) um 10 Grad erhöht wird. Wegen der exponentiellen Abhängigkeit des Arrhenius-Faktors von der Aktivierungsenergie E_a ist es auch zutreffend, daß eine Erniedrigung der Aktivierungsenergie E_a die chemische Reaktivität erheblich beschleunigen kann. Das ist nach heutiger Einschätzung der Vorteil enzymatischer Reaktionen. Durch Ankopplung von Enzymen an das Substrat wird die Aktivierungsenergie gesenkt. Dadurch kann die Reaktivität um Größenordnungen ansteigen. Das Problem der Steuerung wird dadurch aber nicht gelöst, da natürlich auch enzymatische Reaktionen der Anregung durch mindestens ein Photon passender, wenngleich niedrigerer Aktivierungsenergie (als für das Substrat notwendig wäre) bedürfen. Selbstverständlich kann aber mit thermischen Photonen, die völlig isotrop und stationär verteilt sind, keine geordnete Regulation chemischer Reaktionen stattfinden.

Ein realistisches Bild der Verhältnisse in einer Zelle des Volumens von 10^{-9} cm³ erhält man aus den folgenden Photonenzahlen, die sich klassisch aus der elektromagnetischen Energie für die jeweiligen Spektralbereiche errechnen [2]. Sie zeigen, daß die thermische Strahlung in Zellen keine Rolle spielt, da sie um viele Größenordnungen niedriger ist als die gemessene Strahlung ("Biophotonen"). Die gemessene Strahlungsdichte der Biophotonen wiederum könnte um Größenordnungen unter der Strahlungsdichte der in den Zellen wirklich vorhandenen Biophotonen liegen, muß es aber nicht.

Die Zahl der vorhandenen *thermischen* Photonen bei physiologischen Temperaturen um 310 K errechnet sich zu Beträgen zwischen 10^{-20} (für Photonen um 800 nm, entsprechend einer Aktivierungsenergie E_a von 1,5 eV) und 10^{-15} (für Photonen um

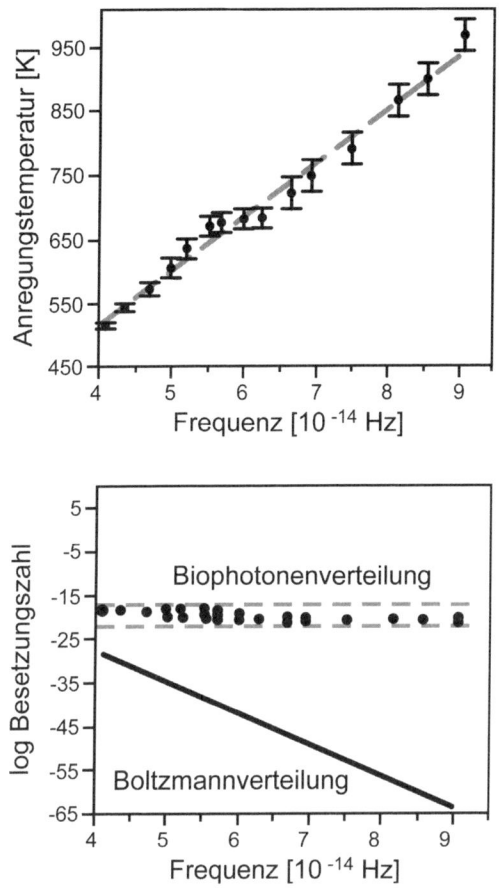

Abb. 1:
Die Temperatur, die der Biophotonenemission im Bereich von 800 bis 300 nm nach der Bose-Einstein-Statistik zuzuordnen wäre (wenn sich biologische Systeme im thermischen Gleichgewicht befänden) steigt linear mit der Frequenz an. Das folgt aus Meßwerten der spektralen Biophotonen-Intensität an lebenden Organismen und deren Umrechnung in Mindest-Temperaturwerte der betreffenden Objekte (Beispiel in Abbildung oben). Für die mittleren Besetzungszahlen des Phasenraums (Abbildung unten) erhält man konsequenterweise eine Gleichverteilung, die mit wachsender Frequenz über Größenordnungen wachsenden Abstand von der Boltzmann-Verteilung aufzeigt.

400 nm, entsprechend einer Aktivierungsenergie von 3 eV). Für Photonen im UV-Bereich um 200 nm sinkt die Zahl ther-

mischer Photonen in einer Zelle auf die Größenordnung 10^{-95}. Messungen der Biophotonenemission belegen aber, daß in den DNA-haltigen Zellen aller Lebewesen die Zahl der wirklich vorhandenen Photonen relativ unabhängig von der Wellenlänge weit höher liegt als im thermischen Gleichgewicht bei physiologischen „Temperaturen", nämlich bei mindestens 10^{-15}, also um einen Faktor zwischen 10^5 bis 10^{30} höher als von der thermischen Strahlung zu erwarten wäre [3]. Die Abbildung 1 zeigt den Vergleich zwischen Biophotonen-Besetzung und thermischer Besetzung im logarithmischen Maßstab.

Allein diese Daten weisen bereits aus, daß die biochemische Reaktivität mit Anregungsenergien zwischen 1,5 eV (35 kcal/Mol) und 3 eV (70 kcal/Mol) nicht von thermischer Strahlung getriggert wird. Es sind mit Sicherheit Biophotonen, die die Reaktionen in Zellen aktivieren oder deaktivieren. Dies wird besonders deutlich, wenn man zusätzlich dem Umstand Rechnung trägt, daß aus der im Extrazellulärraum in absoluter Dunkelheit gemessenen Biophotonenemission unter Umständen wesentlich niedrigere Photonenzahlen für den Intrazellulärraum errechnet werden müssen als in den Zellen tatsächlich vorhanden sind. Das liegt einmal an der bei der Messung der Biophotonenemission unberücksichtigten Tageshelligkeit, die das System im Sonnenlicht zusätzlich partiell durchflutet. Legt man die Solarkonstante (2 cal cm^{-2} s^{-1}) zugrunde, dann kann sich die wirkliche Photonenzahl im Hellen gegenüber der aus Messungen in der Dunkelheit gewonnenen Biophotonenzahl um einen Faktor 10^{18} erhöhen. Anstelle von 10^{-15} nachgewiesenen Biophotonen im Bereich von 200 bis 800 nm ergäbe sich dann die stattliche Photonenzahl um 10^3 pro Zelle. Zum andern müssen wir einen weiteren Faktor berücksichtigen, der eine entscheidende Rolle spielt, den „Güte-Faktor" (Q-Wert oder Resonatorwert) [4]. Er charakterisiert das Speichervermögen des untersuchten Systems für elektromagnetische Wellen. Er gibt an, um welches Maß die im System gespeicherte Energie die abgestrahlte Verlustenergie überschreitet. Je höher dieser Q-Wert ist, um so geringer sind die relativen Schwankungen der im Innern verfügbaren Speicherenergie. Die Tatsache, daß die Funktionalität der Zellen unabhängig von der Anwesenheit externer Strahlung relativ stabil bleibt, also die gleichen Funktionen auch dann ablaufen können, wenn die externe Anregung fehlt, weist auf ein hohes Lichtspeichervermögen hin. Immerhin wäre ein Q-Wert um 10^{18} nötig, um die Besetzung der Zelle mit Photonen der Sonne stabil zu halten, ohne im Dunkeln merklich „auszulaufen". Wir werden später auf diesen Aspekt zurückkommen. Gleichgültig, ob die Zelle nun ein derartig hohes Speichervermögen hat oder nicht: *Als Ursache der Steuerung biochemischer Reaktivität in den Zellen kann allein nur das in den Zellen gespeicherte und außen auch tatsächlich meßbare Licht, nämlich Biophotonen, verantwortlich sein.*

Licht legt pro Sekunde eine Strecke von $3 \cdot 10^{10}$ cm zurück, benötigt also beim Durchgang einer Zelle die Zeit von zirka 10^{-13} Sekunden. Die klassische Kohärenzzeit der Photonen bestimmt sich aus der Zeit, in der die entsprechende Lichtwelle ihre Phaseninformation verliert. Sie stimmt mit der Lebensdauer des optischen Übergangs, aus dem sie stammt, überein [5]. Sie ist weitaus größer als die Durchlaufzeit von 10^{-13} Sekunden. Sie liegt zwischen 10^{-9} s für erlaubte optische Übergänge und 10^{-2} s für verbotene. Lichtwellen, die in einer Zelle erzeugt werden oder vorhanden sind, können demnach ihre Phaseninformation über diesen Bereich und weit darüber hinaus praktisch nicht verlieren. In diesem entscheidenden Argument darf ich auch auf die geschätzte Zustimmung von Hans-Peter Dürr hinweisen. Es ist unrealistisch, zu glauben, daß sich in den Zellen inkohärente (phaseninstabile) Photonen befinden. Dazu sind die Lebensdauern der optischen Übergänge gegenüber der Zeit, die das Licht braucht, um eine Zelle zu durchlaufen, um Größenordnungen zu hoch. In einer Zeit von 10^{-13} Sekunden kann ein Photon, dessen Phaseninformation über mindestens 10^{-9} Sekunden aufrecht erhalten bleibt, seine Phase unmöglich vergessen. In Wirklichkeit „sieht" eine Zelle (und auch deren Bestandteile) im allgemeinen nicht einzelne Photonen, sondern stark delokalisierte Wellenfunktionen. Tatsächlich kann auch eine lokale Quelle oder Senke der Biophotonen, beispielsweise Radikale, aus Gründen der Delokalisierung des Lichtfeldes über das Volumen einer Zelle nicht existieren. Das erklärt, weshalb alle Versuche, eine solche Quelle zu finden, zum Scheitern verurteilt waren und weiterhin auch sein werden [6]. Jede Zelle und deren Randbereiche über die Zelle hinaus befinden sich stets in bestimmten Kohärenzvolumina des vorhandenen Lichtfeldes. Anstelle einzelner Photonen bilden sich in diesen intra- und extrazellulären Regionen Interferenzmuster aus, die um so komplexere raumzeitliche Strukturen annehmen, je komplexer die Materie selbst strukturiert ist. Die Reaktivität der Molekel folgt konsequenterweise nicht chaotischen Anregungen durch Wärmestrahlung, sondern der raumzeitlichen Ausmusterung elektromagnetischer Feldenergie, die das kohärente Feld der Biophotonen an den diversen Stellen der Zellen und deren Umgebung zu bestimmten Zeiten zur Verfügung stellt. Diese Fakten zwingen zu einem „ganzheitlichen" Modell der Funktionen einer Zelle und der Evolution von Zellen zu Organismen. Abbildung 2 zeigt ein typisches Beispiel einer solchen Ausmusterung von Interferenzfiguren und deren „ganzheitlicher" Wechselwirkung.

Die Besinnung auf solche elementaren Fakten liefert uns beispielsweise bereits eine Antwort auf die Frage, die Erwin Schrödinger zu Recht als wesentlich ansah: Weshalb ist die Fehlerhäufigkeit in der Zuordnung der Biomoleküle während der Zellteilung nicht mindestens ebenso hoch wie die Quadratwurzel aus der Molekülzahl? Nach Gesetzen der Statistik müßte zum Beispiel eine Fehlerrate von 10^5 Basenpaaren in der Tochterzelle auftreten, wenn die Mutterzelle ihre 10^{10} Basenpaare auf die beiden Tochterzellen verteilt. In Wirklichkeit treten in der Regel keine Fehler auf. Die Antwort liegt in der Stabilität des „Biophotonenfeldes", das sich in den Zellen ausbildet und wegen hoher Resonatorgüten ein entsprechend hohes Auflösungsvermögen gewährleistet.

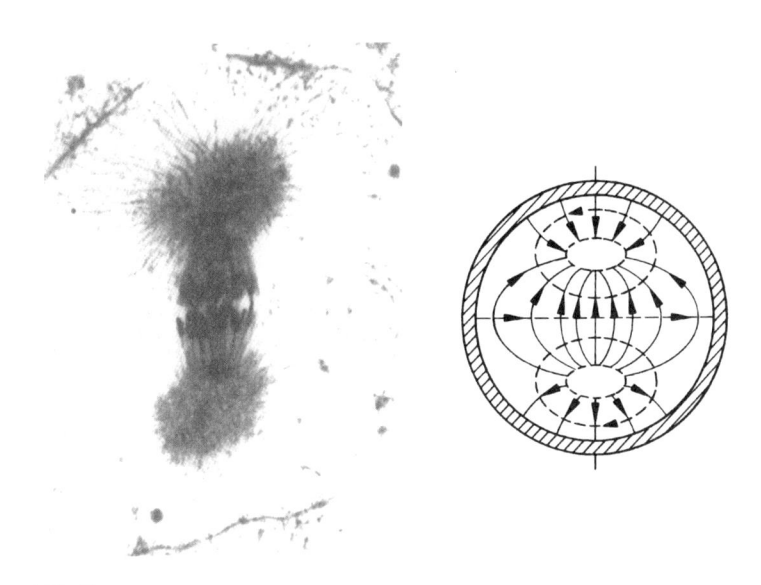

Abb. 2:
Beispiel der „ganzheitlichen" Ausmusterung der Zelle durch ein kohärentes Photonenfeld. Die mitotischen Teilungsfiguren lassen sich durch Überlagerung von Hohlraumresonatorwellen verstehen. Biologische Materie folgt den elektromagnetischen Führungskräften des Photonenfeldes, das wiederum mit der Materie in ihrer Rolle als variable Randbedingung rückkoppelt.

Dieser Aspekt rechtfertigt es auch, biologische Systeme in einfachster Näherung als Resonatoren zu betrachten, die sowohl als leitende als auch als dielektrische Hohlräume und Wellenleiter funktionsfähig sein können. Eine Erweiterung dieses Konzepts ist aber unbedingt erforderlich, da es sich, wie die Messungen zeigen, einerseits nicht um lineare Resonatoren handelt [7,8], und andrerseits die Zelle kein Objekt der klassischen Physik sein kann. Bei den vorliegenden niedrigen Photonenzahlen muß die Quantenoptik bzw. Quanten-Elektrodynamik ins Spiel kommen. Das Plancksche Wirkungsquantum erhält demnach eine entscheidende Bedeutung für das tiefere Verständnis der raum-zeitlichen biologischen Strukturierung.

Resonatoren und Information

Den Zusammenhang zwischen Energieinhalt und Information erhält man allerdings am einfachsten über ein klassisches Resonatormodell, das freilich, um biologischer Funktionalität gerecht zu werden, auf die Erfassung nichtlinearer und quantentheoretischer Phänomene erweitert werden muß. Bleiben wir aber zunächst bei der einfachsten Beschreibung. Sie soll lediglich den Sachverhalt verdeutlichen, daß sich die „Qualität" des Lebens entscheidend auf die Speicherfähigkeit für elektromagnetische Energie gründet. Dieser Aspekt kann nicht nur physikalisch, sondern auch teleologisch begründet werden. Die Besonderheit des Lebens besteht aus dieser äußerst einfachen, dennoch aber keineswegs Darwinistischen Sicht darin, daß die Information des Sonnenlichts auf der Erde von lebenden Organismen optimal genutzt wurde mit dem „Ziel", die thermische Dissipation der Lichtenergie so lange wie möglich zu verzögern. Dieses „Ziel" ist schlichtweg die Definition des Lebewesens, das sich gegenüber toter Materie durch diese Eigenschaft auszeichnet. Als Hinweis auf die Richtigkeit dieser Vermutung sollte die Photosynthese als elementare Nahrungsquelle des Lebens verstanden werden, ferner aber auch die Tatsache, daß die Kohärenzfläche der Sonnenstrahlung auf der Erde in der Größenordnung der Fläche einer Zelle (zirka 10^{-6} cm^2) liegt [9]. Zellen sind aus dieser Sicht keine Enzympäckchen, sondern Resonatoren der Sonnenstrahlung.

Bekanntlich beschreibt die Resonatorgüte $Q = \nu U/i$, mit ν als Frequenz, U als spektrale Speicherenergie und i als spektrale Verlustleistung, ebenso auch die potentielle Information (in Einheiten von bit), die im Resonator gespeichert ist. Zur Veranschaulichung mache man sich klar, daß die Resonatorgüte identisch ist mit der Zahl der Reflexionen, die die Lichtwelle der betreffenden Frequenz im Speicher erfährt, bevor sie als Verlustleistung (zum Beispiel als Wärme) abgestrahlt wird.

Diese Zahl der Reflexionen ist identisch mit der Zahl der möglichen Modulationen („Ja-Nein"-Entscheidungen), die dem Lichtstrahl aufgeprägt werden können, um Informationen über Lichtsignale zu vermitteln. Das Resonatormodell bietet einen natürlichen Einstieg in die Behandlung des Zusammenhangs zwischen Energieinhalt und Informationsverarbeitung biologischer Systeme. Die Quantifizierung stößt allerdings auf Schwierigkeiten, die damit zusammenhängen, daß die Biologie (im Gegensatz zur technischen Physik) die physikalischen Eigenschaften äußerst variabel und nichtlinear gestaltet, was leicht in Größenordnungsbereiche führt, die aus der Sicht der Erfahrungen mit technischer Physik kaum für möglich gehalten werden.

So hat ein Mikrowellen-Resonator Q-Werte um 1000, Laser erreichen Q-Werte um 10^{13}. Es scheint allerdings so, als ob es neuerdings japanischen Wissenschaftlern gelungen sei, Gläser im optischen Bereich mit Q-Werten um 10^{20} zu finden. Der Q-Wert kann auch aus der Abklingzeit τ des Resonators nach Anregung mit elektromagnetischen Wellen der Frequenz ν aus der Beziehung $Q = \nu\tau$ berechnet werden [4]. Nimmt man die Abklingzeiten der „verzögerten Lumineszenz" biologischer Systeme, die von Millisekunden bis Stunden reichen, dann erhält man Q-Werte in der Größenordnung von 10^{12} bis 10^{20}. Schätzt man andrerseits die Information ab, die notwendig ist, um alle Funktionen einer Zelle zu steuern, dann kann man, wie folgt, verfahren: Die Information, die man für eine einzige Funktionseinheit benötigt, multipliziert man mit der Zahl der Funktionseinheiten für jenen Zeitraum, der ausreicht, um das Gesamtprogramm einmal ablaufen zu lassen. Für eine Funktionseinheit hat man im Ortsraum das Reaktionsvolumen, im Impulsraum jenen engen Spektralbereich zu ermitteln, der innerhalb des verfügbaren Gesamtimpulsraums die betrachtete Reaktion triggert. Das Zeitintervall für eine Funktionseinheit entspricht der Zeit, in der eine einzige Reaktion stattfindet. Sie ist identisch mit dem zeitlichen Auflösungsvermögen der Gesamtregulation. Geht man von 10^5 Reaktionen pro Sekunde und pro Zelle aus, dann beträgt das zeitliche Auflösungsvermögen mindestens 10^{-5} s. Üblicherweise spielt eine Zelle ihr Gesamtprogramm innerhalb eines Tages durch. Das bedeutet, daß man mindestens 10^5 s/(10^{-5} s) = 10^{10} mal (und maximal etwa 10^{12} mal) die potentielle Information aufzubieten hat, die zur Steuerung einer einzigen Funktionseinheit nötig ist. Geht man von einem minimalen Reaktionsvolumen in der Größenordnung von 10^{-24} cm^3 aus, dann beträgt die Wahrscheinlichkeit W_R, das passende Reaktionsvolumen anzusteuern, $W_R = 10^{-24}$ cm^3/(10^{-9} cm^3) = 10^{-15}. Realistische Abschätzungen ergeben für den Impulsraum etwa den gleichen Wert $W_p = 10^{-15}$, was bedeutet, daß die Information I, die notwendig ist, um eine Funktionseinheit der Zelle zu triggern (zu steuern und zu aktivieren oder zu deaktivieren), in der Größenordnung I = -ld (W_R W_p) = 90 bit liegt, vereinfacht bei zirka 100 bit. Pro Zelle erhält man deshalb durch Multiplikation mit 10^5s/10^{-5}s = 10^{10} Funktionseinheiten pro Tag die Gesamtinformation von 10^{12} bis maximal 10^{14} bit/Tag. Die Kohärenzzeit τ für diesen Resonator entspricht einer tatsächlich meßbaren Abklingzeit Q/ν von 10^{-3} s bis 10^{-1} s, wie sich aus den experimentellen Befunden der „verzögerten Lumineszenz" bestätigen läßt [10]. Im Fall, daß alle 10^{13} Zellen eines Menschen für ein Lebensalter (zirka 10^4 Tage) kooperativ zusammenwirken, ergibt sich die gigantische Information von 10^{29} - 10^{31} bit, nämlich 10^{12} bis 10^{14} bit/(Zelle und Tag) mal 10^{13} Zellen/Mensch mal 10^4 Tagen Lebensalter, entsprechend auch einer Resonatorgüte von 10^{29} bis 10^{31}. Die daraus folgende theoretische Kohärenzzeit (Q/ν) von 10^7 bis 10^9 Jahren kann als „klassische" Gedächtniszeit der Evolution, entsprechend der Zeit, seit der die Information der ersten Zelle gespeichert blieb, gedeutet werden. Was aber immer auch dieser theoretische Wert bedeuten mag, es ist realistisch, anzunehmen, daß die Zellen seit ihrer Evolution zu höher organisierten Einheiten ihre Kohärenz beträchtlich steigerten. Damit verbesserten sie sowohl die Fähigkeit, Licht zu speichern als auch den Informationsgehalt zu erhöhen, in höheren Formen der biologischen Evolution so erheblich, daß neben dem Darwinschen Postulat die geradezu gegensätzliche Hypothese ebenso trivial erscheint: Biologische Evolution bedeutet die Entwicklung und Entfaltung raum-zeitlicher Strukturen, die sich selbst einen immer höheren „Sinn" zuordnen können. Unter „Sinn" verstehe ich dabei „wissenschaftlich" die auf der Basis kohärenter Zustände möglichen Variationen (Modulationen) kommunikativer Wechselwirkungen. Diese Entwicklung „kompensiert" in gewisser Weise die thermische Dissipation, indem sie in Form offener Systemeinheiten eine immer höhere Resonatorgüte (Kohärenz) der Lebewesen – als Gesamtheit – erzeugt. Wenngleich dieser „Sinn" nicht beweisbar ist, so wird er im Gegensatz zur Darwinschen Philosophie nicht „sinnlos", sondern erhält die *dominante* Bedeutung eines Führungspotentials, das die „Macht" des Zufalls zu brechen vermag. An die Stelle des „Kampfs um das Dasein" tritt aus dieser Sicht die eher spielerische Bemühung der am evolutiven Geschehen beteiligten Gesamtheit um einen „Sinn", der sich keineswegs als statisches Ziel, sondern – von der jeweiligen Kommunikationsbasis ausgehend – als sich entfaltendes dynamisches Geflecht wachsender Möglichkeiten erweist. Grundlage dieser Hypothese ist die in allen Zeitabschnitten stets immer auch anwachsende Resonatorgüte biologischer Systeme.

Messungen der „Verlustrate" i, als die der Biophotonenstrom im Außenraum der lebenden Struktur anzusehen ist, erlauben natürlich bereits wertvolle Hinweise auf den Speicherinhalt. Man stellt fest, daß bis auf unwesentliche Abweichungen der Biophotonenstrom relativ unabhängig von der Wellenlänge bei einigen Photonen pro Sekunde und pro Quadratzentimeter Oberfläche des lebenden Systems und relativ unabhängig von Größe und Art des Organismus bei physiologischen Temperaturen in absoluter Dunkelheit konstant bleibt. Bei Resonatorgüten Q zwischen 10^{12} (für eine Zelle) bis 10^{31} (für den Menschen) steigt die mittlere Photonenzahl pro Zelle von 10^{-9} auf 10^7. Sie liegt damit sicher um mindestens 10 Größenordnungen über dem thermischen Rauschen und nähert sich einer Besetzung, in der jedes Basenpaar der DNA (vermutlich durch Bildung von Exciplexen, auf die ich später zurückkomme) ein

Photon gespeichert hat. Wachstum und Reife bedeuten aus dieser Sicht fortwährende Speicherung kohärenten Lichts, das gleichzeitig für die attraktiven Potentiale zwischen den Zellen sorgt. Auch dafür gibt es bereits einfache Modelle.

Um bei realistischen Vorstellungen zu bleiben, sollte hier auch darauf hingewiesen werden, daß die chemische Reaktivität keineswegs hoher Photonenzahlen bedarf. Je zielgerichteter („informativer") die Reaktionen angesteuert werden, um so geringer ist der Bedarf an elektromagnetischer Energie. Wie zum Beispiel Guiseppe Cilento [11] zeigen konnte, laufen einige (oder möglicherweise alle) biochemischen Reaktionen so ab, daß (mindestens) ein Photon aus dem Lichtfeld der Zelle „ausgeliehen" die Reaktion triggert, um dann anschließend für den weiteren Bedarf ohne Thermalisierung an das Feld zurückgegeben zu werden. Auf diese Weise lassen sich bei mittleren Reaktionsgeschwindigkeiten von 10^{-9} s pro Umsetzung theoretisch 10^9 Reaktionen pro Sekunde durch ein einziges Photon triggern. Eine mittlere Besetzung von 10^{-5} Photonen pro Zelle ließe also bereits die mittlere Reaktionsrate von 10^5 Reaktionen pro Sekunde und pro Zelle quantitativ deuten. Dem entspricht eine Resonatorgüte von maximal 10^{16} pro Zelle, im Einklang zu meßbaren Abklingzeiten der „verzögerten Lumineszenz" in der Größenordnung von 10 s. Aus all diesen Abschätzungen erkennt man, daß die Daten relativ gut mit den Erfahrungen übereinstimmen, während alle Vergleichsmodelle die wesentlichen Fragen der biologischen Reaktionskinetik weder beantworten noch überhaupt stellen.

Freilich kann das lineare Modell des Hohlraumresonators aus vielen Gründen nur als grobe qualitative Näherung betrachtet werden. Das liegt daran, daß biologische Materie äußerst flexibel ist und mit dem elektromagnetischen Feld – vermutlich katalytisch – rückkoppelt. Strahlung und Materie sind aus diesen Vorstellungen heraus in Lebewesen in gewisser Weise „verheiratet": Die Stabilität überlagernder Resonatormoden sorgt für ein Führungsfeld, das die Position und die Bewegung wichtiger Biomoleküle steuert. Die Materie wiederum beeinflußt durch ihre Variation der *Randbedingungen* die raum-zeitliche Verteilung der Führungsfelder. Die Gesetzmäßigkeiten, die diese besondere Form der Nichtlinearität hervorrufen, können einerseits nur aus Stabilitätskriterien kohärenter Felder am Übergang von der klassischen Theorie zur Quantenoptik verstanden werden, andrerseits dürfen sie makroskopischen Gesetzen der Thermodynamik nicht widersprechen.

Aus unserer Gruppe [13, 14] stammt in Ergänzung zu diesem Konzept der Vorschlag, die äußerst dynamische Regulation von Lebewesen durch Biophotonen quantentheoretisch mit Hilfe „gequetschter" Zustände zu verstehen. Tatsächlich befindet sich die Intensität der Biophotonen mit einigen bis zu etwa hundert Quanten pro Sekunde und pro Quadratzentimeter gerade in jenem Bereich, der dadurch ausgezeichnet ist, daß klassische Photonenfelder nahtlos in nichtklassische übergehen. Orts- und Impulsunschärfe lassen sich innerhalb der Grenzen, die durch die Unschärferelation vorgegeben bleibt, so variieren, daß durch Nutzung der Breitbandigkeit einzelne Teile von Molekülen oder durch Nutzung einzelner Moden das gesamte System angesprochen werden kann. Auflösungvermögen, Kohärenzvolumen und Signal/Rausch-Verhältnis können sich unter diesen Bedingungen theoretisch beliebig verringern oder erhöhen.

„Klassisch" sind gequetschte Zustände durch Strahlenquellen darstellbar, die so oszillieren, daß sie zu jedem Zeitpunkt das Quantenrauschen der Quelle kompensieren. Ein Modell von Li, in dem in der DNA Polaritonen anzuregen sind, kommt diesem Bild bisher am nächsten. Es gelang allerdings nur, zweifellos nachzuweisen, daß Biophotonen im Extrazellulärraum zu jedem Zeitpunkt einer Poissonstatistik ihrer Photonenzählrate folgen. Das ist eine notwendige Bedingung für kohärente Zustände. Zusammen mit der hyperbolischen Abklingfunktion der verzögerten Lumineszenz (Abbildung 3) ist damit zwar der Nachweis erbracht, daß sie aus einem kohärenten

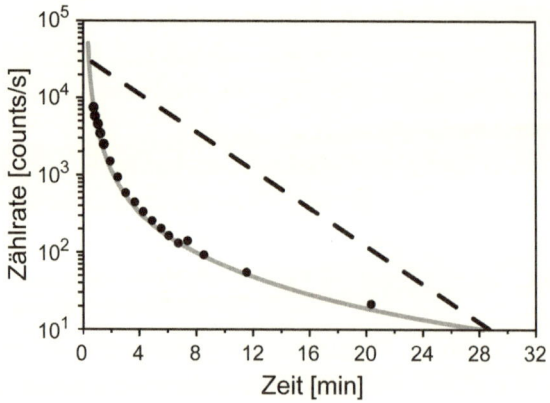

Abb. 3:
Das Abklingverhalten der „verzögerten Lumineszenz" folgt bei biologischen Systemen keiner Exponentialfunktion (gestrichelte Kurve), sondern einer hyperbolischen (1/t)-Funktion mit t als Zeit nach Anregung (ausgezogene Kurve). Koppelt man in einem chaotischen System *alle* Teile über Phasenrelationen eines kohärenten elektromagnetischen Feldes, dann geht die Exponentialfunktion (unter den gleichen ergodischen Bedingungen) in eine hyperbolische Abklingfunktion über.

Photonenfeld stammen, aber bisher nicht der Beweis für gequetschte Zustände.

An dieser Stelle muß betont werden, daß ein kohärenter Quantenzustand keineswegs identisch ist mit dem Zustand klassischer Kohärenz, auch wenn viele Eigenschaften übereinstimmen. Ich kann hier nicht auf alle Besonderheiten eingehen, möchte aber vermerken, daß wir unter jener Kohärenz, die nach unserer Auffassung biologische Systeme auszeichnet, die *Quantenkohärenz* [15] und *nicht* die *klassische Kohärenz* verstehen. Kohärente Zustände sind danach als Eigenzustände des Vernichtungsoperators definiert, als besondere Formen von Minimalabweichungs-Wellenpaketen. Sie wurden von Erwin Schrödinger eingeführt und später insbesondere von Glauber erforscht. Die Poissonstatistik und die hyperbolische Abklingfunktion der verzögerten Lumineszenz sind eindeutige Konsequenzen kohärenter Zustände, *nicht aber* Konsequenzen eines klassischen raum-zeitlichen Kohärenzvolumens. In gewisser Weise macht es dann auch keinen Sinn mehr, von einer Kohärenzzeit oder einem Kohärenzvolumen zu sprechen, obwohl es mit der nötigen Sorgfalt hilfreich sein kann, diese Begriffe des klassischen Modells für Abschätzungen weiterhin zu übernehmen.

Zusammenfassend stellen wir fest: Die in allen untersuchten lebenden Systemen – von einzelnen Zellen bis zum Menschen – festgestellte Poissonstatistik der Biophotonenzählrate und das hyperbolische Abklingverhalten der verzögerten Lumineszenz rechtfertigen die Auffassung, daß sich lebende Systeme durch ein kohärentes elektromagnetisches Feld auszeichnen. Schon klassische Betrachtungen aus den Meßdaten erlauben die Schlußfolgerung, daß dieses Feld für die Regulation aller biologischen Funktionen zuständig ist. Eine Alternative dazu ist nicht in Sicht.

ENTROPIE UND EXTREMALPRINZIPIEN IN BIOLOGISCHEN SYSTEMEN

Biologische Systeme beschreibt man heute vorwiegend in ihrer materiellen Zusammensetzung, in deren Ausgestaltung und in deren biologischer Funktion. Dabei werden die Vorstellungen der Festkörperphysik und Chemie, mit denen die Eigenschaften „toter" Materie im allgemeinen hinreichend verständlich gemacht werden können, konzeptionell übernommen. Der Verteilung der Energie auf das System kommt in all diesen Modellen nur eine untergeordnete Rolle zu, da die meisten „toten" Systeme im thermischen Gleichgewicht vorliegen. Die Anwendung der Boltzmann-Statistik (bzw. des zweiten Hauptsatzes der Wärmelehre für abgeschlossene Systeme) führt im allgemeinen zu hinreichend verläßlichen Übereinstimmungen zwischen theoretischen und experimentellen Ergebnissen. Dramatisch äußern sich in den Eigenschaften der Systeme zwar Unterschiede im Energieinhalt – zum Beispiel zwischen Wasser und Eis – obwohl rein materiell kein Unterschied besteht. Die Anwendung des zweiten Hauptsatzes der Wärmelehre unter Annahme spektraler Energieerhaltung erlaubt es aber, die physikalischen Eigenschaften durch die Messung der Entropiedifferenzen und der darauf aufgebauten empirischen und meßtechnisch leicht zugänglichen Parameter (wie Temperatur, Druck, chemisches Potential, spezifische Wärme, Leitfähigkeit) quantitativ hinreichend genau zu beschreiben.

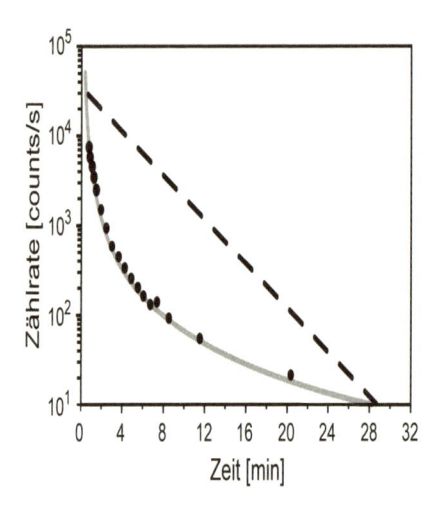

Abb. 4:
Die materielle Zusammensetzung ist zum Verständnis biologischer Systeme von untergeordneter Bedeutung gegenüber Energieinhalt und Energieverteilung. Die Entropie, die *nicht* unter der Zwangsbedingung des Energieerhaltungssatzes maximiert ist, ermöglicht durch nichtlineare Rückkopplungen zwischen Feld und Materie hohe Komplexität bei gleichzeitiger Einschränkung der Freiheitsgrade. Phänomene wie „Information" und „Bewußtsein" werden allein nur auf dieser übergeordneten Stufe der Wechselwirkungen verständlich.

Genau das trifft bei biologischen Systemen nicht mehr zu, wie
die Messungen (z. B. Abbildung 1) eindeutig belegen. In Lebewesen übernimmt die *Energieverteilung* die eigentliche steuernde Funktion, während die Materie in gewisser Weise die
Randbedingungen in einer zwischen elektromagnetischer Energie und Molekülen stattfindenden nichtlinearen Rückkopplung vorgibt. In dieser sich gegenseitig aufschaukelnden, oszillierenden Stabilisierung von Feld und Materie entsteht eine
neue Art der Dynamik und neue Erscheinungen wie Zellwachstum, Zelldifferenzierung, „Ganzheitlichkeit", bis hin zu semantischer „Information" und „Bewußtsein" (Abb. 4). Eine der
Schlüsselfragen gilt daher der Entropie in offenen Systemen.
Schon Erwin Schrödinger [16] wies darauf hin, daß lebende Organismen „Ordnungsräuber" seien, die Negentropie von ihrer
Umgebung (in Form der Nahrung) aufnehmen, um sie in eigene innere Ordnung umzusetzen, wobei es nötig ist, die Reste
der Nahrung mit höherer Entropie als der im Ausgangszustand
aufgenommenen Entropie auszuscheiden. Nahrung und Verbraucher als abgeschlossenes System lassen damit zwar die
Gesamtentropie annähernd konstant, erniedrigen aber die Entropie des biologischen Systems auf Kosten der dann notwendigen Entropieerhöhung der Ausscheidungsprodukte.

Diese Vorstellung ist sicher richtig, kann aber heute durch Messungen der Biophotonenemission (siehe Abb. 1) modifiziert
werden.

Zunächst muß daran erinnert werden, daß die Entropie eines
Systems im thermischen Gleichgewicht keineswegs ein absolutes Maximum einnimmt, *sondern unter der Nebenbedingung
der Energieerhaltung maximiert wird* . Bleibt man dabei, die
Entropie als Logarithmus der thermodynamischen Wahrscheinlichkeit zu definieren, dann nimmt sie ihr absolutes Maximum
dann und nur dann an, wenn alle Phasenraumzellen (bzw. alle
verfügbaren Anregungszustände) gleichmäßig besetzt sind [2].
Gleichzeitig kann dann aber die Energieerhaltung im Sinne der
Voraussetzungen für das thermische Gleichgewicht nicht mehr

gültig sein. Diese Besonderheiten erfüllt ein „ideal offenes" System, das nach außen keinen Randbedingungen unterworfen ist. In gewisser Weise hat ein solches System immer genügend Energie (zum Beispiel Speicherenergie) verfügbar, die es dann mit der größtmöglichen Wahrscheinlichkeit auf alle vorhandenen Phasenraumzellen verteilt. Es erscheint wichtig, darauf hinzuweisen, daß dieses absolute Maximum der Entropie auch dem Zustand höchstmöglicher Stabilität entspricht, da eine weitere Entropiezunahme theoretisch nicht mehr möglich ist. Genau diese Verteilung bei absolut höchstmöglicher Entropie mißt man im Spektrum der Biophotonenemission (Abb. 1).

Nun könnte der Eindruck entstehen, Lebewesen seien stabile, höchst „ungeordnete" Systeme (was manchmal nicht von der Hand zu weisen ist).

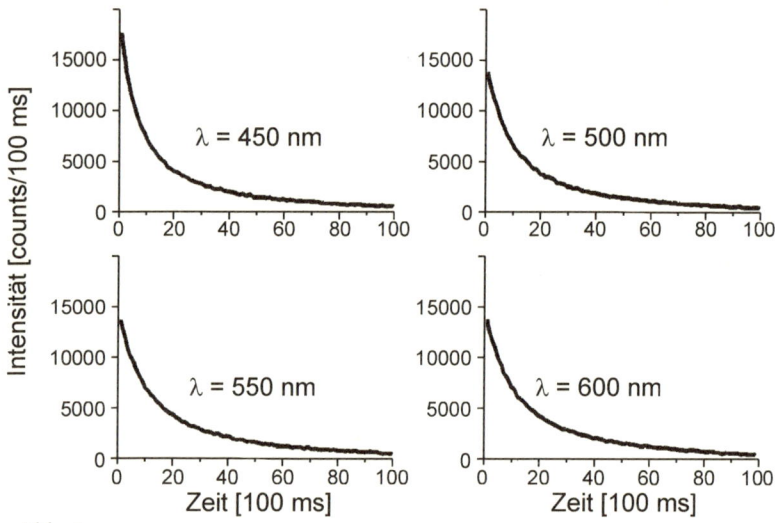

Abb. 5:
Die spektrale Auflösung der verzögerten Lumineszenz zeigt, daß bei allen Wellenlängen das hyperbolische Abklingen gleich ist. Mit anderen Worten: Die „Moden" sind gekoppelt, die Zahl der Freiheitsgrade ist erheblich reduziert.

Die Analyse der einzelnen Spektralmoden der Biophotonenemission gibt eine – meiner Meinung nach höchst aufregende, aber schlüssige – Antwort auf diese Frage. Betrachtet man die „verzögerte Lumineszenz" einzelner Moden, indem man das System mit verschiedenen Wellenlängen des optischen Bereichs anregt und das Relaxationsverhalten untersucht, dann stellt sich überraschend heraus, daß alle Moden (bis auf geringfügige Unterschiede) die gleiche hyperbolische Abklingfunktion mit etwa gleichen Abklingzeiten aufweisen (Abb. 5). Obwohl alle Moden gleichmäßig besetzt sind, wird die Zahl der Freiheitsgrade durch Modenkopplung dramatisch eingeschränkt. Für die Entropie bedeutet dies, daß sie bei Beibehaltung des absoluten Maximums durch Einschränkung der Freiheitsgrade theoretisch bis auf den Wert 0 – der im Fall eines einzigen Freiheitsgrades angenommen wird – minimiert werden kann. Abb. 6 zeigt diesen Entropieverlauf (bei konstanter Energie) in Abhängigkeit von einer Reaktionskoordinate (beispielsweise der Zeit).

Einerseits hat das System dann die Möglichkeit, „von selbst" durch unvermeidlichen Entropiezuwachs die Zahl seiner Freiheitsgrade zu erhöhen und sich zu stabilisieren, andrerseits kann es die höchstmögliche Sensitivität dadurch erreichen, daß es seine Entropie bei geringster Energiezufuhr durch Reduktion der Freiheitsgrade dramatisch verringert. Im Bild des gewohnten thermodynamischen Gleichgewichts entspricht dieses Verhalten der Temperatur $T = 0$. Es ist deshalb verständlich, daß Herbert Fröhlich [17] auf „Bose-Kondensations-ähnliche" Mechanismen in biologischen Systemen aufmerksam machte, die in seinem Modell durch ein chemisches Potential in Nähe der Quantenenergie beschrieben wurde. Tatsächlich zeigen die Messungen der Biophotonenemission spektrale Intensitätswerte, die durch chemische Potentiale in der Nähe der Quantenenergien zu quantifizieren sind. Auch die Möglichkeit der Bose-Kondensation von Photonen, die von Eberhard Müller belegt wurde, spielt in diesem Zusammenhang sicher eine fun-

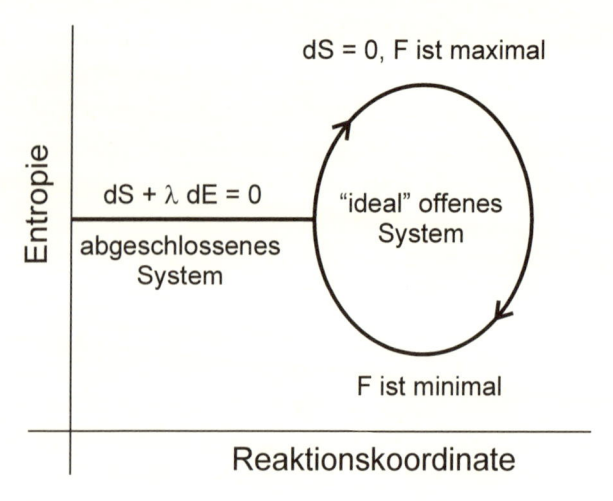

Abb. 6:
Ein abgeschlossenes System nimmt ein Maximum der Entropie unter der Nebenbedingung der Energieerhaltung an. Im „ideal" offenen System fällt diese Nebenbedingung weg. Konsequenterweise kann die Entropie ein absolutes Maximum bei Gleichbesetzung aller Moden (wie in Abb. 1 gezeigt ist) annehmen. Dieses absolute Maximum kann bei gleichem Energieinhalt einen weitaus höheren Wert als im thermischen Gleichgewicht annehmen, aber andrerseits, durch Reduktion der Freiheitsgrade F, beliebig klein werden. Für F = 1 hat das Maximum der Entropie des ideal offenen Systems den Wert 0. Das biologische System nutzt in Phänomenen, wie Zellwachstum und Zelldifferenzierung, diese Möglichkeiten der Entropievariation ohne merklichen Energieverbrauch.

damentale Rolle. Konsequenzen daraus sind die Meßwerte der Abbildungen 1 und 5.

Für die Biologie bedeutet das: In einem lebenden Organismus herrscht ein räumlich und zeitlich variierbares Spannungsfeld aus Entropiezunahme durch Übergang in die „Offenheit", gleichbedeutend mit gleichmäßiger Verteilung der Energie auf die verfügbaren Anregungszustände, und Entropieabnahme durch Reduktion der Freiheitsgrade, gleichbedeutend mit Kondensationsprozessen infolge äußerst schwacher, aber signifikanter Kopplungen der Moden, wie es beispielhaft an einer Mode von Fröhlich beschrieben wurde. Fröhlichs Vorschlag muß allerdings auf eine Vielmodenkopplung erweitert werden. In dieser Rivalität zwischen Dissipation und Kondensation („Ganzheitlichkeit") entsteht ein optimaler Zustand, der gleichzeitig hohe Stabilität (durch Entropiezuwachs) und hohe Sensitivität (durch starke Entropieänderung bei geringer Energiezufuhr) gewährleistet. Impulse zur Zellteilung gehen von der Tendenz des Entropiezuwachses aus, während die Zelldifferenzierung auf die Reduktion der Freiheitsgrade infolge nichtlokaler Kopplungen mit dem Gesamtsystem zurückzuführen sind.

Über die Mechanismen, die zu dieser außergewöhnlichen Eigenschaft biologischer Systeme führen, kann man heute nur spekulieren.

Notwendig ist sicher äußere Energiezufuhr, die vermutlich zunächst im wesentlichen von den Photonen der Sonne bereitgestellt wurde. Schon Schrödinger wies darauf hin, daß die elementare Nahrung der Pflanzen selbstverständlich das Sonnenlicht ist. Im Laufe der Evolution entwickelten biologische Systeme die Fähigkeit, die freie Energie des Sonnenlichts auch indirekt, im wesentlichen durch Glykolyse zu verwerten. Thermodynamisch kann dieser Prozeß durch räumliche Expansion gespeicherten Lichts beschrieben werden, wobei vermutlich Casimir-Effekte eine bedeutende Rolle spielen [18, 19]. Das erklärt die Wellenlängen-Unabhängigkeit der Besetzungszahlen. Ein solcher Vorgang verhindert die zunächst thermische Dissipation auf Kosten der Umwandlung des Spektrums in niedrigere Frequenzen. Dabei kann man nicht mehr, wie bei der Berechnung der Bose-Einstein-Verteilung, von der Unabhängigkeit des Phasenraums von der Photonenzahl ausgehen. Biophotonen selbst verändern dann die Verfügbarkeit potentiell vorhandener Phasenraumzellen. In gewisser Weise kompensiert die Entropieabnahme durch Verringerung der Phasenraumzellen den Anstieg der Entropie durch Wärme. Je nach Anstieg oder Reduktion der Phasenraumzellen mit Aufnahme (oder Abgabe) eines Photons steigt oder sinkt lokal die Entropie im

Rahmen der in Abb. 6 dargestellten Möglichkeiten. Andrerseits muß die Entropie des emittierenden Systems erhalten bleiben, wenn durch adiabatische Expansion einer lokalen Störung das Photon den Entropiezwachs an die Umwelt abgibt. Man kennt diese „homöostatische" Funktion von der sogenannten „Wärmestrahlung" im Infrarotbereich. Es ist naheliegend, die gleiche Funktion auch für die Wirkung der Biophotonen anzunehmen, auch wenn Biophotonen mit Sicherheit keine „Wärmestrahlung" im Sinne des thermischen Gleichgewichts darstellen.

Molekulare Mechanismen zur Deutung dieser Phänomene, insbesondere der (1) weit weg vom thermischen Gleichgewicht angesiedelten Biophotonenemission, (2) der Poisson-Statistik der Photonenzählrate und (3) des hyperbolischen Abklingverhaltens – die insgesamt die Kohärenz des Biophotonenfeldes beweisen [20] – sind Gegenstand theoretischer Untersuchungen. Meines Erachtens muß insbesondere der Exciplexbildung in der DNA besonderes Augenmerk gewidmet werden. Exciplexe („excited complexes") sind metastabile Anregungszustände der Basenpaare, die, wie man seit langem weiß, selbst bei Zimmertemperatur in vitro mit der Singulett-Anregung kompetieren [21]. Der Grundzustand hat keine feste Energie, sondern kann durch Anregung alle Energiestufen von 0 bis zur Energie des Anregungszustands durchlaufen. Das führt zu einem kontinuierlichen Spektrum und zu Modenkopplungen, so wie sie die Biophotonenemission auch tatsächlich belegt. Hinzu kommt, daß damit die Information der Basenpaare und ihrer Kopplungen optisch übertragbar wird. Der Impulserhaltungssatz fordert zudem, daß aus dem Zustand angeregter gekoppelter Exciplexe (Excitonen) nur dann emittiert werden kann, wenn sich im DNA-Gitter stehende Wellen ausbilden. Damit verbunden ist „phase locking", d. h., stabile Phasenbezüge der emittierten Strahlung. Ke-Shueh Li [22] schlug ein Polaritonen-Modell vor, in dem die optischen Moden auf Vibrationen des DNA-Gitters aufmoduliert sind. Denkbar sind auch Torsionswellen [23], die zusätzlich magnetische Komponenten ins Spiel bringen. Auch die Kopplung an Solitonen ist nicht auszuschließen [24]. Möglicherweise gibt es eine Vielfalt weiterer, vermutlich speziesspezifischer Kopplungen, die jedoch in ihrer Gesamtheit dem Prinzip optimaler Kohärenz des zugrundeliegenden Feldes zu gehorchen scheinen.

Ich möchte nicht schließen, ohne auf einen möglichen Zusammenhang zu dem Phänomen hinzuweisen, das wir „Bewußtsein" nennen. Wie Wolfram Schommers und Franz-Theo Gottwald in ihren Beiträgen zeigen, kann zwischen einer „realen" Außenwelt und der „Innenwelt" grundsätzlich nicht unterschieden werden. Die Annahme, daß wir uns die „Realität" selbst erzeugen [25], kann deshalb auch nicht widerlegt werden. Konsequenterweise kann sich kein Widerspruch ergeben, wenn wir auch die physikalischen Gesetze auf Eigenschaften des Lebewesens, das diese Gesetze erkennt, zurückführen. Die Physik, mit der wir die „Realität" beschreiben, folgt in letzter Konsequenz teleologischen (nicht unbedingt theologischen) Prinzipien, wie beispielsweise schon die Extremalprinzipien der klassischen Mechanik – aus denen auch die Quantentheorie unter zusätzlichen Randbedingungen abzuleiten ist – eindrucksvoll zeigen. Teilen wir die „Welt" in zwei grundsätzlich verschiedene Teile, nämlich die der „aktuellen" Information (Welt der „objektiv" meßbaren Ereignisse) und die der „potentiellen" Information (Welt der „Möglichkeiten"), dann bedeutet biologische Evolution eine sich gegenseitig aufschaukelnde Erweiterung des Kohärenzvolumens [26] der beiden „Welten" durch Rückkopplung. Ohne eine solche Rückkopplung existierte weder die eine noch die andere „Welt", denn aktuelle Ereignisse müssen „wahrgenommen" werden, um als existent zu gelten, während die „Existenz" durch Beurteilung der Möglichkeiten überhaupt erst „Sinn" macht. So wird der Münzwurf gegenstandslos, wenn ihn nicht ein Beobachter mit der Frage verbindet, ob die Münze auf Zahl oder Wappen fällt. Unter „Bewußtsein" kann man nun den Prozeß verstehen, der die Transformation von aktueller in potentielle Information (und umgekehrt) bewirkt. Physikalische Gesetze könnten demzufolge als Optimierungsprozeß einer solchen Transformation angesehen werden. Beispielhaft möchte ich die hyperbolische Abklingfunktion der verzögerten Lumineszenz des angeregten Biophotonenfeldes herausgreifen. Die aktuelle Information A(i) ist an die gemessene Biophotonenzählrate i gebunden, während die potentielle Information P(U) mit der gespeicherten Biophotonenenergie U ansteigt. Der Optimierungsprozeß besteht in der Transformation A(i) in P(U), im einfachsten Fall in der Optimierung des Quotienten U/i, der auf die Optimierung der Resonatorgüte $Q = \nu\, U/i$, die die Information des Systems darstellt, hinausläuft. Um den Zusammenhang zu verdeutlichen, wählen wir eine Formulierung nach Art des Hamiltonschen Prinzips mit der „Langrangefunktion" $Q = \nu\, U/i$. Das Extremalprinzip lautet in dieser Formulierung:

$$Q(T)\int_0^T = \nu\, \frac{U}{i}\, dt \stackrel{!}{=} \text{Extremum}$$

Im Fall eines linearen Resonators steigt die gespeicherte Energie U linear mit der Photonenzahl n. Konsequenterweise erhält man aus dem Extremalprinzip die Forderung:

$$Q(T)\int_0^T = \nu\, \frac{n}{\dot{n}}\, dt \stackrel{!}{=} \text{Extremum}$$

Die Lösung dieser Gleichung ist eine Exponentialfunktion $n \propto \exp(-\lambda t)$, mit λ als Konstante. Ein solches System ist zwar optimiert, hat aber kein Gedächtnis.

Die nächsthöhere Stufe dieser Informationsfunktion besteht darin, alle Teile des Systems über Phasenkopplungen miteinander zu verbinden, so daß die gespeicherte Energie nicht mehr linear, sondern quadratisch mit der Photonenzahl ansteigt:

$$Q(T)\int_0^T = \nu\, \frac{n^2}{\dot{n}}\, dt \stackrel{!}{=} \text{Extremum}$$

Die Lösung dieser Gleichung ist eine hyperbolische Funktion $n \propto 1/(t + t_0)$, mit t_0 als Zeitpunkt der Anregung. Die Messung der verzögerten Lumineszenz zeigt, daß das Abklingverhalten bei allen biologischen Systemen auch tatsächlich nach dieser Funktion verläuft. Hyperbolisches Abklingen unter ergodischen Bedingungen ist hinreichend für perfekte Kohärenz des untersuchten Photonenfelds. Die Funktion hat im Prinzip unendlich langes Gedächtnis, da zu jedem Zeitpunkt t jede beliebige Zeit zwischen t_0 und t aus den Meßwerten ermittelt werden kann.

Schlussfolgerungen und Ausblick

Lebewesen lassen sich nicht als chemische Reaktionsgemische verstehen. Ihre einmalige „Strategie" besteht vermutlich in der optimalen Verzögerung der thermischen Dissipation externer elektromagnetischer Signale (insbesondere des Sonnenlichts). Damit verbunden sind Resonatorfunktionen, die den Aufbau hoher Informationsdichten gewährleisten. Hohe Stabilität bei gleichzeitig höchster Sensitivität gewinnen Lebewesen in enger Rückkopplung zwischen elektromagnetischem Feld und Materie, wobei aus der Sicht der Thermodynamik (1) der Entropiezuwachs durch Übergang in „ideal offene Systeme" (die stets genügend Energie verfügbar haben) Stabilität gewährleistet und (2) Bose-Kondensations-ähnliche Einschränkungen der Freiheitsgrade für Sensitivität und „Ganzheitlichkeit" sorgen. Quantentheoretisch sind diese Besonderheiten auf nahezu perfekte Kohärenz der elektromagnetischen Felder zurückzuführen, die in ihren Oszillationen über 20 Dekaden, von Jahresrhythmen bis in den optischen Bereich des Spektrums, reichen. Die Breitbandigkeit und extrem niedrige Intensität der

Emissionen lädt dazu ein, dabei auch „gequetschte" nichtklassische Zustände als Basis biologischer Steuerung anzunehmen. Der Prozeß der Informationskumulation, der Lebewesen auszeichnet, kann als Entwicklung eines immer stärker ausgeprägten Bewußtseins aufgefaßt werden, das durch Erweiterung des raum-zeitlichen Kohärenzvolumens immer größere Bereiche umfaßt. Die evolutive Erweiterung der Kommunikationsplattform (Expansion der Kohärenz) läßt sich als „Sinnsuche" auffassen. Insofern erhält der evolutive Prozeß im Gegensatz zur Darwinschen Auslegung doch eine bedeutende Funktion, die auch vorhersagbar ist. Die Vielzahl der möglichen Modulationen der entfalteten Kommunikationsbasis läßt sich allerdings nicht vorherbestimmen, wenngleich sie die eigentliche semantische Information der jeweiligen Zeit prägt.

Solche Überlegungen könnten sich auf wissenschaftlichem, philosophischem und gesellschaftlichem Gebiet auswirken.

In der Wissenschaft sollten sie dazu veranlassen, verstärktes Augenmerk auf die nichtinvasive Analyse jener Signale zu richten, die von Lebewesen ausgesandt und aufgenommen werden. Ganzheitlichen Methoden ist dabei der geziemende Vorrang gegenüber lokalen und rein stofflich orientieren Analytiken einzuräumen.

Philosophisch betrachtet sollte die ausgestreckte Hand, die uns das wissenschaftliche Verständnis der Evolution in seiner Bedeutung der Sinnsuche anbietet, nicht leichtfertig zurückgewiesen werden.

In der gesellschaftlichen Entwicklung, die mit dem Modewort „Globalisierung" verbunden wird, sollten in antagonistischer Symbiose von Wissenschaft und Ethik elementaren Bedürfnissen aller Lebewesen mehr Beachtung geschenkt werden als rein monetären oder wirtschaftlichen Interessen immer dann, wenn wirkliche Konflikte entstehen.

LITERATUR

[1] A.L. Lehninger, „Biochemie", Verlag Chemie, Weinheim, 1975.
[2] J.A. Fay, „Molecular Thermodynamics", Addison-Wesley, Reading, Massaschusetts, 1965.
[3] F.A. Popp, Q.Gu and K.H. Li, Mod. Phys. Lett. **B8**, 1269 (1994).
[4] J.D. Jackson, „Classical Electrodynamics", John Wiley & Sons, New York-London, 1963.
[5] M. Garbuny, „Optical Physics", Academic Press, New York-London, 1965.
[6] J. Slawinski, Experientia **44**, 559 (1988).
[7] W. Nagl and F.A. Popp, Cytobios **37**, 45 (1983).
[8] F.A. Popp and W. Nagl, Cytobios **37**, 71 (1983).
[9] M. Born and E. Wolf, „Principles of Optics", Pergamon Press, Oxford, 1975.
[10] F.A. Popp, B. Ruth, W. Bahr, J. Böhm, P. Grass, G. Grolig, M. Rattemeyer, H.G. Schmidt and P. Wulle, Collective Phenomena **3**, 187 (1981).
[11] G. Cilento, Experientia **44**, 572 (1988).
[12] F.A. Popp, K.H. Li and Q. Gu (Eds.), „Recent Advances in Biophoton Research and its Applications", World Scientific, Singapore-London, 1992.
[13] K.H. Li, in: „Recent Advances in Biophoton Research and its Applications", eds. F.A. Popp, K.H. Li and Q. Gu, World Scientific, Singapore-London, 1992.
[14] R.P. Bajpai, in: „Biophotons", eds. J.J. Chang, J. Fisch and F.A. Popp, Kluwer Academic Publishers, Dordrecht, 1998.
[15] F.A. Popp, in: „Macroscopic Quantum Coherence", eds. E. Sassaroli, Y. Srivastava, J. Swain and A. Widom, World Scientific, Singapore-New Jersey, 1998.
[16] E. Schrödinger, „Was ist Leben?", Piper Verlag, München 1987.
[17] H. Fröhlich, Int. J. Quantum Chem. **2**, 641 (1968).
[18] F.A. Popp, „Biophotonen – Ein neuer Weg zur Lösung des Krebsproblems", Schriftenreihe Krebsgeschehen, Bd.**6,** Verlag für Medizin Dr. Ewald Fischer, Heidelberg 1976.
[19] M. Rattemeyer, Diplomarbeit, Universität Marburg, 1978.
[20] F.A. Popp and K. H.Li, Int. J. Theor. Phys. **32**, 1573 (1993).
[21] P. Vigny and M. Duquesne, in: „Excited States of Biological Molecules", ed. J.B.Birks, John Wiley & Sons, London-New York, 1976, p. 167.
[22] K.H. Li, in: „Molecular and Biological Physics of Living Systems", ed. R.K. Mishra, Kluwer Academic Publishers, Boston-Dordrecht, 1990, p. 31.
[23] F.A. Popp, Z. Naturforsch. **29c**, 454 (1974).

[24] A.S. Davydov, in: „Bioelectrodynamics and Biocommunication", eds. M.W. Ho, F.A. Popp and U. Warnke, World Scientific, Singapore-London, 1994, p. 411.
[25] W. Schommers (Ed.), „Quantum Theory and Pictures of Reality", Springer-Verlag, Berlin-Heidelberg, 1989.
[26] F.A. Popp, in: „The Interrrelationship Between Mind and Matter", ed. B. Rubik, Marketing Graphics, Southampton, PA, 1992, p. 249.

Ke-Hsueh Li

Quantenkohärenz in der Biologie

Durch Kohärenzbetrachtungen kann man die Doppelrolle der Unschärferelation aufzeigen. Sie bildet aus dieser Sicht nicht nur die Grenze zwischen Mikro- und Makrowelt in der Physik, sondern sie bietet als Brücke auch eine grenzenlose Verbindung von Mikro- zur Makrowelt. Ein kohärenter Zustand kann nicht nur von einem einfachen Quantensystem, sondern von beliebig komplexen kooperativ wirksamen Quantensystemen (auch Makrosystemen) eingenommen werden. Virtuelle Photonen bilden dabei die Bindungen nicht nur innerhalb geladener Atome und Moleküle über kurze Distanzen, sondern sie ermöglichen es auch, daß sich größere und elektrisch neutrale Partikel, zum Beispiel Biomoleküle, über große Abstände erkennen und spezifisch wahrnehmen. Aus der Sicht der „Quantenkohärenz" ergeben sich vielversprechende Möglichkeiten, elementare Probleme der modernen Biologie zu lösen.

Einleitung

Infolge der erfolgreichen Vorgehensweise der analytischen Physik seit Ende des 19. Jahrhunderts wurden komplexe Systeme zum Verständnis ihrer Funktionen in Subsysteme – bis hin zu den sogenannten Elementarteilchen – zerlegt. Dieses Konzept wurde auch auf die Biologie übertragen. Die Erforschung der Lebensphänomene mündete so schließlich in der modernen Molekularbiologie. In dieser Parallel-Entwicklung von Physik und Biologie gibt es konsequenterweise auch Berührungspunkte, zum Beispiel bei der Analyse photobiologischer Vorgänge, in der Elektro-Biologie, bei sorgfältiger Betrachtung biochemischer Reaktionen, in biophysikalischen Informations-Verarbeitungsprozessen, bei der Speicherung elektromagnetischer Energie und auch bei der notwendigen Einführung langreichweitiger Wechselwirkungen. So kann es im Grunde auch nicht überraschen, daß in jüngster Zeit auch quantenoptische Effekte in lebenden Zellen und Geweben nachgewiesen wurden [1].

Schon viele Begründer der Quantenmechanik hielten die Rückführung lebender Prozesse auf quantentheoretische Ursachen für ein begeisterndes Thema. In diesem Zusammenhang wird interessieren, daß der Ausdruck „Quantenbiologie" nicht lange nach den ersten Erfolgen der Quantenmechanik eingeführt wurde. Bedauerlicherweise hat sich dieser Fachausdruck inhaltlich bisher aber wenig bereichert. Statt dessen entwickelte sich die Quantenchemie zu einem erfolgreichen Gebiet zum Verständnis der Atom- und Molekül-Bindungen, und zwar mit der Perspektive, das Problem „Was ist Leben?" mit Hilfe der Quantenchemie (oder Biochemie) letztlich lösen zu können. Ursprüngliches Ziel der Quantenchemie war das Verständnis der Stabilitätsbedingung für kovalente Bindungen zwischen zwei Wasserstoffatomen und wasserstoffähnlichen Atomen. Die mathematische Grundlage hierfür lieferte die Schrödingergleichung, aus der die Wellenfunktionen der Elektronen in den beiden Potentialmulden der Wasserstoffkerne berechnet wurden. Das Problem ließ sich befriedigend lösen. Es zeigte sich aber, daß die technischen Schwierigkeiten bei der Lösung der Schrödingergleichung für komplexe atomare oder molekulare Systeme, trotz moderner Computertechnik, von bestimmten Molekülgrößen an unüberwindbar sind. (Die Zahl der Integrale, die zu berechnen sind, steigt mit der vierten Potenz der Bindungselektronen.) So scheitert die Anwendung der Quantenchemie in der Biologie bereits an technischen Unzulänglichkeiten. Die grundlegenden Schwierigkeiten haben aber eine noch weit tiefere Ursache. Biologische Vorgänge sind auch auf mikroskopischer Ebene dynamische Prozesse in einem offenen System. Sie können weder durch Stabilitätsbetrachtungen, noch durch die Lösung zeitunabhängiger Schrödingergleichungen verstanden werden [2]. Die Erforschung offener Systeme innerhalb der Quantentheorie steht heute aber noch im Anfangsstadium.

Es erscheint wichtig, darauf hinzuweisen, daß die Quantentheorie nicht nur eine neue Weltansicht in die Physik einführte, sondern darüber hinaus eine besser fundierte Naturphilosophie, die unsere ursprünglichen Annahmen über die in der realen Raumzeit ablaufenden Prozesse veränderten. Eben aus diesem Grunde geht die Biologie, die sich auf die Quantentheorie zu stützen beginnt, von einer phänomenologisch-experimentellen Wissenschaft in eine „hard science" oder „exact science" über [3].

In diesem Beitrag gehe ich nicht auf all die Arbeiten ein, die den Beleg für die Notwendigkeit quantentheoretischer Betrachtungen für die Biologie erbringen (siehe z. B. [4]). Ich beschränke mich auf einen grundlegenden Aspekt, nämlich auf Kohärenzbetrachtungen im Rahmen der Quantentheorie, aus deren Verständnis wir fundamentale Schwierigkeiten bei der Erklärung biologischer Phänomene besser überwinden können.

HEISENBERGSCHE UNSCHÄRFERELATION

Um mit drei einfachen Beispielen zu beginnen, seien Experimente genannt, die belegen könnten, daß die Quantentheorie zum Verständnis biologischer Phänomene unumgänglich ist.

1. Biologisch bedeutsame Ionen K+, Na+ haben Durchmesser von zirka 133 pm bzw. 95 pm. Sie liegen innerhalb der Kohärenzlänge der Elektronenwellen, also innerhalb der Unschärfelänge im Sinne der Heisenbergschen Unschärferelation

(Begründung folgt weiter unten). Wie können submikroskopisch kleine Partikel, deren „Durchmesser" um Größenordnungen kleiner sind als ihr biologischer Wirkungsbereich, eine bedeutende Rolle im Zellgeschehen spielen, wenn nicht über die quantentheoretisch wirksame Distanz ihrer Kohärenzlänge?

2. Umgekehrt kann man fragen, weshalb Enzyme ein vergleichsweise hohes Molekulargewicht besitzen müssen. Lysozyme beispielsweise weisen Molekulargewichte um 14300 auf. Die reaktive Stelle in der Bindung an ein Substrat hat mikroskopische Ausmaße, die oft nur über eine stark eingegrenzte Stelle des Substrats ausgedehnt ist. Sie kann sogar nur über die Bindungslänge einiger Atome reichen. Diese Begrenzung zwingt wegen der geringen Ortsunschärfe Δx zu einer relativ großen Impulsunschärfe $\Delta p = m\, \Delta v$, wobei m die Masse und Δv die Unschärfe in der Geschwindigkeit des Reaktanten bedeutet. Bei vorgegebener Impulsunschärfe ist die Unschärfe in der Geschwindigkeit um so geringer, je *größer* die Masse des Enzyms ausfällt. Da zur katalytischen Wirksamkeit des Enzyms die sichere Anpassung an die reaktive Stelle des Substrats zum passenden Zeitpunkt gehört, müssen Orts- *und* Geschwindigkeitsunschärfe gleichzeitig hinreichend niedrig sein. So errechnet sich leicht, daß bei Zimmertemperatur Lysozyme mit einem Molekulargewicht von 14300, durch ihre *große* Masse bedingt, die Ortsunschärfe in der Größenordnung von 10^{-3} Å nicht übersteigen, also auf *engstem* Raum ihre katalytische Wirkung entfalten können.

3. Die DNA ist als lumineszierendes Molekül schon lange bekannt [5]. Die Lumineszenz-Spektren der natürlichen und denaturierten Kalbsthymus-DNA sind um die Wellenlänge 3500 Angström verteilt. Sie sind als Excimer- und Exciplex-Anregungen der Basenpaare der DNA identifiziert. Der Abstand zwischen vertikal benachbarten Basen der DNA beträgt zirka 3,4 Angström. Daraus folgt, daß die Wellenlänge des emittierten Lichts ungefähr 1000 Basenpaare überstreicht. Das zwingt uns zur Annahme, daß das Lumineszenzlicht aus der DNA

nicht lokalisiert, sondern mindestens partiell kohärent sein muß. Die Kohärenzlänge übersteigt die Wellenlänge des emittierten Lichts beträchtlich. Sie errechnet sich aus der Impulsunschärfe Δp, die sich wiederum aus der relativ geringen Energieunschärfe ΔE des Exciplex-Anregungsniveaus ($\Delta p = \Delta E/c$, mit c als Lichtgeschwindigkeit) berechnet. Sie erweist sich als so klein, daß die korrespondierende Kohärenzlänge $\Delta x = \hbar/\Delta p$ (mit $\hbar$ als Planckschem Wirkungsquantum) weit über den Bereich von 1000 Basenpaaren hinausreicht. Das Experiment steht im Einklang zu diesen Betrachtungen. 10 photochemische Defekte pro DNA-Molekül reichen aus, um für 50 % einer Zellpopulation ein fatales Risiko zu initiieren [6]. Der Reparaturvorgang über Licht (Photorepair), dessen Mechanismen bis heute nicht verstanden sind, erfordert ein Kohärenzvolumen, das mindestens die gesamte DNA einbettet, weil andernfalls der koordinierte Repair dieses Riesenmoleküls stets lückenhaft bleiben müßte. So weiß man heute, daß auch Doppelstrangbrüche repariert werden, obwohl die Information horizontal benachbarter Basen aus biochemischer Sicht verloren gegangen ist. Auch dieses Beispiel zeigt, daß lokale Modelle der Molekularbiologie das biologische Geschehen nicht im Einklang zu den Experimenten beschreiben können, während die Quantentheorie leicht verständliche und konsistente Lösungen anbietet. In jedem Fall spielt die Kohärenz biologischer Photonen („Biophotonen") eine wesentliche Rolle.

Um diesen Aspekt zu vertiefen, wollen wir die Unschärferelation für das eindimensionale Problem etwas genauer betrachten.

Bekanntlich gilt nach Heisenberg

$$\Delta x\, \Delta p > \hbar \qquad (1)$$

Diese Ungleichung folgt unmittelbar aus der Vertauschungsrelation, die für den Ortsoperator **x** und den Impulsoperator **p** besteht:

$$[\mathbf{x}, \mathbf{p}] = i\hbar \qquad (2)$$

Unter Benutzung der bekannten de Broglieschen Beziehung erhalten wir mit (1) für ein Wellenpaket

$$\Delta x \geq \frac{1}{2\pi} \frac{\lambda_0^2}{\Delta \lambda} = L. \qquad (3)$$

L ist die Kohärenzlänge der Materiewellen [7], während λ_0 eine gemittelte Wellenlänge des betrachteten Wellenpakets darstellt. Analog wie der Impuls durch eine Wellenzahl dargestellt wird und räumlich nicht lokalisierbar ist, so läßt sich die Energie durch eine Frequenz ausdrücken, die in der Zeit nicht lokalisiert werden kann. Konsequenterweise gibt es analog zur Orts-Unschärferelation eine Zeit-Unschärferelation der Form

$$\Delta t \, \Delta E > \hbar, \qquad (4)$$

wobei $\Delta E = \hbar \, \Delta \omega$ die durch Frequenz-Unschärfe bedingte Energieunschärfe des Wellenpakets darstellt.

Wegen

$$\hbar \, \Delta \omega = \hbar \, (2\pi \Delta \frac{v}{\lambda}) = \hbar \, v(2\pi \frac{\Delta \lambda}{\lambda_0^2}) = \hbar \, \frac{v}{L} \qquad (5)$$

bekommt man mit (4)

$$\Delta t \geq \frac{L}{v} = \tau \qquad (6)$$

mit τ als Kohärenzzeit.

Die Übertragung dieses Ergebnisses einer konsequenten Anwendung der Unschärferelation auf Atomelektronen und den Atomkern liefert weitere wichtige Einsichten, die dann auch für die Biologie Bedeutung gewinnen. Um eine möglichst exakte und einfache Lösung zu diskutieren, betrachten wir die Kohärenzlängen der Elektronen des Wasserstoffatoms, die sich wie folgt errechnen:

$$L_{n,\ell} = n^2\, a/(2n/(2\ell+1) -1)^{1/2} \qquad (7)$$

wobei $L_{n,\ell}$ die Kohärenzlängen der Elektronen für die Hauptquantenzahlen n und die Drehimpulsquantenzahlen ℓ bedeuten. a ist der Bohrsche Atomradius, den man, wie das Einsetzen von n = 1 und ℓ = 0 zeigt, aus (7) exakt als Kohärenzlänge des energetisch niedrigsten Elektrons erhält. Wegen der Einschränkung auf eine Dimension gilt (7) am besten für ℓ = n - 1. Es weicht um so stärker vom exakten Ergebnis in drei Dimensionen ab, je kleiner ℓ gegenüber n ausfällt. Vergleicht man (7) mit den Ergebnissen für die Bohrschen Radien $R_{n,\ell}$

$$R_{n,\ell} = \tfrac{1}{2}\, a\, (3n^2 - \ell(\ell+1)), \qquad (8)$$

dann erkennt man, daß die Kohärenzlänge der Wasserstoff-Atomelektronen im allgemeinen nicht kleiner als ihr entsprechender Bohrscher Radius ist. Bei großen Hauptquantenzahlen nähern wir uns der Kohärenzlänge des Rydberg-Atoms, das sich hier im Übergang von mikroskopischer Kohärenz zur klassischen makroskopischen Kohärenzbetrachtung diskutieren läßt. Die Verallgemeinerung auf drei Dimensionen erfordert lediglich die mathematische Verfeinerung und die Einführung eines Kohärenzvolumens anstelle der Kohärenzlänge.

Für biologische Probleme sind die folgenden Punkte dieser Kohärenzbetrachtungen von besonderer Bedeutung:

A) Eliminiert man das Plancksche Wirkungsquantum aus dem Gleichungssystem (1), (2), (4) und (5), so wie es in (3) und (6) geschehen ist, erhält man Beziehungen, die auch klassisch im makroskopischen Bereich gültig sind. Der Makrokosmos erhält aus dieser Sicht seine „Realität" über die Kohärenzeigenschaften des Mikrokosmos. Entsprechende Zuordnungen sind zum Beispiel in der klassischen Optik, deren Auflösungsvermögen durch Interferenz-Strukturen einzelner Moden verstanden wird, schon lange bekannt. Sie lassen sich offenbar ebenso für die Mechanik aufstellen. Ähnliche Entwicklungen gibt es inzwischen aber auch in der modernen Quantenoptik. So stellt man fest, daß die Quadraturoperatoren Unschärferelationen unterworfen sind, die ähnlich wie die Heisenbergsche Unschärferelation formulierbar sind. Sie haben den Vorteil, nicht durch das Plancksche Wirkungsquantum $\hbar$ eingeschränkt zu sein. Die „Befreiung" von $\hbar$ hat zur Folge, daß die Kohärenzlängen makroskopische Bedeutung erlangen. Das gleiche gilt entsprechend für die Zeitskala. Tatsächlich erregten in jüngster Zeit Experimente Aufsehen, in denen sich klassische Observable in riesigen makroskopischen Entfernungen entsprechend verhielten, wie die zugehörigen quantisierten Observablen im Mikrokosmos [9]. Auf der Grundlage dieser Korrespondenz werden die Untersuchungen der Quantenphase durch die Technik der „quadrature homodyning measurements" monochromatischer Lichtfelder entwickelt.

B) Die Unschärferelation hat ihren Ursprung in der Dualität von Korpuskel- und Wellennatur der Materie. Der dynamische Zustand der Teilchen läßt sich klassisch durch Ort r (x, y, z) und Impuls p (p_x, p_y, p_z) beschreiben. Die quantenmechanische Darstellung der gleichen Situation, die die Wellenfunktion des Systems angibt, läßt es dagegen nicht zu, einem Teilchen gleichzeitig einen exakten Ort und einen exakten Impuls zuzuordnen. Die Wellenfunktion erlaubt nur Aussagen über die Aufenthaltswahrscheinlichkeit des Teilchens für vorgegebene Koordinaten r und p. Diese „Unschärfe" schränkt nicht ein, sondern gestattet Interferenzeffekte in der Wechselwirkung zwischen verschiedenen Teilchen oder Feldern. Letztlich bildet die Interferenz verschiedener Wahrscheinlichkeitsamplituden den wesentlichen Kern der Quantentheorie. Daraus folgt auch die Bedeutung der Kohärenzeigenschaften. Erwin Schrödinger publizierte bereits 1926 einen wichtigen Beitrag, in dem er einen Quantenzustand konstruiert, dessen Wellenpaket nicht, wie üblich, zerfließt. Diese spezielle Wellenfunktion hat die Form einer Gaußkurve. Heisenberg zeigte 1930, daß das Produkt der Orts- und Impulsunschärfe dieses Gaußpakets einen Minimalwert $\hbar/2$ bildet und sich zeitlich nicht ändert. Alle anderen Wellenfunktionen, die bis zu diesem Zeitpunkt bekannt waren, ergeben größere Unschärfeprodukte ($\Delta x\, \Delta p > \hbar/2$). Um 1963 griff Glauber diese Besonderheit von „Minimalabweichungszuständen" wieder auf. Er bezeichnete sie als „kohärente Zustände" und zeigte, daß sie Eigenzustände des Vernichtungsoperators sind. Ihre Eigenschaften – Poissonstatistik der Photonenzählrate, hyperbolisches Abklingen der „verzögerten Lumineszenz" – findet man im Biophotonenfeld realisiert (siehe Beitrag Popp). Schrödinger führte um 1930 mit diesem „Glauber-Zustand" den Übergang von der Mikro- zur Makromechanik durch. Ähnlich wie in diesem Beitrag ausgeführt wurde, daß vom Wasserstoffatom ausgehend mit zunehmender Hauptquantenzahl die Kohärenzeigenschaften des mikroskopischen Bereichs nahtlos in die klassischen Eigenschaften der makroskopische Region der Rydbergatome übergehen, zeigte Schrödinger den kontinuierlichen Übergang vom Planckschen Oszillator in die klassische Schwingung. Die ursprüngliche Interpretation der Heisenbergschen Unschärferelation, die eine strenge Trennung zwischen Quantentheorie und klassischer Physik für völlig unterschiedliche Welten des Mikro- und Makrokosmos nahelegte, mit unterschiedlichen Begriffen, verschiedenen mathematischen Methoden und sogar unterschiedlicher Philosophie, zeigt insbesondere die Kohärenzbetrachtung der Quantentheorie, daß Mikro- und Makromechanik nahtlos ineinander übergehen, und daß die Makrowelt eine notwendige Konsequenz der Mikrowelt darstellt. Die Analyse der Kohärenz kann deshalb als ein Brückenschlag zwischen Quantentheorie und klassischer Physik angesehen werden. Scheinbare Widersprüche lösen sich auf, die Natur tritt wieder als „Ganzheit" auf. Unsere Analyse legt nahe, das „Bild" der Welt nur von der Quantenphysik her elementar zu verstehen, während die klassische Physik nur als eine Näherung – deren Berechtigung von Fall zu Fall zu prüfen ist – akzeptiert werden kann. Die Formulierung der Heisenbergschen Unschärferelation war entscheidend für das eigentliche Verständnis des Aufbaus der Atome, der Elemente und Moleküle, die Chemikern und Biologen als vorgegebene Bausteine dienen. Wir und alles um uns herum besteht aus Grundeinheiten, deren Existenz und Eigenschaften nur durch die Quantentheorie begreifbar sind.

C) Lärm, Geräusche, also Fluktuationen oder Unbestimmtheiten eines zusammengesetzten komplexen Systems, müssen sich nicht immer aus dem „Rauschen" der Subsysteme additiv zusammensetzen. Für kooperativ wirksame Quantensysteme kann sogar umgekehrt der Rauschpegel des Gesamtsystems wesentlich geringer als der ihrer Bestandteile sein. Lediglich die Unschärferelation bedingt eine untere Grenze. Kooperative Systeme, die zusammengenommen die Fluktuationen ihrer Atome auf ein Minimum reduzieren, sind zum Beispiel Laser, superflüssige Systeme, Ladungsdichte-Wellen, Ferromagnete, Supraleiter. Der japanische Wissenschaftler Seito [10] konnte mit Hilfe der sogenannten „mean field approximation" zeigen, daß der Hamilton-Operator eines kooperativ wirksamen Systems eine bestimmte Beziehung zwischen dem kooperativen Phänomen im Idealzustand und dem kohärenten Zustand mit minimaler Unschärfe erfüllt. Mit Hilfe der Jachiws Methode gelang es ihm zu zeigen, daß das Variationsproblem identisch mit der Aufgabe ist, den minimalen Eigenwert des Systems zu finden. Sobald der Hamilton-Operator die gleiche Form wie der Eigenwert-Operator besitzt, ist der Grundzustand identisch mit dem Minimum-Unschärfe-Zustand, d. h., mit einem kohärenten Zustand.

Diese Anmerkungen zur Kohärenzbetrachtung quantenmechanischer und klassischer Systeme zeigen die fundamentale Rolle der Kohärenz, die für das Verständnis der Informationsübertragung – insbesondere elektromagnetischer Natur – und für die Bearbeitung der Speicherung der Information in biologischen Zellen und Geweben von großer Bedeutung ist.

WECHSELWIRKUNG ZWISCHEN MOLEKÜLEN UND LANGREICHWEITIGE EFFEKTE

Kräfte zwischen zwei gleichen neutralen Teilchen (zum Beispiel Atomen oder Molekülen) sind schon seit dem 19. Jahrhundert als van der Waals-Kräfte bekannt. Erklärungen folgen aus den Arbeiten von London [11] oder aus ähnlichen Überlegungen von Casimir [12] sowie Casimir und Polder [13], die den „Casimir-Effekt" – so die starke Anziehung neutraler Metallplatten in geringem Abstand – richtig deuten. E. Elizalde und A. Romeo [14] meinten kürzlich allerdings, daß das Problem noch nicht einwandfrei gelöst sei.

Ich möchte auf diese Wechselwirkung zwischen neutralen Teilchen aus der Sicht der Kohärenzbetrachtungen eingehen, um die Bemühung um ein allgemeines Verständnis über ein breites Feld von Phänomenen, die besonders auch in der Biologie von Bedeutung sind, aufzuzeigen.

Von der modernen Physik wissen wir, daß alle Kräfte einen „materiellen" Träger haben. Für elektromagnetische Kräfte sind das virtuelle Photonen. Der Wirkungsbereich R dieser Wechselwirkungen wird von der Unschärferelation bestimmt.

Aus (4) folgt

$$\Delta t = \hbar/\Delta E \ , \qquad (9)$$

und daraus

$$R = \Delta x = c\, \Delta t = c\, \hbar/\Delta E = $$
$$= c/(2\pi\Delta\nu) = 1/(2\pi)\, \lambda_0^2/\Delta\lambda = L. \qquad (10)$$

L ist die Kohärenzlänge der Wechselwirkung für das eindimensionale Problem (siehe (3)). Im Prinzip ist die Heisenbergsche

Unschärferelation die einzige Bedingung, die die Wirkungsraumzeit der Teilchen und Felder bestimmt. Daher bilden Interferenz, Interferenzstruktur und Randbedingungen der Physik die wichtigsten Elemente der Quantentheorie.

Partikel, die innerhalb des Kohärenzvolumens existieren, sind im Sinne Feynmans virtuelle Teilchen. Als Träger der elektromagnetischen Kraft vermitteln virtuelle Photonen die Wechselwirkung auch zwischen neutralen Atomen, die wiederum Quellen und Senken der virtuellen Photonen darstellen. Befinden sich Atome innerhalb der Kohärenzlänge der Photonen, dann verbinden sie sich eben durch diese Photonen. So strahlt zum Beispiel ein Atom ein Photon aus, das sofort von dem Nachbaratom absorbiert wird und es anregt. Das angeregte Atom strahlt dann in gleicher Weise wieder zurück, so daß ein „Ping-Pong"-Spiel zwischen den Atomen entsteht, in dem das virtuelle Photon die Rolle des Balls übernimmt. Da sich dieser virtuelle Vorgang innerhalb der von der Unschärferelation unzulässigen Zeit abspielt, kann das Photon nicht direkt registriert werden. Allerdings äußert sich die Wirkung des Photons in der Kraft, die die Atome aufeinander ausüben. Für eine stabile Bindung ist erforderlich, daß diese ideale Kohärenzstruktur nicht gestört wird. Jede äußere Störung, zum Beispiel ein weiteres hinzugefügtes Atom, kann die Kohärenz des Systems verändern. Dann spricht man von „Dekohärenz". Das führt dazu, daß das virtuelle Photon „reell" und deshalb auch meßbar wird. In der Praxis fallen natürlich nur die Vorgänge der „Dekohärenz" auf, weil im Fall idealer Kohärenz die virtuellen Photonen im Kohärenzvolumen gespeichert bleiben.

Dieser Übergang von virtuellen in reelle Photonen spielt natürlich auch für komplexe Systeme, insbesondere für biologische Systeme, eine außerordentliche Rolle, wie hinlänglich von der Bedeutung der van der Waals-Kräfte bekannt ist. Wir untersuchten speziell Excimer- und Exciplex-Bindungen der DNA, für die die Umwandlung von virtuellen in reelle Photonen als eine Art biologischer Schalter funktionieren könnte.

Die Vorgänge lassen sich auch durch Interferenz-Strukturen gut beschreiben. Betrachten wir zwei gleichartige Atome, die sich genügend weit voneinander entfernen, so daß eine Antisymmetrisierung der Elektronenwellenfunktionen der beiden Atome nicht in Betracht gezogen werden muß. Als Lichtquellen sollen sich die Atome aber immer noch im Kohärenzvolumen der Photonenstrahlung befinden. Aus der Symmetrie des Strahlungsfeldes folgt dann, daß nur eine konstruktive Interferenz der Felder zwischen den Atomen in Frage kommt. Die Atome bilden in diesem Fall eine starke Lichtquelle. Das ist gerade der von Dicke diskutierte Fall der „superradiance". Die Lebensdauer solcher Strahlungsübergänge ist selbstverständlich viel kürzer als die der Strahlung einzelner unabhängiger Atome. Theoretisch kann sie höchstens den vierten Teil dieser Lebensdauer normaler Strahlungsemission ausmachen.

Aber auch destruktive Interferenz ist möglich. Sie tritt im Fall antisymmetrischer Interferenzstruktur des Feldes zwischen den Atomen auf. Auf jeden Emissionsakt kommt eine Absorption im Kohärenzvolumen zwischen den Strahlern. Im Sinne von Dicke handelt es sich hierbei um „subradiance". Deren Lebensdauer ist theoretisch unendlich. In diesem Fall sind Photonen im System gespeichert. Sie entziehen sich der Meßbarkeit. Die Kraft zwischen den Atomen (oder Molekülen) ist in diesem Fall attraktiv, im Gegensatz zur superradiance, die repulsive Kräfte auslöst. Die Anziehungskraft zwischen Molekülen in makroskopischen Maßstäben bezeichnet man als „Dispersionskraft", obwohl ihr Mechanismus wie bei den van der Waals-Kräften gleich bleibt. Auf diesem Mechanismus beruht die spezifische gegenseitige Erkennung der Biomoleküle auch über größere Abstände. Für diese Fälle steigt die Kohärenzlänge auf makroskopische Dimensionen, wobei konsequenterweise die Impuls- bzw. Frequenzunschärfe noch weiter abnimmt.

KOHÄRENTE EMISSION UND SCHWINGERS CASIMIR-LICHT

Nicht selten tritt in der Naturwissenschaft der Fall ein, daß aus völlig gleichen Ergebnissen verschiedene Schlußfolgerungen gezogen werden. Das liegt an unterschiedlichen Gesichtspunkten, unter denen sich die Forscher einem Gegenstand nähern. Irgendwann wird dann aber auch Einigung über die Gleichwertigkeit der Interpretationen erzielt.

Ein solches Beispiel ist die Analyse des Casimir-Effekts aus der Sicht der Kohärenzbetrachtungen.

Die Casimir-Kraft zeigt sich in der Anziehung zweier neutraler Metallplatten, die hypothetisch aus elektrisch neutralen, aber polarisierbaren Atomen aufgebaut sind. Die Träger der Kraft sind zweifellos virtuelle Photonen, die sich selbstverständlich auch zwischen Atomen aufhalten. Wie im letzten Abschnitt diskutiert wurde, entsteht das klassische Potential dieser Kraft durch den Grenzübergang des Quantenverhaltens in die makroskopische Kohärenzraumzeit. Der Austausch virtueller Photonen der beiden Platten muß bestimmte Randbedingungen erfüllen, die eine stabile destruktive Interferenzstruktur zwischen den Platten notwendig machen. Durch einen dynamischen Prozeß, der die Randbedingungen ändert, wird die Interferenzstruktur teilweise oder sogar vollständig zerstört. In diesem Fall tritt Dekohärenz auf. Virtuelle Photonen wandeln sich in reelle um. Der dynamische Casimir-Effekt produziert „Casimir-Licht". Betrachtet man den Anfangszustand des Zwischenraums der beiden Platten als Vakuumzustand – da im Idealfall die destruktive Interferenz das Feld zum Verschwinden bringt –, so ist nach Schwinger auch zulässig, nach der Wahrscheinlichkeit zu fragen, mit der das Vakuum bei dynamischen Prozessen erhalten bleibt. Für den Fall, daß die Wahrscheinlichkeit 1 bleibt, gibt es keine Lichtausstrahlung. Für die

Fälle, daß die Wahrscheinlichkeit signifikant unter 1 absinkt, erhalten wir Casimir-Licht, das natürlich nur dann auftreten kann, wenn der Hamilton-Operator mit dem Vakuumzustand wechselwirkt. Diese äußere Störung kann verschiedene Formen annehmen, zum Beispiel den plötzlichen Zusammenbruch der Platten, oder die Änderung der Plattenform, oder die Beschleunigung von Ladungen zwischen den Platten. Schwinger berechnete den Fall, daß sich die Dielektrizitätskonstante der Platten in kurzer Zeit verändert. Damit kann er natürlich auch den Fall des augenblicklichen Zusammenbruchs der Platten simulieren [15]. So gewinnt er quantitative Beziehungen zwischen den Eigenschaften des Casimir-Lichts und der Veränderung der Randbedingungen. Die Rechnung führt zu keinen anderen Ergebnissen als die übliche Behandlung des Casimir-Effekts. Sie betritt aber insofern Neuland, als es eine dynamische Betrachtung des Casimir-Effekts auf der Grundlage der Interferenzstruktur virtueller Photonen bisher nicht gab. Die mathematischen Probleme des Vorgehens, wie es Schwinger durchführt, sind nicht unerheblich, da er Näherungen einführen muß, um übersehbare Lösungen zu erhalten. Die Änderung der dieelektrischen Eigenschaften als Ersatz für die Plattenbewegung ist elegant und führt an sich schon zu einer neuen Sicht der Dinge. Obwohl sich die mathematische Behandlung durch diesen Kunstgriff vereinfacht, wird sie keineswegs trivial. Der Interferenzcharakter seines Ergebnisses zeigt sich in der Gleichung der Doppelphotonen-Emission für ein System, das aus Emissions- und Absorptionsquelle besteht. Diese aus seiner Quellentheorie abgeleitete Betrachtung belegt, daß die verschiedenen Ansichten und Theorien zur Wechselwirkung zwischen Teilchen aus Kohärenz- (und Dekohärenz-) Betrachtungen im allgemeinsten Sinne, sowohl im mikroskopischen, aber auch im makroskopischen Bereich der „Realität" verstanden werden können.

LITERATUR

[1] F.-A. Popp, K.H. Li, and Q. Gu, „Recent Advances in Biophoton Research and its Applications", World Scientific, 1992;
H.-P. Dürr, Vortrag in Kaiserslautern, Klausur-Tagung vom 13. - 15. März 1998.
[2] K.H. Li, „Physics of Open Systems", Phys. Rep. **134**, N°. 1, 1986.
[3] H.-P. Dürr, s. [1].
[4] L. Pauling, „The Nature of Chemical Bond", 3d. ed., Cornell University Press Ithaca, N.Y., 1960.
[5] J. Eisinger, and K.G. Schulman, Science **161**, 1968, p. 1311.
[6] J.K. Seltow, Compr. Biochem. **27** (1967), 190.
[7] K.H. Li, „Uncertainty Principle, Coherence and Structure", in: On Self-Organization, Springer Series in Synergetics, Vol. 61, pp. 245-255, Springer-Verlag, Berlin, Heidelberg, 1994.
[8] K.H. Li, „Coherence – A Bridge between Micro- and Macrosystems in Biophotonics", Proc. I., Inter. Conf. Dedicated to the 120th birthday of A.G. Gurwitch (1874-1954), Moscow, Russia, p. 99.
[9] Noh. J.W. Fongeres, and A. Mandel, L., Phys. Rev. **A45**, 424 (1992).
[10] S. Seito, Ann. Phys. **187**, (1988), p. 249.
[11] F. London, Z. Phys. **63**, (1930), p. 245.
[12] H.A.G. Casimir, Proc. Ken. Ned. Akad. Wer. **51**, (1948), pp. 793-795.
[13] H.A.G. Casimir, and D. Polder, Phys. Rev. **73**, (1948), p. 360.
[14] E. Elizalde, and A. Romeo, Am. J. Phys. **59**, (1991), p. 711.
[15] J. Schwinger, Lett. Math. Phys. **1**, (1975), p. 43;
Proc. Natl. Acad. Sci. USA, **89**, (1992), p. 4091;
Proc. Natl. Acad. Sci. USA, **90**, (1993), p. 758.

Eberhard E. Müller

Bose-Einstein-Kondensation
von Photonen:
Spielt sie eine vitale Rolle
für das Verständnis von
Leben?

1. Quantentheorie und Bose-Einstein-Kondensation

Am 7. Oktober 1900 schrieb Max Planck zum erstenmal das Strahlungsgesetz einer idealen Wärmequelle mit fester Temperatur nieder, das für das gesamte Frequenzspektrum gilt. Diese Strahlungsformel erhielt er durch eine Interpolation zwischen dem 1896 aufgestellten Wienschen Strahlungsgesetz und neuen Meßresultaten von Heinrich Rubens und Ferdinand Kurlbaum im längerwelligen Infrarotbereich, die Messungen von Otto Lummer und Ernst Pringsheim bestätigten und erweiterten. Am 14. Dezember 1900 veröffentlichte Planck eine thermodynamische Begründung seiner Strahlungsformel [1]. Er benutzte Ludwig Boltzmanns Zusammenhang zwischen Entropie und Wahrscheinlichkeit. Und er postulierte dafür eine statistische Zählweise, die aus der damals bekannten „klassischen" Boltzmannschen Statistik nicht herleitbar ist. Die Rechtfertigung dieser Hypothese lag in der Erzielung des richtigen Resultats. Planck schrieb später:

„Kurz zusammengefaßt kann ich die ganze Tat als einen Akt der Verzweiflung bezeichnen. Denn von Natur bin ich friedlich und bedenklichen Abenteuern abgeneigt. Aber eine theoretische Deutung des Strahlungsgesetzes mußte um jeden Preis gefunden werden, und wäre er noch so hoch. Die beiden Hauptsätze der Wärmetheorie erschienen mir als das einzige, was unter allen Umständen festgehalten werden muß. Im übrigen war ich zu jedem Opfer an meinen bisherigen physikalischen Überzeugungen bereit." [2]

Die Plancksche Strahlungsformel steht für den Beginn der Quantentheorie. Sie führt ein elementares Wirkungsquantum h ein, eine kleinste Energieportion pro Schwingung. Dieses Konzept wurde durch die mit Einsteins Deutung des photoelektrischen Effekts [3] einhergehende Photonenhypothese mit physikalischem Leben gefüllt. Für Licht einer bestimmten Frequenz ν gibt es eine kleinste Energieportion

$$E_\nu = h\nu .\qquad(1)$$

Dieses kleinste Quantum Licht einer bestimmten Frequenz heißt Photon. Photonen zeigen nicht nur Welleneigenschaften. Sie haben Impuls und damit auch Teilcheneigenschaften. Und sie haben einen Spin vom Betrage 1, gemessen in Vielfachen des Planckschen Wirkungsquantums dividiert durch 2π, eine Art eingeprägten Drehimpuls. Der Spin des Photons, seine Helizität, hat zwei Einstellmöglichkeiten, die sich als linkszirkulare und rechts-zirkulare Polarisierung repräsentieren lassen und zu den elektrischen und magnetischen Wirkungen von Photonen Anlaß geben.

Plancks statistisches Problem bei der Begründung der Strahlungsformel wurde erst durch den indischen Physiker Satyandra Nath Bose gelöst. Bose, von der Dacca Universität, Indien, schickte Einstein in einem vom 4. Juni 1924 datierten Brief ein Paper nach Berlin, in dem er eine neue Statistik vorschlug. Damit konnte er die Plancksche Formel ableiten. Einstein erkannte die Bedeutung dieser Arbeit und kam Boses Bitte einer Übersetzung ins Deutsche und der Veröffentlichung in der „Zeitschrift für Physik" nach [4, 5].

In drei eigenen Arbeiten führte Einstein sogleich die Tragfähigkeit von Boses Ansatz vor [6]. Er diskutierte die thermodynamischen Eigenschaften eines idealen Gases von massiven Teilchen, die Boses neuer Quantenstatistik gehorchen. Dabei fragte er [7]:

„Was geschieht nun aber, wenn ich bei dieser Temperatur n/V, die Dichte der Substanz, noch mehr wachsen lasse?

Ich behaupte, daß in diesem Falle eine mit der Gesamtdichte stets wachsende Zahl von Molekülen in den 1. Quantenzustand

(Zustand ohne kinetische Energie) übergeht, während die übrigen Moleküle sich gemäß dem Parameter $\lambda = 1$ verteilen. Die Behauptung geht also dahin, daß etwas Ähnliches eintritt wie beim isothermen Komprimieren eines Dampfes über das Sättigungsvolumen. Es tritt eine Scheidung ein; ein Teil 'kondensiert', der Rest bleibt ein 'gesättigtes ideales Gas'" [8].

Zwischen dem Spin einer Teilchensorte und dem Typ ihrer Quantenstatistik gibt es einen Zusammenhang. Das Spin-Statistik-Theorem der Quantenfeldtheorie sagt aus, daß Teilchen mit ganzzahligem Spin der Bose-Statistik und Teilchen mit halbzahligem Spin der Fermi-Statistik [9] unterliegen. Die Fermi-Statistik ist von der Bose-Statistik grundlegend verschieden. Die Einstein-Kondensation gibt es nur für Bosonen, nicht jedoch für Fermionen. Wenn sich Fermionen allerdings zu Paaren verbinden, so daß die gebundenen Paare zumindest näherungsweise der Bose-Statistik gehorchen, ist für die Paare eine Bose-Einstein-Kondensation möglich. Elektronen beispielsweise haben Spin 1/2. Vereinigen sich Elektronen mit antiparallelem Spin zu „Cooper-Paaren", deren Gesamtspin den Wert 0 hat, so ist in dem aus den Cooper-Paaren gebildeten Gas eine Bose-Einstein-Kondensation möglich. Dieser Kondensat-Zustand bewirkt die Supraleitung [10].

Der direkte experimentelle Nachweis einer Bose-Einstein-Kondensation in einem aus massiven Partikeln bestehenden Gas gelang erstmals 1995 [11], also 70 Jahre nach Einsteins Voraussage. In einem Gas von Rubidium-Atomen stellte sich die Kondensation nach extremer Abkühlung auf Temperaturen in der Nähe des absoluten Nullpunktes ein.

2. Quantenkorrelationen

Die Kondensation von Wasserdampf ergibt sich aus dem Zusammenspiel zweier sich widerstreitenden Bestrebungen. Die Wechselwirkung zwischen den elektrischen Dipolen der Wassermoleküle zieht die Teilchen gegenseitig an, die Wärmebewegung der Moleküle arbeitet dieser Anziehungskraft entgegen, indem sie eingegangene Wasserstoffbrücken wieder aufreißt. Der Wasserdampf kondensiert, wenn die Anziehungskraft die Oberhand gewinnt. Nun ist ein Gas gerade dann ideal, wenn Wechselwirkungen wie Elektromagnetismus oder Gravitation ausgeschlossen sind. Woher kommt dann in einem idealen Quantengas von Bosonen eine Attraktion?

Die einzige „Wechselwirkung" in einem idealen Bosonengas sind die Quantenkorrelationen. Sie folgen aus den Vertauschungsrelationen für die bosonischen Erzeugungs- und Vernichtungsoperatoren. Im Zusammenspiel von thermischer Bewegung und attraktiven Quantenkorrelationen kann sich ein thermodynamischer Phasenübergang ausbilden. Die Bose-Einstein-Kondensation ist ihrer Natur nach der denkbar fundamentalste Phasenübergang.

Anhand des Äquipartitionsgesetzes können wir uns überzeugen, daß die bosonischen Quantenkorrelationen attraktiv sind. Für ein relativistisches ideales klassisches Gas beträgt die mittlere Energie pro Teilchen

$$3 \, kT, \tag{2}$$

für ein relativistisches ideales Bosonengas

$$3 \, kT \, g_4(1) / g_3(1), \text{ mit } g_s(z) := \sum_{n=1}^{\infty} z^n / n^s. \tag{3}$$

Die Quantenkorrelationen sind in den Riemannschen Zeta-Funktionen $g_3(1)$, $g_4(1)$ enthalten. Näherungsweise nimmt (3) den Wert 2,7 kT an. In der Differenz zu 3 kT läßt sich die Bindungsenergie identifizieren. Dies gilt insbesondere für das Photonengas.

3. PHOTONENKONDENSATION

Photonen sind historisch die ersten als Bosonen identifizierten Elementarteilchen. Ihre Ruhemasse hat den Wert 0. Die Frage nach der Möglichkeit einer Bose-Einstein-Kondensation von Photonen wirft deshalb ein konzeptionelles Problem auf. Wie sollen Teilchen mit verschwindender Ruhemasse in den Zustand ohne kinetische Energie übergehen?

Diese Frage hängt mit dem Problem einer Nichterhaltung der Photonenzahl zusammen. Einstein selbst hat sich zu diesem Problem nie geäußert, obwohl er das Problem gesehen haben muß. Dies hat Abraham Pais recherchiert [12]. Einstein sprach von einer „Analogie" zwischen Strahlung und idealem Quantengas. Diese Vorsicht war die Motivation für das Abfassen seiner dritten Abhandlung zur Quantentheorie des idealen Gases [6c].

Unbestritten ist die Möglichkeit, den Laser als eine Bose-Einstein-Kondensation von Photonen zu diskutieren. Über den gepumpten Energiefluß durch den Laser läßt sich den Photonen ein nicht verschwindendes chemisches Potential zuordnen. D. h., das den Laser beschreibende Nichtgleichgewichtssystem wird auf ein großkanonisches Ensemble abgebildet, das durch die Temperatur T und das chemische Potential µ charakterisiert werden kann [13].

Für das folgende betrachten wir ein durch ein großkanonisches Ensemble mit unbestimmter Teilchenzahl beschriebenes Photonengas in einem elektromagnetischen Resonator. Dabei soll nicht von einem Laser ausgegangen werden, d. h., wir setzen keine laseraktiven Moleküle voraus, die angeregt werden und über eine Populationsinversion Laserlicht erzeugen. Vielmehr gehen wir von einem stationären Fließgleichgewicht aus, mit dem wir die mittlere Energiedichte des Photonengases sowie seine mittlere Photonenzahldichte unabhängig voneinander einstellen können: Photonen geeigneter Frequenzen werden in den Resonator eingestrahlt, wobei das resultierende Photonengas unter Regelung der Wandtemperatur auf eine feste Temperatur eingestellt wird. Es bildet sich ein Photonenstau, der vom Planckschen, kanonischen Wärmegleichgewicht abweicht.

Der das großkanonische Wärmegleichgewicht charakterisierende Gibbs-Zustand maximiert die Entropie unter der Vorgabe eines festen Werts für die mittlere Energiedichte u und die mittlere Teilchenzahldichte ρ. Die Energiedichte u als Funktion der Temperatur T und des chemischen Potentials µ ergibt sich aus dem Erwartungswert des Hamiltonoperators im Gibbs-Zustand, dividiert durch das Volumen V, die Teilchenzahldichte aus dem Gibbsschen Erwartungswert des Teilchenzahloperators, ebenfalls dividiert durch das Volumen V:

$$u(T,\mu) = V^{-1} E_1 (\exp((E_1 - \mu)/kT) - 1)^{-1} + \quad (4)$$
$$+ V^{-1} \sum_{n=2}^{\infty} E_n (\exp((E_1 - \mu)/kT) - 1)^{-1}$$

$$\rho(T,\mu) = V^{-1} (\exp((E_1 - \mu)/kT) - 1)^{-1} + \quad (5)$$
$$+ V^{-1} \sum_{n=2}^{\infty} (\exp((E_1 - \mu)/kT) - 1)^{-1}$$

E_n durchläuft die Energieeigenwerte des Photonen-Hamiltonoperators, wobei die beiden Helizitäten des Photons mitzuzählen sind. Der Summand mit dem niedrigsten Energieeigenwert E_1 ist besonders aufgelistet. k steht für die Boltzmann-Konstante. Im thermodynamischen Limes $V \to \infty$ strebt die unendliche Summe in (4), die die angeregten Zustände umfaßt, gegen

$$u_e(T,\mu) = 3kT\ 16\pi\ (hc/kT)^{-3}\ g_4(e^{\mu/kT}) \quad (6)$$

und die unendliche Summe in (5) gegen

$$\rho_e(T,\mu) = 16\pi\ (hc/kT)^{-3}\ g_3(e^{\mu/kT}). \quad (7)$$

Für einen festen Temperaturwert T nimmt $u_e(T,\mu)$ den Maximalwert an für

$$u_c(T) := u_e(T,0) \quad (8)$$

und $\rho_e(T,\mu)$ für

$$\rho_c(T) := \rho_e(T,0). \quad (9)$$

Die „kritische" Energiedichte (8) ist die Energiedichte schwarzer Strahlung, und die „kritische" Teilchendichte (9) die Photonenzahldichte schwarzer Strahlung.

Kondensation tritt ein, wenn die Energiedichte größer wird als der kritische Wert. Der überkritische Überschuß wird dann von der Singularität des Summanden des niedrigsten Energieeigenwerts in (4) absorbiert. In diesem Fall strebt $\mu - E_1$ mit E_1/V gegen 0. Da E_1 selbst gegen 0 strebt, divergiert die Photonenzahldichte. Dies ist die physikalisch plausible Infrarotdivergenz. Im Grenzfall ist das Photonenkonzept nicht mehr anwendbar.

Im Falle eines idealen Fermigases muß das Minuszeichen, das im Nenner der Ausdrücke für die Besetzungswahrscheinlichkeiten in (4) und (5) vorkommt, durch ein Pluszeichen ersetzt werden. Damit können diese Ausdrücke nicht singulär werden, was einen mit der Einstein-Kondensation vergleichbaren Phasenübergang ausschließt.

Bei der Behandlung des Photonengases war es bisher üblich, den Ausdruck μ-E_1, das negative Werte durchlaufende reskalierte chemische Potential, von vornherein Null zu setzen. Damit wird das Photonengas als ein kanonisches Ensemble behandelt, in dem eine Bose-Einstein-Kondensation grundsätzlich ausgeschlossen ist. Die Subtilität des mathematischen Grenzübergangs [14] zeigt die Grenzen und das Defizit einer Beschreibung des Photonengases durch das kanonische Ensemble.

In jedem endlich großen elektromagnetischen Resonator ist der tiefste Energieeigenwert von Null verschieden und positiv. Bose-Einstein-Kondensation von Photonen heißt makroskopische Besetzung des Grundzustands. Tritt eine überkritische Photonendichte auf, bauen die Überschußphotonen im tiefsten Mode des Resonators spontan einen laserartigen Zustand auf.

4. Umverteilungsmechanismus für Photonen

Wie ist eine spontane Umverteilung von Photonen höherer Frequenzen in Photonen der tiefsten Frequenz möglich? Eine Wechselwirkung zwischen den Photonen wird ja gerade ausgeschlossen, was sich in der Idealität des Quantengases widerspiegelt.

Der „Gütefaktor" eines elektromagnetischen Resonators für eine Frequenz ν ist gegeben durch ν/Δν, wobei Δν für die Halbwertsbreite der zu dieser Frequenz gehörenden Resonanzkurve steht. Zwischen benachbarten Resonanzen besteht für Photonen eine Wahrscheinlichkeit, von einer Resonanz in die andere überzugehen. Diese Übergangswahrscheinlichkeit ist durch den Überlapp der beiden Resonanzkurven gegeben. In einem Resonator, in dem die kleinste Übergangswahrscheinlichkeit zwischen benachbarten Resonanzen größer ist als die Wahrscheinlichkeit, daß Photonen von der Resonatorwand absorbiert werden, ist ein Photonenstrom zwischen den Resonanzen möglich. Diese Photonenkaskade ist natürlich mit entsprechenden Umwandlungsprozessen der Photonen verbunden.

In welcher Richtung wird es einen Netto-Strom über die Resonanzen hinweg geben? Betrachten wir die Planckverteilung in einem Photonengas gegebener Temperatur. Wenn wir zusätzliche Photonen einstrahlen, deren Frequenzen deutlich oberhalb des Maximums der Planckverteilung liegen, wird es zu einer „Thermalisierung" dieser Photonen kommen: Entsprechend der erhöhten Energiedichte wird sich eine Planckverteilung zu einer höheren Temperatur einstellen. Dabei ist die Zahl der Photonen, die ihre Frequenz erniedrigen, größer als die Zahl der Photonen, die ihre Frequenz erhöhen. Dies folgt zwingend aus dem Zweiten Hauptsatz der Thermodynamik.

Nun strahlen wir Photonen ein mit Frequenzen, die deutlich unterhalb des Maximums der Planckverteilung (Abb. 1) liegen. Wenn sich auch in diesem Fall eine neue Planckverteilung zu einer erhöhten Temperatur einstellen würde, müßten sich Photonen niedriger Frequenz „verschmelzen", um ein Photon entsprechend hoher Frequenz zu bilden. Dieser Umverteilungsprozeß hin zu Photonen hoher Frequenz müßte häufiger auftreten als der umgekehrte Prozeß, bei dem aus einem einzelnen Photon mehrere Photonen entsprechend niedrigerer Frequenz entstehen. Dies bedeutete einen Widerspruch zum Zweiten Hauptsatz der Thermodynamik. In diesem Fall ist also der entropisch günstigere Ausweg die makroskopische Besetzung des Grundzustands. Wir haben damit einen Nettofluß von Photonen hin zur Resonanz mit der tiefsten Frequenz. Mit anderen Worten: Es tritt spontan eine Bose-Einstein-Kondensation von Photonen auf.

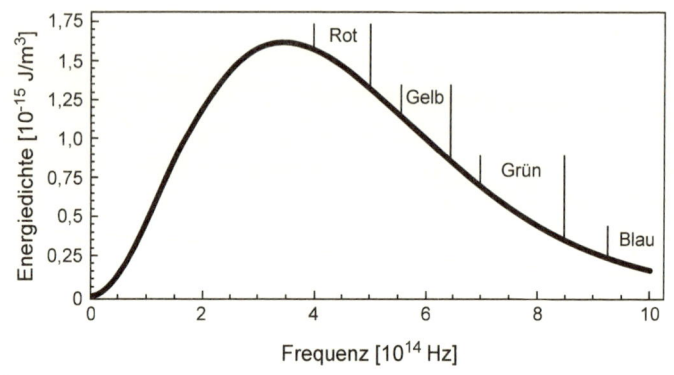

Abb. 1:
Planckverteilung der Energiedichte von Solarstrahlung in Abhängigkeit von der Frequenz, in J/m³: kanonisches Photonengas mit der Temperatur der Sonnenoberfläche (5800 K). Die optischen Frequenzen sind entsprechend angedeutet.

5. Physikalische Bedeutung der Photonenkondensation

Eine wichtige technische Anwendung der Bose-Einstein-Kondensation von Photonen ist ihre Nutzung für eine qualitativ neue photovoltaische Solarzelle [15]. Solarstrahlung wird durch ein geeignetes Langpaßfilter in einen elektromagnetischen Resonator so eingekoppelt, daß sich eine überkritische Photonendichte aufbaut. Es tritt Bose-Einstein-Kondensation ein.

Aus ungeordneter Wärmestrahlung bildet sich eine geordnete, laserartige elektromagnetische Welle, die sich technisch nutzen läßt, insbesondere zur Erzeugung elektrisch nutzbarer Energie, gegebenenfalls durch Gleichrichtung.

Eine Besonderheit des Phasenübergangs der Photonenkondensation ist die Brechung der Lorentz-Symmetrie [16]. Weiterhin ist bemerkenswert, daß im Gegensatz zu einem nichtrelativistischen Bosonengas ein relativistisches Bosonengas auch in zwei Dimensionen eine Bose-Einstein-Kondensation zuläßt. Dies sollte sich gerade für den Photonenfall nutzen lassen. Dabei wird Strahlung in eine zweidimensionale elektromagnetische Kavität eingekoppelt, um eine überkritische Flächendichte der Photonen zu erzeugen.

Es ist zu vermuten, daß das Phänomen einer Photonenkondensation so fundamental ist, daß es in ganz unterschiedlichen Physikbereichen eine Schlüsselrolle spielen könnte. Neben Photonen kommen auch andere Bosonen mit Ruhemasse Null in Frage, beispielsweise Phononen. Zwei Fragestellungen seien hier für weitergehende Forschungen vorgeschlagen.

Der Aufbau eines Photonen- oder Phononenkondensats betrifft vor allem die tiefen Frequenzen eines Resonatorsystems. Hängt das in zahlreichen Systemen beobachtbare 1/f-Rauschen möglicherweise mit einer Bose-Einstein-Kondensation zusammen? Ein Indiz dafür sind die zusammen mit einem Bosonenkondensat auftretenden anomalen Fluktuationen.

Die zweite Fragestellung betrifft die Kosmologie. Können wir eine Galaxie als einen elektromagnetischen Resonator für extrem große Wellenlängen identifizieren? Können wir ihr dazu einen effektiven Brechungsindex zuordnen, der den Wert 1 signifikant übersteigt? Entsprechend ihrer Größe und Form müßte die Grundresonanz einer Galaxie eine Wellenlänge von Tausenden von Lichtjahren aufweisen. Gibt es Photonenkondensation in einer Galaxie? Könnte gegebenenfalls das Kondensat, ein makroskopisch besetzter galaktischer Grundzustand, zur Materie der Galaxie beitragen? Löst dies das Problem der fehlenden dunklen Materie des Universums? Die mittlere Massendichte der Milchstraße beträgt ca. 10^{-20} kg/m³. Dies entspricht einer Energiedichte von 10^{-3} J/m³. Die Strahlungsenergiedichte in einem Laser ist typischerweise von der Größenordnung 10^{-1} J/m³. Vermutlich wird eine Extrapolation auf die Galaxie von einem niedrigeren Wert auszugehen haben. Übersteigt dieser Wert das Energieäquivalent der sichtbaren Sternenmassen?

6. Biologische Bedeutung der Photonenkondensation

Grundlegend für „lebendige Systeme" sind Selbstorganisation und Reproduktion, Zugriff auf einen geeigneten Energie- und Stoffstrom, Komplexität sowie die Kooperation zwischen Zellen, Organen und Organismen. Ein wesentlicher Zug der Kooperation in komplexen biologischen Systemen ist die Kohärenz, die Herstellung eines tragfähigen, intelligenten Zusammenhangs.

Die Bose-Einstein-Kondensation von Photonen ist ein Phasenübergang, der zur Erklärung von Kohärenz und zur Entstehung lokaler Ordnung herangezogen werden kann. Dies gilt insbesondere für in biologischen Systemen auftretendes kohärentes Licht. Können wir die DNA als einen elektromagnetischen Resonator betrachten? Läßt sich der Gütefaktor einer DNA bestimmen? Welche elektromagnetischen Funktionen haben die Mikrotubuli der Zellen?

Auf die Bedeutung der Bose-Einstein-Kondensation für die Beschreibung biologischer Systeme hat Herbert Fröhlich als erster hingewiesen [17]. Dabei spielt vor allem langreichweitige Signalübertragung eine wichtige Rolle, die auf ausschließlich biochemischer Grundlage offenbar nicht erschöpfend zu erklären ist. Wie realisieren biologische Systeme die kohärente Anordnung ihrer elementaren Bestandteile?

Dieser Blick auf lebendige Systeme läßt die Grenze zwischen Biologie und elektrischer Nanotechnologie fließend werden. Biologische Strukturen zeigen elektromagnetische Eigenschaften, die man bisher ausschließlich in der Elektrotechnik gesucht hat. Die Photonenkondensation scheint ein wesentlicher Schlüssel für den Zugang zu diesen beiden Bereichen, wie auch eine Verbindung zwischen ihnen zu sein.

Literatur und Anmerkungen

[1] Max Planck, „Zur Theorie des Gesetzes der Energieverteilung im Normalspektrum", Verhandlungen der Deutschen Physikalischen Gesellschaft **2** (1900), S. 237-245.
[2] Brief von Planck an R. W. Wood vom 7. Oktober 1931, zitiert im Lexikon Geschichte der Physik, Hrsg. Armin Hermann, Aulis-Verlag, Köln, 1972.
[3] Albert Einstein, „Über einen die Erzeugung und Verwandlung des Lichtes betreffenden heuristischen Gesichtspunkt", Annalen der Physik **17** (1905), S. 132-148.
[4] Max Jammer, „The Conceptual Development of Quantum Mechanics", McGraw-Hill Book Company, New York, 1966, S. 248.
[5] Satyandra Nath Bose, „Plancks Gesetz und Lichtquantenhypothese", Zeitschrift für Physik **26** (1924), S. 178-181.

[6] Albert Einstein
 [a] „Quantentheorie des einatomigen idealen Gases", Sitzungsberichte der preussischen Akademie der Wissenschaften **XXII** (1924), S. 261-267, Gesamtsitzung vom 10. Juli 1924.
 [b] „Quantentheorie des einatomigen idealen Gases. Zweite Abhandlung", Sitzungsberichte der preussischen Akademie der Wissenschaften **I** (1925), S. 3-14, Sitzung der physikalisch-mathematischen Klasse vom 8. Januar 1925.
 [c] „Zur Quantentheorie des idealen Gases", Sitzungsberichte der preussischen Akademie der Wissenschaften **III** (1925), S. 18-25, Sitzung der physikalisch-mathematischen Klasse vom 29. Januar 1925.

[7] Referenz [6b], S. 4.

[8] $\lambda = 1$ bedeutet in Einsteins Bezeichnungsweise, daß das chemische Potential den maximalen Wert annimmt.

[9] Enrico Fermi, „Zur Quantelung des einatomigen idealen Gases", Zeitschrift für Physik **36** (1926), S. 902-912.

[10] John M. Blatt, Theory of Superconductivity, Academic Press, New York, 1964.

[11] M. H. Anderson, J. R. Ensher, M. R. Matthews, C. E. Wiemann, and E. A. Cornell, „Observation of Bose-Einstein Condensation in a Dilute Atomic Vapor", Science **269** (1995), S. 198-201.

[12] Abraham Pais, „Raffiniert ist der Herrgott ...", Albert Einstein, eine wissenschaftliche Biographie, Vieweg, Braunschweig, 1986, S. 439 und 440.

[13] P. T. Landsberg, „Photons at non-zero chemical potential", Journal of Physics C **14** (1981), L1025-L1027.
 Eckehard Schöll, Peter T. Landsberg, „Nonequilibrium kinetics of coupled photons and electrons in two-level systems of laser type", Journal of the Optical Society of America **73** (1983), S. 1197.

[14] Eberhard E. Müller, „Bose-Einstein condensation of free photons in thermal equilibrium", Physica **139A** (1986), S. 165-174.

[15] Eberhard Müller, US-Patent-Nr. 4 809 292, Method and Device to Transform Electromagnetic Waves, 1988.

[16] Eberhard E. Müller, „Theoretical and experimental status of Bose-Einstein Condensation of photons", In „Group Theoretical Methods in Physics", M. A. del Olmo, M. Santander, and J. Mateos Guilarte (eds), Proceedings of the XIX International Colloquium, Salamanca, Spain, 1992, Ciemat.

[17] Private Kommunikation mit Herbert Fröhlich, bei dessen Besuch im Dublin Institute for Advanced Studies, 1987.
 Herbert Fröhlich, „Bose condensation of strongly excited longitudinal electric modes", Physics Letters **26A** (1968), S. 402-403.
 Herbert Fröhlich, „Long-range coherence and energy storage in biological Systems", International Journal of Quantum Chemistry **II** (1968), S. 641-649.
 Herbert Fröhlich, „Evidence for Bose condensation-like excitation of coherent modes in biological systems", Physics Letters **51A** (1975), S. 21-22.

Anhang

BIOGRAPHIEN

Lev Vladimirovich Beloussov

1935 in St. Petersburg geboren. Studium an der Staatsuniversität in Moskau, an der er seit 1980 Professor für Embryologie ist. Mitglied der Russischen Akademie der Naturwissenschaften. Eingeladenes Mitglied der New York Academy of Sciences. Autor von mehr als 200 wissenschaftlichen Veröffentlichungen, darunter die folgenden Bücher: „Foundations of General Embryology", das als Standardlehrbuch an russischen Universitäten verwendet wird; „Biological Morphogenesis"; „The Dynamic Architecture of a Developing Organism". Die hauptsächlichen Interessensgebiete sind: Morphogenese, morphogenetische Felder, die physikalischen Mechanismen im Zusammenhang mit biologischen Organismen.

Jiin-Ju Chang

Professor und Gastprofessor, Leiterin der Abteilung für Zell-Biophysik des *Instituts für Biophysik* der Chinesischen Akademie der Wissenschaften in Peking. Gründerin und Direktorin des *Internationalen Instituts für Biophysik*, dessen Hauptsitz auf der Kulturinsel „Hombroich" bei Neuss ist. Research Fellow am Europäischen Institut für Molekularbiologie (EIMB). Zahlreiche wissenschaftliche Arbeiten über biochemische und physikalische Grundlagen der intra- und interzellulären Kommunikation sowie über biologische Einflüsse physikalischer Faktoren auf lebende Zellen. Seit 1985 schwerpunktmäßig Forschungen auf dem Gebiet des Bio-Elektromagnetismus. Mitglied bedeutender chinesischer und internationaler wissenschaftlicher Komitees.

Hans-Peter Dürr

Studium der Physik (Stuttgart), Promotion bei Edward Teller (Berkeley, USA), Habilitation (Universität München), verschiedene Professuren, Geschäftsführender Direktor des Max-Planck-Instituts (Heisenberg-Instituts) für Physik in München, zahlreiche Auszeichnungen (z.B. alternativer Nobelpreis, Ökologiepreis „Goldene Schwalbe" 1990, Natura-Obligat-Medaille 1991, Kulturmedaille „München leuchtet" in Gold 1996), Mitgliedschaft in internationalen Organisationen (z.B. Council Pugwash Conferences on Science and World Affairs, Vereinigung Deutscher Wissenschaftler, Club of Rome, Bulletin of Atomic Scientists, Chicago, U.N.Conference of Human Settlements, New York). Arbeitsgebiete: Kern- und Elementarteilchenphysik, Gravitation und Erkenntnistheorie, Verantwortung, Entwicklung und Gerechtigkeit in der Gesellschaft. Zahlreiche Veröffentlichungen über Quantentheorie, Unified Theories of Elementary Particles, Denkanstöße für ökologisch nachhaltige Zukunftsgestaltung.

Reinhard Eichelbeck

Jahrgang 1945, studierte Germanistik, Psychologie, Kunstgeschichte und Theaterwissenschaft. Seit 1968 arbeitet er als Autor und Regisseur für Hörfunk und Fernsehen. Von 1976 bis 1985 war er Fernsehredakteur im Familienprogramm des NDR, wo er zuerst verschiedene Kinder- und Jugendprogramme betreute, später dann Dokumentarfilme und Dokumentarserien. 1985 wechselte er in die Hauptredaktion Kultur und Wissenschaft des ZDF, wo er für die Sendereihe „Einblick" verantwortlich war. Er lebt heute als freier Fernsehjournalist, Schriftsteller und Photograph in der Nähe von München.

Hans-Jürgen Fischbeck

ist Physiker und hat bis 1991 an einem Forschungsinstitut der Akademie der Wissenschaften in Ostberlin auf dem Gebiet der theoretischen Festkörperphysik gearbeitet. Seit 1992 ist er Studienleiter der Evangelischen Akademie Mülheim für den Schwerpunkt Naturwissenschaften. Dort hat er sich in Gesprächen, Seminaren und Tagungen um ein nichtreduktionistisches Verständnis des Lebensphänomens bemüht.

Franz-Theo Gottwald

geboren 1955 in Wiesbaden, Dipl.-Theol. und Dr. phil., Lehrbeauftragter für Politische Ökologie an der Hochschule für Politik, München und für Zukunft der Bildung an der FH München. Seit1984 Management-Trainer und Unternehmensberater. Vorstand der Schweisfurth-Stiftung (München) seit 1988. Kurator der Universität Witten-Herdecke. Arbeitsgebiete: Philosophie, Bewußtseinsforschung und Zukunftsfragen.

Gerard J. Hyland

Theoretischer Physiker, Professor, letzter Doktorand von Herbert Fröhlich, Universität Liverpool, heute Universität Warwick, seit 1966 Arbeiten auf dem Gebiet der theoretischen Festkörperphysik, spezialisiert auf Fröhlichs Theorie kohärenter Anregungen in biologischen Systemen. Seit 1997 Mitglied des IIB, Autor zahlreicher Beiträge über die Wechselwirkung von Mikrowellen mit biologischen Systemen, über makroskopische Nicht-Gleichgewichts-Quantensysteme und elektromagnetische Bio-Kompatibilität. Ständiger Mitarbeiter der englischen Medien (Presse, Rundfunk, Fernsehen).

Lebrecht von Klitzing

geboren 1939 in Neuweißtritz/Schlesien. Studium der Naturwissenschaften (Geophysik, Physik) in Clausthal, Marburg und Braunschweig. Promotion 1966 (Biochemie). Wissenschaftlicher Assistent in Braunschweig-Stöckheim (GBF), MPI Wilhelmshaven, Universität Bonn (Biophysik). Seit 1975 Leiter der Klin.-Exp. Forschungseinrichtung der Mediz. Universität Lübeck. Wissenschaftlicher Schwerpunkt: Physik der Bioregulation. 92 Publikationen, über 300 wissenschaftliche Vorträge.

Ke-Hsueh Li

Professor, Studium der Physik und Promotion (Friedrich-Schiller-Universität, Jena), Habilitation und Professur (Institute of Physics, Chinese Academy of Sciences, Bejing, PICAS). Theoretische Arbeiten über Laser-Physik. Seit 1981 enge Kooperation mit Arbeitsgruppe Popp (Biophotonik), mit langjährigen Aufenthalten in Deutschland (Technologiezentrum Kaiserslautern). Autor von zirka 70 theoretischen Arbeiten über Molekülspektren, Laser-Fusion und seit 1980 auch Biophotonen und deren theoretische Grundlagen. Seit 1998 Mitglied des Internationalen Instituts für Biophysik (IIB) in Neuss.

Eberhard E. Müller

geboren 1949. Nach dem Physikdiplom 1976 an der Universität Tübingen Promotion 1981 an der ETH Zürich bei Prof. Hans Primas mit dem Thema „Quantenmechanische Bemerkungen zur Thermodynamik". Bis 1984 Assistent am Laboratorium für Physikalische Chemie der ETH Zürich und am Physik-Institut der Universität Zürich. Forschungen zu den Themen Irreversibilität und Quantenmechanik und zum chaotischen Verhalten des NMR-Lasers. 1984 - 1987 Forschungsaufenthalt am Dublin Institute for Advanced Studies, 1987 - 1988 Gastprofessur am II. Institut für Theoretische Physik der Universität Hamburg. Weitere Forschungsthemen im Bereich Quantenelektrodynamik, Quantenoptik, Bose-Einstein-Kondensation. Seit 1988 Studienleiter im Evangelischen Studienwerk Villigst, gegenwärtig für die Promotionsförderung verantwortlich.

Fritz-Albert Popp

Professor, mehrfacher Gastprofessor, Diplom in Experimental-Physik und Röntgenpreis (Uni Würzburg), Promotion über Quantentheorie von Vielteilchensystemen (Uni Mainz), Habilitation in Biophysik und Medizin (Uni Marburg), Tätigkeiten als Dozent auf Zeit, Research Fellow oder Visiting Professor an Universitäten in China, Deutschland, Indien und USA. Gründungsunternehmer („Biophotonik") im Technologiepark II in Kaiserslautern. Gründer und stellvertretender Direktor des „Internationalen Instituts für Biophysik". Entdeckung und Nachweis der „Biophotonen". Wissenschaftliche Arbeiten über theoretische Grundlagen der Biophysik, elektromagnetische Bio-Information und Komplementärmedizin. Invited Member der New York-Akademie der Wissenschaften, Vorsitzender der Wormser Akademie für Reformierte Heilweisen, Ehrenvorsitzender des Zentrums zur Dokumentation der Naturheilverfahren (ZDN).

Gunter M. Rothe

Jahrgang 1941, ist seit 1978 Universitätsprofessor am Institut für Allgemeine Botanik der Johannes Gutenberg-Universität Mainz. Nach Abschluß des ersten Staatsexamens in den Fächern Biologie und Chemie promovierte Rothe 1971 und habilitierte 1975 im Fach Botanik. Er war Mitglied des Lehrkörpers am Department of Genetics der Universität Melbourne, Australien, und zweimal „visiting professor" am Institut für „Plant Molecular Genetics" der Universität Tennessee, TN USA. Seit 1975 erhielt er zahlreiche Forschungsförderungen für seine Arbeiten. Rothe ist Autor von mehr als 100 wissenschaftlichen Publikationen, sechs Buchbeiträgen und dem Buch „Electrophoresis of enzymes" (Springer-Verlag).

Wolfram Schommers

Theoretischer Physiker, Professor. Promotion und Diplom in Theoretischer Physik. Kurze Industrietätigkeit. Danach Wissenschaftler am Forschungszentrum Karlsruhe und Professor für Physik an der Unversität Patras in Griechenland. Mitglied des Akademischen Rates der Humboldt-Gesellschaft. Deputy Governor (Sitz in der Kammer der Gouverneure, American Biographical Institute). Professor für Theoretische Physik am Institut für Physik der Chinesischen Akademie der Wissenschaften (honorary guest position). Ehrungen: „Twentieth Century Achievement Award", „New Century Award". Neben Zeitschriftenveröffentlichungen die folgenden Buchpublikationen: Structure and Dynamics of Surfaces I+II; Quantum Theory and Pictures of Reality; Space and Time, Matter and Mind; Symbols, Pictures and Quantum Reality; Das Sichtbare und das Unsichtbare; Zeit und Realität. Mitherausgeber einiger internationaler physikalischer Zeitschriften. Herausgeber der Buchreihe „Foundations of Natural Science and Technology".

Roeland Van Wijk

Jahrgang 1942, wurde in Biophysikalischer Chemie und Molekularbiologie ausgebildet. 1968 promovierte er an der Reichsuniversität Utrecht. Spezielle Ausbildung erhielt er in der genetische Regulation von Säugetierzellen (Jewish Hospital and Research Center, Denver, USA) von 1971 bis 1972, danach im Einsatz von Antikörper-Techniken (School of Pharmacology, University of Colorado, Denver, USA, 1976), in der Regulation von Wachstumsfaktoren (Friedrich-Miescher-Institut, Basel) und in Biophotonik (IIB). Seine Forschungstätigkeit begann 1966 an der Reichsuniversität Utrecht. Sie wurde ausgerichtet auf die Analyse der Regulation des Tumorwachstums, die molekulare Basis der Hyperthermie. Er gibt Vorlesungen über Molekular- und Zellbiologie.

INDEX

Abdominalsegmente 136
absolute Wahrheit 72, 73, 77-79, 83, 85, 86
absolute Wirklichkeit 77, 79, 86, 87, 89
Acetabularia 163, 164
Acrasiacea 119
Adenin 152
Agar 149, 150
Akazien 32
Aktivator 110, 111, 113
Aktivierungsenergie 309-311
Akupunktur 52, 58
Albrecht-Buehler 245, 253
Algen 35, 128, 163, 164
alternative Ernährungskonzepte 58
Ameise 23, 32, 34
Ameisenstaat 34
Amid-Strukturen 285
Aminosäure 125, 168, 277
Aminosäuresequenz 131
Ammonit 19
Amöbe 32, 33, 41, 163, 164
Amsel 41
Anabolismus 127
anorganische Materie 107
Anpassung 24, 39, 127, 128, 169, 342
Anregungsenergie 312
Anti-Stokes-Linie 292
Antibiotika 294
Apfelblüte 20
Arbeiter 23
Archaebakterien 128, 130
Archaeon 130, 131
Aristoteles 26, 99, 103
Arrhenius-Faktor 309, 310
Aspekte des Lebens 30, 69
Attraktoren 121

Außenwelt 74, 81, 82, 331
Autopoiese 56, 57, 60, 263-267, 272
Axiome 46, 47, 67, 265
Ayurveda 48

B. megaterium 292
Baer 93, 94, 107, 122
Bakterien 32, 35, 37, 40, 129-131, 169, 264
Bateson 55, 61
Baupläne des Lebens 131
Bechmann 58, 61
Belintzev 114-116
Bellsche Ungleichung 274
Beloussov 91, 122, 303, 373
Bewegung von Himmelskörpern 69
Bewegungsgleichungen 71, 72, 78, 82-85, 88
Bewußtsein 30, 39, 40, 80, 81, 149, 154, 205, 268, 273, 277, 308, 324, 325, 331, 334
Bewußtseins-Phänomen 273
BHK-Zellen 245
Bicoid-Protein 133, 135
Bifurkationspunkt 269
Bild von der Wirklichkeit 80-89
Bindegewebszelle 162
Bindungselektronen 340
Bio-Effekte 290, 294, 298
Bio-Kohärenz 288, 292, 299
biochemische Reaktionen 320
biochemische Reaktivität 309, 312, 313
bioelektrisches Feld 238, 241
bioelektromagnetische Felder 235
bioenergetische Therapie 58
Biofunktion 214, 215, 228, 235, 237

Biokommunikation 245
biologische Photonen 343
Biolumineszenz 242, 244
Biomaterie 282, 288
Biomoleküle 198, 236, 267, 271, 272, 274, 299, 307, 308, 314, 321, 339, 351
Biophotonen 16, 153, 221, 235, 241, 242, 245, 251, 252, 274, 297, 310-314, 319, 321, 323-327, 329, 330, 332, 335, 343, 347
Biophotonen-Besetzung 312
Biophotonen-Intensität 311
Biophotonenabstrahlung 16
Biophotonenemission 241, 242, 297, 311, 312, 325-327, 330
Biophotonenfeld 251, 252, 314, 330, 332, 347
Biophotonenstrom 319
Biophotonenzahl 312
Biophotonenzählrate 323, 332
Biophotonik 308
Bioprozesse 291
Bioregulation 165, 219, 221-223, 228, 235, 245, 252
Biosphäre 265, 266
Biotope 263, 265, 270
Blastocoel 95
Blastodermzelle 135
Blastomere 95, 100, 115
Blastula 95, 96, 105
Blaualgen 129, 131
Blütenpflanzen 32
Bodenbakterium 129
Bohm 21
Boltzmann 323, 357, 363
Boltzmann-Faktor 309, 310
Boltzmann-Statistik 357
Boltzmann-Verteilung 311
Bose 198, 283, 302, 311, 327, 329, 333, 355, 357-361, 364, 366-370
Bose-Einstein-Kondensation 198, 355, 359-361, 364, 366-369

Bose-Einstein-Statistik 311
Bose-Einstein-Verteilung 283, 329
Bose-Kondensation 327, 333
Bose-Statistik 359
Bosonen 359-361, 367
Boten-Ribonukleinsäure 97
Brownsche Bewegung 296
Budagovskaya 19

cAMP-Rezeptor-Protein 240
Capsomere 125
Casimir 349, 354
Casimir-Effekt 329, 349, 352, 353
Casimir-Kraft 352
Casimir-Licht 300, 352, 353
Cassa multijuga 159
Chang 233, 246, 253, 335, 373
Chaos 108, 222, 230, 237, 298
Chaostheorie 192, 262, 269
Chemilumineszenz 242
chemische Reaktivität 309, 310, 312, 320
Chiralität 297
Chlorarachniophycea 128
Chloroplaste 129, 130
Chromatin 236, 240
Chromophyta 128
Chromoplaste 129
Church 48
Cilento 320, 335
Coelomsäcke 95
Coli-Bakterien 213
Colicin 294
Columella-Zellen 114, 115
Crew 149
Cryptophycea 128
Curie 101, 102
Curiesches Prinzip 102, 104-106
Cyanobakterien 35, 128, 131
Cytoskeleton 236
Cytoskelett 97, 118, 146
Cytosol 250

da Vinci 18

Darwin 31, 33, 42, 129, 318, 319, 334
Darwinismus 31, 307, 308
Dawkins 22, 32, 42
Dekohärenz 271, 272, 274, 276, 350, 352, 353
Depolarisation 308
Desoxi-Ribonukleinsäure 170, 236
destruktive Interferenz 351, 352
Determinismus 262, 268
Dialog mit der Natur 74
Dicke 248, 351
dielektrische Hohlräume 315
dielektrische Selbstenergie 286
Dissipation 258, 281, 283, 316, 319, 329, 333
dissipative Struktur 56, 258, 282
dissipative Systeme 197, 199, 258
DNA bzw. DNS 22, 29, 36, 132, 136, 144, 145, 152, 170, 199, 200, 235, 236, 239, 240, 242, 248, 251, 259, 269, 272, 277, 294, 297, 309, 312, 319, 321, 330, 342, 343, 350, 368
Doppelhelix 199, 200, 236, 285
Doppelphotonen-Emission 353
Doppelstrangbrüche 343
Driesch 26, 27, 100, 101, 103, 104, 114-116, 119, 122
Drosophila 23, 132-135, 291
Drosophila melanogaster 132, 133, 135
Drosophila-Embryo 134, 291
Drosophila-Larven 23
Dürer 18
Dürr 11, 179, 193, 198, 206, 207, 313, 354, 374
Dynamena pumila 120
dynamische Prozesse 18, 340, 352
dynamische Systeme 104

E. coli 294, 297
Eddington 183, 185, 186
EEG 137, 231, 286
Effektor 54
egoistische Gene 32
Eichelbeck 13, 33, 42, 374
Eigen 259
Einstein 104, 357, 358-361, 364, 366-370
Einzeller 15, 19, 32, 35, 36, 39, 119, 126, 264
Einzelzelle 35, 213, 218
Eipolaritätsgene 134
Eiweißmoleküle 145
EKG 137
elektrisches Feld 28, 117, 137-139, 142, 144, 146, 147, 214, 218, 220, 222, 238, 240, 241, 249-251, 282, 290, 291, 300
elektromagnetische Energie 310, 316
elektromagnetische Felder 127, 137, 142-144, 150, 152, 218-221, 223, 235, 238, 239, 242, 245, 248, 249, 251, 252, 287, 320, 322, 323, 333
elektromagnetische Kommunikation 291
elektromagnetische Kraft 190, 237, 349, 350
elektromagnetische Strahlung 192, 286, 289
elektromagnetische Wellen 312
elektromagnetisches Spektrum 285
elektromagnetisches Strahlungsfeld 192
Elektronen 144, 152, 167, 186, 190, 196, 200, 239, 340, 344, 345, 359
Elektronenwellen 200, 341, 351
Elektrophorese 138
Elementarteilchen 185, 188, 189, 339, 361
Elementspezifische Zeigerausschläge 75
Elizalde 349, 354

Embryogenese 133
Embryologie 99, 103, 114
embryonale Entwicklung 102
embryonale Epithelien 114, 115
embryonale Regulation 99, 100
embryonale Struktur 99
embryonale Zellen 97, 119
Embryonalentwicklung 26, 30, 99, 219
Embryonalphase 215
Embryonen 93-96, 98, 100-102, 105, 109, 111, 114-116, 118, 119, 133-136, 138, 291
Emergenz 56, 57, 61, 181, 206
Empirismus 262
Endosymbiose 128, 130
Endosymbiont 128, 131
Energieumwandlung 159, 160
Energieverteilung 324, 325, 369
Engel 73, 126
Engels 15
Entelechie 26, 27, 103, 257
Entropie 17, 104, 173, 174, 237, 258, 323-330, 357, 362
Entwicklungsbiologie 103, 151, 154
Enzym 22, 144, 152, 160, 166-168, 171-173, 176, 213, 250, 275, 276, 286, 287, 299, 308, 310, 316, 342
Epen 73
Epigenese 99, 110
Epigenetiker 99, 100
epigenetische Sichtweise 99
epitheliale Morphogenese 115
Epithelien 113-115
Epithelzelle 115, 162
EPR-Korrelation 272, 277
EPR-Paradoxon 274
Erbgut 307
Erkenntnis 45, 46, 50, 55, 56, 59, 63, 65, 66, 72, 74, 75, 82, 97, 108, 157, 169, 173, 182, 187, 212, 214, 216, 220, 223-225, 227, 229, 235, 237, 245, 250,
251, 265, 269, 277, 298
Erkenntnisbildung 66
Erythrozyten 240, 250
Erythrozyten-Zellmembran 250
Escherichia coli 292
Ethik 277, 308, 334
Eubakterien 128, 130
Eucyten 36
Eukaryot 126, 128-131, 144, 264
Evolution 19, 22, 26, 31, 35-41, 81, 82, 85, 119, 129, 131, 136, 157, 162, 165, 169, 235, 245, 264, 278, 292, 307, 308, 314, 318, 319, 329, 331, 334
Excimer-Anregung 342
Excimer-Bindung 350
Exciplex-Anregung 342, 343
Exciplex-Bindung 350
Exciplexe 319, 330
Extrazellulärraum 240, 312, 321

Farnpflanzen 28
Farnsporen 28
Feen 69-71, 73, 75, 76
Feld 16, 27-30, 70, 88, 117, 118, 137, 138, 143-146, 152, 206, 215, 220, 237, 238, 241, 242, 245, 248-252, 282, 287, 290, 291, 294, 300, 314, 320, 323-325, 333, 349, 352
Feldwirkung 168, 225, 229, 250
Fermi-Statistik 359
Fermionen 359
Feynman 350
Fibroblasten 112, 113
Fiktive Wirklichkeit 89
Finalität 120, 268, 270
Fischbeck 255, 277, 375
Fischeier 28
Flagellaten 129, 159
Flechten 32, 129
Fleck 49, 61
Fliege 132-136
Fliegenlarve 15
Fluktuationen 281, 348, 367

Follikelzellen 135
Formänderung 97, 107
Formbildung 22, 23, 26, 27, 30
Formenwandel 24
Forschungskontext 43, 50, 51, 53, 56, 57, 59
Fortpflanzung 148, 257, 259, 264, 270, 275
Fortpflanzungsmaximierung 39, 41
Fortpflanzungszelle 162
Fourier-Transformation 89
Fröhlich 117, 175, 177, 198, 207, 235, 239, 253, 282, 283, 288, 289, 291, 292, 295, 297, 299-302, 327, 328, 335, 369, 370
Fröhlich-Modell 299
Fröhlichs Biokohärenz 291
Fröhlichs kohärente Mode 289, 297
Frosch 93, 139, 141, 142
Froschei 95, 100
Fruchtfliegenembryo 27
Führungsfeld 320, 321
Fünf-Elemente-Lehre 49
Funktionskreis 53-55

Galaxie 367, 368
Galilei 69
Ganzheitlichkeit 58, 325, 329, 333
Gap-Gen 133, 136
Gastrulation 95, 96, 113, 114, 118, 120
Gehirn 39, 81, 82, 101, 242, 243, 250
Gehirngewebe 286
Gehirnwellen 286, 287
Gehirnzellen 240, 287
Geist 22, 42, 55, 61, 205, 211, 262, 277
Gene 22-28, 32, 34, 94, 97, 98, 109, 117, 118, 128, 130-137, 145, 146, 148, 152, 169
Genmanipulation 35

Genom 23, 109, 117, 128, 134, 212-215, 217, 218, 272, 297
Genotyp 23
geometrische Orte 81, 83
Gestalt 18, 21, 23, 26, 28, 29, 95, 105, 126, 127, 132, 137, 144, 146, 163, 189-191
Gestaltbildung 132, 144, 151, 194, 200
Getreidekörner 16
Gewebe 25, 111, 113, 116, 118, 138, 140, 141, 143, 150, 228, 340, 348
Gierer 110, 111, 113, 268, 277
Glauber-Zustand 347
Glaucocystophycea 128
Glucose 176, 213, 216, 217
Glühwürmchen 171, 242, 244
Glykolyse 166, 329
Glykolysekette 166
Gödel 46, 47, 51, 66, 90, 265
Gödelsches Theorem 46, 47, 265, 276
Goethe 45, 61
Goldener Schnitt 18, 19, 21
Gonyaulax polyedra 246
Götter 69-71, 73, 75, 76
Gottwald 43, 207, 331, 375
Gravitation 70, 71, 360
Gravitationsfeld 77
Green 106, 122
Großhirnrinde 40, 287
großkanonisches Ensemble 361, 362
Grünalge 128, 129
Gurwitsch 27, 42, 116

Habermas 46
Haeckel 26
Haken 104, 122
Halbgötter 69-71
Harris 111, 113, 115, 122
Hefe 119, 216, 217, 249, 294, 295
Hefekulturen 294
Hefezellen 216, 295

Herakles 15
heuristische Regel 47
Himmelskörper 69-71, 77-79, 81, 85
Hitzeschock-Gene 169
Hitzeschock-Proteine 169-171, 173
Ho 15, 16, 27, 42, 173, 174, 253
Hohlraumresonator 315, 320
Hohlraumresonatorwellen 315
Holismus 205
holistische Forschungskontexte 53
holistische Quantenphysik 182, 204
holistische Weltsicht 149, 154
Holographie 200, 204
Homöogene 22
Homöopathie 52, 58, 219, 220
Homöostase 127, 285, 291, 294, 297
homöotische Gene 134, 136
Hox-Gene 22
Hühnerembryo 99, 242-244, 250
Hund 22
Husserl 46
Hydra 111, 118
Hyland 239, 279, 301, 302, 375

Immunreaktion 267
Impuls 59, 89, 189, 250, 329, 344, 346, 358
Impulsunschärfe 321, 342, 343, 346
Information 27, 32, 56, 57, 67, 81, 103, 126, 127, 131, 143, 146, 147, 160, 169, 172, 175, 191, 200, 212-215, 217, 219, 220, 222-224, 228, 230, 236, 238, 242, 245, 249, 259-263, 265, 267, 270, 316-318, 324, 325, 330-332, 334, 343, 348
Informationsabfrage 213
Informationsaustausch 262, 270, 273, 274

Informationsgehalt 215, 223, 224, 229, 238, 250, 318
Informationsstrecke 216, 219, 221, 229, 230
Informationsträger 219, 220
Informationstransfer 220
Informationsübermittlung 215, 276
Informationsverarbeitung 40, 317
informative Felder 127, 147, 148, 150
Inhibitor 110, 111, 113, 115
Insekt 24, 32
Insektenart 24
Insektenstaat 267
Instabilität 105, 188, 192, 195, 269
Interferenz-Strukturen 345, 351
Interferenzeffekte 346
interzelluläre Kommunikation 217, 218, 229, 245, 287
intrazelluläre Strömung 165
intrazelluläres Makromolekül 283
Intrazellulärraum 312
Invertebraten 100, 119
Ionentransport 238
isodiametrische Zellen 114

Jacob-Monod-Modell 212, 214
Jung 80, 90, 277

Kalbsthymus-DNA 342
Kampf ums Dasein 31, 32, 34, 36
kartesische Transformation 28, 29
Katabolismus 127
Katalysator 144, 152, 160, 275
Katze 22
kausaler Determinismus 262
Kausalität 262, 268, 269, 273
Kendrew 236
Kepler 69
Klitzing, von 209, 231, 376
Knochen 19, 140-143, 249
Knochenzellen 25
Kodierung 261

Kognition 45, 56, 265
kognitionswissenschaftliche Theorie 45
kohärente Anregungen 279, 282-285, 287, 289, 291, 292, 295, 296
kohärente Emission 175, 352
kohärente Felder 239, 240, 321
kohärente mechanische Vibrationen 290
kohärente Mikrowellenstrahlung 290, 293
kohärente Mode 289, 292, 297
kohärente Nicht-Gleichgewichts-Anregungen 285, 300
kohärente Strahlung 290
kohärenter Quantenzustand 322
kohärentes Licht 320, 368
kohärentes Photonenfeld 315
Kohärenz 117, 153, 175, 192, 196, 198, 199, 235, 239, 242, 245, 251, 252, 270, 273, 275, 288, 297, 299, 300, 318, 319, 322, 330, 331, 333, 334, 343, 345, 347, 348, 350, 368
Kohärenzbetrachtung 339, 341, 345, 347-349, 352, 353
Kohärenzeigenschaften 345-347
Kohärenzgrad 242, 248
Kohärenzlänge 300, 341-346, 349-351
Kohärenzraumzeit 352
Kohärenzvolumen 239, 321, 323, 331, 334, 343, 345, 350, 351
Kohärenzzeit 239, 242, 313, 318, 323, 344
Kohärenzzustand 175
Kohlendioxid 34, 130, 158
kollektive Moden 281, 282, 285, 299, 302
kollektive Polarisationsmode 282, 283
kollektive Schwingungsmoden 198
kollektives Ereignis 107

Kommunikation 30, 32, 36, 38, 46, 153, 194, 237, 245, 248, 263, 264, 266, 267, 273, 286-288, 291
Kommunikationsfähigkeit 230
Kommunikationsnetzwerk 265, 267
Kommunikationsstrecke 221, 230, 235
Kommunikationssysteme 266
Kommunikationstheorie 55
komplementäre Paradigmen 182, 187
Komplementarität 201, 271, 273
Komplexbildung 171, 240
komplexe Systeme 269, 339, 350
Komplexität 40, 41, 72, 107, 138, 157, 165, 174, 192, 203, 204, 237, 267, 324, 368
Kondensatorplatten 28
Königsdorf 262, 277
Konkurrenz 32, 37, 38, 53
Konkurrenzprinzip 31
Kooperationsprinzip 38
kooperatives Phänomen 348
Korn 16
Körper 17, 21, 22, 25, 26, 37, 81, 101, 102, 110, 132-135, 142, 146, 287
Kraftwirkung 193, 220
Krebsforschung 58
Krebsgeschwür 37
Krebszellen 30, 216-218, 251
Krinsky 107
Krohn 57, 61
Kuhn 55, 61, 182, 184-186, 208
Küppers 57, 61, 259-261, 277

Lactat 213, 214
Ladungsdichte-Wellen 348
Lambda Prophagen 294
Larve 23, 24, 95, 96, 100, 120
Laser 104, 143, 153, 198, 251, 286, 292, 301, 317, 348, 361, 362, 368

387

Laser-Raman-Spektren 292
Lebendigkeit 15-17, 38, 39, 198, 283
Lebens-Prinzip 94
Lebenskraft 16, 131
Lebenspraxis 46, 47
Lebensraum 21, 31, 159
Lebenswelt 46
Leguminose 159
letzte Wahrheit 77, 79, 80, 87
Leucoplaste 129
Leukozyten 297
Li 240, 244, 253, 321, 330, 335, 354
Lichtsensor 33
Lipide 125, 162
London 284, 349, 354
longitudinale Mode 289
Lorenz 38
Lückengen 133, 136
Lückengen-Protein 133
Lumineszenz-Spektren 342
Lumineszenzlicht 342
lumineszierendes Molekül 342
Lummer 357
Lupinus arcticus 159
Lyapunov 104
lysogene E. coli 294
Lysosomen 166
Lysozyme 342

magnetische Felder 23, 27, 28, 143, 218
Mais 28
Maiskörner 28
Makromoleküle 175, 198, 199, 238, 239, 282, 283, 285
makroskopische Quantenstrukturen 196-199
makroskopische Replikation 283
Malaria 129, 227
Margulis 35
Mars 36
Masse 70, 77, 78, 81, 83, 89, 105, 161, 162, 211, 342

Materialismus 262
materialistisch 26, 27, 30, 51, 187, 203, 260
materialistisch-mechanistische Sackgasse 30
materialistischer Monismus 26, 260
Materie 42, 74, 88, 107, 121, 125, 127, 147, 161, 179, 181, 188-190, 193, 195, 196, 198, 203, 206, 235, 236, 239, 245, 249, 260-262, 288, 293, 314-316, 320, 321, 323-325, 333, 346, 368
Maternaleffekt-Gene 133-135
mathematisch-physikalische Bereich 66
mathematisches System 66, 67, 87
Maturana 45
Maulwurf 38
Maus 22, 119
McDougall 148, 149
McKenna 57, 61
Mehl 16
Meinhardt 110, 111, 113
Membran 125, 130, 144, 145, 162, 163, 165, 173, 175, 236, 238, 250
Membranenzyme 250
Membranpotential 144, 238, 250, 296, 308
Membranproteine 250
Membranstrukturen 250
Menschenschädel 29
Mereschkowsky 129
Merkur 36
Mesenchymzelle 162
Mesokosmos 56, 181, 187
Meßergebnis 75
Meßprozeß 271
metabolische Aktivierung 288
metabolische Aktivität 283, 296
metabolische Energie 281, 290, 295

Metabolisierung 166
Metabolismus 198, 240, 281, 291, 298
Metaebene 263, 266
Metaphysik 66, 68, 69, 76
metaphysisch 41, 67, 69, 73, 76, 87
metaphysische Elemente 68, 69, 73, 74
metaphysischer Aspekt 68
Metawissenschaft 47
Mikrobe 37
Mikrokosmos 181, 187, 202, 345, 346
Mikroorganismen 28, 213
Mikrosomen 166
Mikrotubuli 97, 145, 146, 368
Mikrowellen 289, 290, 292-298, 317
Mikrowellen-Diathermie 294
Mikrowellen-Region 285
Mikrowellen-Resonanz-Therapie 294
Mikrowellen-Resonator 317
Mikrowellenbereich 286, 289, 290
Mikrowellenbestrahlung 294, 295, 297, 298
Mikrowellenstrahlung 289, 290, 292-295, 297
Mikrowelt 195, 199, 347
Mitochondrien 36, 128, 129, 131, 145
Mittenthal 116
Mode von Fröhlich 328
Moden 174, 175, 198, 281, 285, 286, 288, 289, 292, 297, 320, 321, 326-330, 345
Modenkopplung 327, 330
Möglichkeitsfelder 189
Molekül 22, 23, 26, 117, 125, 127, 143, 144, 147, 152, 155, 157, 160, 161, 164, 167, 168, 172-175, 181, 190, 195, 198, 199, 202, 219-221, 258, 271, 274, 276, 277, 308, 309, 314, 321, 325, 339, 340, 342, 343, 347, 349, 351, 358-360, 362
Molekül-Bindung 340
Molekularbiologie 139, 144, 181, 199, 202, 212, 215, 217, 259, 260, 271, 272, 307, 308, 339, 343
molekulare Ebene 17, 125, 267
Molekulartechnologie 212
monochromatische Lichtfelder 346
Monod 212, 214, 260, 270
Morphogene 22
Morphogenese 21, 111, 114, 115, 151
morphogenetische Felder 27-30, 56, 110, 116, 117, 151, 220
morphogenetische Feldtheorie 116
Müller 327, 355, 370, 376
Multienzym-Komplex 166
Murray 113
Muschel 24
Muskelzellen 25, 95, 162
Mutagenese-Experimente 132
Mutation 28, 135, 136, 269, 307
Mykorrhiza 129
mysteriöse Kraft 94
mystische Individuen 70
Mythen 73

Nachmaterialistische Naturwissenschaft 58-61
Nagl 25, 335
Naturerfahrung 52
Naturheilmedizin 52
natürliche Selektion 31
Naturmedizin 58
Naturwahrnehmung 52
Nervenaktivität 245
Nervensystem 40, 138
Nervenzelle 162
neues Weltbild 53, 56, 182
neurale Zellen 95

neuroepidermale Verbindungen 140, 141
Neurulation 114
Newton 69-71, 84, 87
Newtonsche Bewegungsgleichung 71, 77, 78, 88
Newtonsche Gleichung 70
Newtonsche Theorie 71, 72
Nicht-Gleichgewichts-Anregung 239, 285, 300
Nicht-Gleichgewichts-Effekt 284
Nicht-Gleichgewichts-Phasenübergang 282
Nicht-Gleichgewichts-Systeme 281
nichtlebende Materie 147, 236
nichtlineare Autokatalyse 110
nichtlineare Rückkopplung 105, 107, 109
nichtlineare Wechselwirkungen 283, 284
Nichtlinearität 105, 321
nichtthermische Effekte 290, 291, 293, 295
nichtthermische Energiezufuhr 239
NMR-Spektroskopie 240
Nukleinsäure 125, 175, 212-214, 236, 275, 307
Nukleotide 125, 199, 236, 277

Objektivismus 262
offene Systeme 198, 249, 333
ökologische Forschung 52
ökologische Nischen 38
ökologischer Landbau 58
ökologischer Organismus 34
Onkogenese 245
Ontogenese 31, 109
Oocyte 133
Optimierungsprozeß 332
Ordnung 21, 49, 101, 102, 105, 106, 108, 116, 127, 237, 258, 260, 281-283, 325, 368
Ordnungs-Phänomene 197

Ordnungsgefüge 127
Ordnungsprinzip 143, 218
Ordnungsstruktur 176, 179, 238
Ordnungszustand 175, 220, 235, 236, 238, 252
Organismus 17, 26, 30, 34, 35, 93, 97-100, 116, 119, 120, 138, 160, 161, 169, 174, 175, 194, 264, 265, 267, 319, 328
organizistisch 51
organizistischer Forschungskontext 50
Ortsunschärfe 321, 342
Osteoporose 143
Oster 113

P. elegans 243, 246
Pais 361, 370
Paracelsus 26, 42
Paradigma 55, 57, 182, 184-187, 192
Paradigmenwandel 55, 56, 61
Paradigmenwechsel 182, 185, 186
Parasit 129
Pauli 269, 277
Pavian 29
Peneus Potirim 24
periodische Lichtblitze 225
Peroxisomen 166
Perutz 236
Pflanzenzelle 36, 164
Phänotyp 23
Phasenbeziehung 189, 191-193, 195, 201, 204
Phaseninformation 239, 313
phaseninstabile Photonen 313
Phasenkopplungen 332
Phasenkorrelation 199, 239
Phasenraumzelle 302, 325, 326, 329
Pheromone 220
Phospholipide 236, 240
photochemische Defekte 343
photoelektrischer Effekt 357
Photonen 231, 242, 301, 309-314,

319, 320, 329, 330, 339, 343, 350-353, 358, 361, 362, 364-368
Photonen-Hamiltonoperator 363
Photonenemission 241, 243, 246-248, 250, 274, 275, 308
Photonenfelder 321
Photonengas 361, 362, 364-366
Photonenhypothese 357
Photonenkondensation 361, 366-369
Photonenstrahlung 242, 351
Photonenzahl 239, 310, 312, 315, 319, 320, 329, 332, 361-363
Photosynthese 35, 36, 39, 144, 158, 159, 316
Photosynthesefabrik 36
photosynthetische Prokaryoten 131
Phylogenese 31
physikalische Theorie 74, 76, 87
Pilz 32, 129
Pilzfäden 32
Pilzgeflecht 34
Plan Gottes 72, 73
Planck 357, 358, 362, 369
Planckscher Oszillator 347
Plancksches Wirkungsquantum 315, 343, 345, 346, 357, 358
Planckverteilung 365, 366
Plasmid 130
Plasmodium falciparum 129
Plastiden 36, 129, 131
Poincare 104
Poissonstatistik 321-323, 347
Poissonverteilung 242, 243
Polarisation 115, 286, 287, 289, 297, 308
Polarisations-Moden 286
Polarisationsmikroskop 15
Polaritonen 321, 330
Polder 349, 354
Polymer 236
Polymcrase 267
Polypeptidkette 125

Popp 11, 16, 30, 231, 235, 239, 240, 242, 244, 251-253, 302, 303, 305, 335, 336, 347, 354, 376, 377
Popps Kohärenztheorie 239
Populationsdichte 215, 216
Porter 166, 176
Portmann 18, 42
Prädikaten-Logik 48
Präformismus 99, 100, 106
Präformist 99, 100
Prigogine 104, 122, 197, 199, 208, 258
Pringsheim 357
Prinzipien der Evolution 82, 85
Produktivität 127
Prokaryot 126, 129, 131, 144, 152
prokaryotische Natur 130
Proportio Divina 18, 21
Protein 22, 25, 95, 97, 118, 125, 131-136, 144, 146, 160-162, 166-173, 236, 240, 259, 264, 275, 277, 285, 294, 307
Proteinsynthese 171
Proteosomen 166
Protonen 144
Protoplasma 161-164, 167, 169, 175, 176
Protoplaste 150
Protozoe 130
Pseudomonas aeruginosa 294
Psychosomatik 58
Pythagoras 18

Quanten-Elektrodynamik 315
Quanten-Medizin 285
Quantenbiologie 340
Quantenchemie 340
Quantenenergie 327
Quantenfeldtheorie 199, 300, 359
Quantenkohärenz 239, 270, 271, 273, 274, 276, 322, 337, 339
Quantenkorrelation 273, 360, 361
Quantenmechanik 104, 191, 340
quantenmechanische Kohärenz

Quantenoptik 315, 321, 346
quantenoptische Effekte 340
Quantenrauschen 321
Quantenstatistik 193, 358, 359
Quantenstrukturen 196-199
Quantensystem 192, 339, 348
quantentheoretische Ursachen 340
Quantentheorie 72, 262, 268-271, 307, 331, 341, 343, 346-348, 350, 357, 361, 370

radialsymmetrische Form 20
radioaktiver Zucker 34
radioaktives Kohlendioxid 34
Radiolarie 19, 20
Ratte 139, 148-150
Raum 70, 71, 78, 81, 88, 89, 98, 149, 154, 166, 187-191, 194, 220, 221, 226, 238, 239, 249, 252, 342
Raum-Zeit 88, 173-175, 341
Raum-Zeit-Struktur 173, 174, 319
raum-zeitliches Kohärenzvolumen 323, 334
Raupe 40
Realisator-Gene 22
Realität 65, 74-77, 87-90, 183, 187, 188, 193, 195, 271, 331, 345, 353
Recyclingorganismen 37
Reduktionismus 192, 262
Regenbogenforellen 28
Regulation 99, 100, 102-104, 109, 115, 119, 164, 165, 176, 218, 230, 231, 310, 321, 323
Regulationssystem 109, 238
regulatorische Entwicklungen 118
regulatorische Felder 101
Reinke 17
Reizbarkeit 127
Relativitätstheorie 72, 104
religiöse Systeme 73
Reparaturvorgang 343

Rescher 79, 90
Resonatoren 315, 316
Resonatorgüte 314, 316, 318-320, 332
Resonatormodell 316, 317
Resonatormoden 320
Rezeptor 54, 240, 264
Ribosom 131, 166, 170
Ringelwürmer 24
RNA 97, 125, 126, 132, 133, 135, 144, 294
Romeo 349, 354
Rotalge 128
Rothe 123, 378
Rouleaux-Bildungsrate 296
Roux 99, 100
Rubens 357
Rückkopplung 105, 107, 109, 110, 114, 116, 118, 195, 324, 325, 331, 333

S. carlsbergensis 294
Sagen 73
Salamander 23, 138-141
Santiago-Theorie 45
Satz von Gödel 66-68, 76, 87
Schaf-Schwingel 34
Schimpansen 17, 29
Schleimpilz 32, 33
Schmetterling 19, 40
Schmetterlingsblütler 129
Schommers 11, 63, 90, 331, 336, 378
Schöpfer 266
Schöpfung 152, 266
Schrödinger 49, 61, 284, 314, 322, 325, 329, 335, 346, 347
Schrödingergleichung 340
Schumann-Resonanz 229
Schutz-Proteine 170
Schwämme 41, 119, 158
Schwanzlurch 139
Schwerkraft 40
Schwinger 352-354
Seeigel 95, 96, 120

Seeigel-Embryo 96
Seeigeleier 95, 100, 249
Seele 26, 277
Segmentierungsgene 133, 136
Seins-Formen 126, 127
Seito 348, 354
Selbstbewußtsein 126
Selbstkommunikation 268
Selbstorganisation 57, 104-108, 110, 112-114, 116, 121, 125, 258, 259, 262, 263, 281, 368
Selektion 24, 31, 148, 307
Semantik 259-261, 263, 267, 269, 270, 278
semantische Kohärenz 273, 275
sensorische Zellen 95
Shapiro 35
Sinnbestimmtheit 270, 275
Sinnesorgane 81, 114
Sinnsuche 305, 334
Sinnzusammenhänge 261, 266, 269, 270, 272
Skeletteile 29
Solarkonstante 312
Solarstrahlung 366
Solarzelle 366
Soldaten 23
Solitonen 331
somatische Zellen 97
Sonne 70, 71, 77, 81, 191, 300, 313, 329, 366
Sonnenlicht 258, 300, 312, 316, 329, 333
Speicherenergie 313, 316, 326
Speichervermögen 312, 313
Spencer 31
Spitzwegerich 34
spontane Atavismen 25
Staphylococcus aureus 294
Stimmigkeitskriterien 201
Stoffwechsel 17, 18, 35, 127, 160, 174-176, 213, 216, 217, 257, 259, 263, 270, 275, 276
Stoffwechselleistung 165, 216, 217

Stoffwechselprodukte 35, 130, 166, 216
Stoffwechselprozesse 164
Stoffwechselregulation 176
Stokes-Linie 292
Strahlungsemission 351
Strahlungsformel 357, 358
Struktur-Keime 101
Stummelschwanz 25
superflüssige Systeme 348
supramolekulare Strukturen 97
Symbiose 32, 34, 35, 37, 129, 263, 265, 334
symbiotische Entstehung 129
Symbole 73
Symmetrie 20, 25, 101, 102, 105, 106, 189, 351, 367
Symmetrie-Ordnung 101, 102, 105, 106
Symmetrieachsen 20
symmetrische Transformation 101
Symphonie von Beethoven 68
Synergetik 104
synergetische Effekte 295
Syntax 259, 261
systemspezifische Axiome 67

Tabak-Mosaik-Virus 125, 126
Taufliege 132-135
Teratome 25
Termite 23
theoretisches Weltbild 75, 87
Thermalisierung 284, 320, 365
thermische Dissipation 281, 283, 316, 319, 329, 333
thermische Emission 293
thermische Energie 239, 293, 309
thermische Fluktuationen 281
thermische Photonen 310, 311
thermische Strahlung 309, 310
thermisches Rauschen 228, 286, 290, 319
Thompson 28, 29, 42
Thorakalsegment 132, 136
Thymin 152

Toxoplasma gondii 130
Transformationsgesetze 89
transformierte Wirklichkeit 82-85, 88, 89
Transkriptase 267
transversale Moden 288, 289
Turing 110, 122

Überbewußtsein 126
Überleben 18, 31, 41, 159, 165, 172
Überlebensmechanismus 41
Uexküll 53, 55, 57, 59, 61
Umweltbedingungen 21, 41, 298
unbelebte Materie 121, 181, 203, 206
Unbestimmtheiten 348
Unentscheidbarkeits-Theorem 47
Universum 368
Unschärferelation 190, 321, 339, 341, 343, 344, 346-350
Urschleim 40
Ursuppe 39
UV-Bereich 311
UV-Bestrahlung 129
UV-Strahlung 39

Vakuole 164
Vakuumfluktuation 151
Vakuumzustand 352, 353
van der Waals-Kräfte 349-351
Van Wijk 155, 170, 171, 177, 379
Varela 45
Vektorpotential 291, 300
Verbascum blatteria 159
Vererbung 257, 259, 270, 275
Verhaltensforschung 266
Vertebraten 114
Verwandtschaftsselektion 32, 34
verzögerte Lumineszenz 243, 244, 317, 318, 320-323, 326, 327, 332, 333, 347
Vielmodenkopplung 329
Vielteilchensysteme 199
Vielzeller 36, 126

Vielzelligkeit 36
Viren 125-127, 144, 214
Viroid 126, 127
virtuelle Photonen 339, 349, 350, 352, 353
vitalistisch 51, 53, 257
vitalistischer Forschungskontext 50
Vollständigkeit 66, 67
voraussetzungslose Beobachtung 74

Wachstum 18, 20, 30, 33, 97, 141, 142, 151, 158, 160, 172, 245, 249, 294
Wachstumsrate 294, 295
Waddington 110
Wahrheit 48, 63, 66, 67, 71-73, 76-80, 83, 85-87
Wahrheitskriterien 201
Wahrnehmungsapparat 82
Wahrscheinlichkeitsamplitude 346
Wärmesensoren 33
Wärmetod 104
Wasserflöhe 15
Wassermoleküle 167, 168, 172, 173, 220, 360
wasserstoffähnliche Atome 340
Wasserstoffatom 340, 344, 347
Wasserstoffbrücken 167, 239, 285, 360
Wechselwirkung 17, 107, 115, 188, 190, 194, 196, 239-241, 249, 277, 281, 283, 284, 286, 287, 289, 296, 297, 314, 319, 324, 340, 346, 349, 350, 353, 360, 364
Weismann 24
Weizenkörner 16
Weizenpflanzen 16
Wellenpaket 239, 322, 344, 346
Weltbild 42, 52, 53, 55, 56, 72, 75, 87, 182, 307
Wetz 268, 277

Wheatley 164, 176
Widerspruchsfreiheitsbeweis 48
Wiener 259
Williams 125
Wirklichkeit 75, 77-89, 183-187, 189, 190, 193-195, 198, 205, 206, 268, 277, 313, 314
Wirkungsraumzeit 350
wissenschaftlicher Realismus 78, 79
Wittgenstein 46
Wolfsrudel 32
Wurm 13, 16, 37, 38, 40, 41
Wurzelspitze 32
Wurzelsymbiose 129

Zeichenlehre 55
Zeit 69, 70, 88-90, 95, 98, 99, 103, 108, 110, 118, 145, 165, 187-189, 215, 238, 239, 252, 295, 313, 322, 333, 344
Zell-Adhäsion 113, 115
Zellbewegung 97, 98
Zelldifferenzierung 95, 97, 245, 325, 328, 329
Zelle 25, 30, 35, 37, 94-98, 112-115, 118, 119, 129, 135, 139-146, 150, 152, 153, 155, 157, 162, 164-166, 168-172, 174, 175, 194, 235, 237-240, 245, 248, 250, 252, 264, 265, 267, 270-276, 287, 289, 290, 292, 296, 302, 308-310, 312-320, 323, 340, 348, 368
Zellfunktionen 95, 238
Zellgeschehen 237, 342
Zellkern 36, 128, 129, 143, 152, 162, 163, 249, 264
Zellkraftwerk 36
Zellkulturen 111, 212, 216
Zellmaterial 101
Zellmembran 97, 170, 239, 249, 250, 264, 282, 285, 290
Zellorganellen 144, 264
Zellteilung 97, 98, 153, 162, 194, 213, 215-218, 230, 286, 294, 299, 314, 329
Zelltyp 35, 36, 119, 162, 212
zelluläre Aktivitäten 98
zelluläre Kommunikation 267
zelluläre Mikrostruktur 97
Zellverband 215, 218, 230
Zellvolumen 162, 239, 309
Zellwachstum 325, 328
Zellwand 150, 194
Zellzyklus 295
Zhabotinsky 107
Zielgerichtetheit 121
Zucker 34, 277
zufällige Variation 307
Zweck 94, 121, 144, 147
Zwei-Quanten-Prozesse 283
Zweiter Hauptsatz der Thermodynamik 17, 365
Zygote 133
Zytoplasma 166, 167
Zytosol 166, 175

Die Graue Edition

Herausgegeben von Prof. Dr. Walter Sauer und
Dr. Dietmar Lauermann in Zusammenarbeit mit der
Prof. Dr. Alfred Schmid-Stiftung, Zug/Schweiz.

Band 1
Walter Sauer (Hrsg.): Vom Wesen des Erzieherischen.
Ein Lesebuch
1981, 181 Seiten, ISBN 3-906336-01-8

Band 2
Walter Sauer / Dietmar Lauermann (Hrsg.): Grenzen des Intellekts –
Herausforderung durch den Geist. Ein Lesebuch
1982, 258 Seiten, ISBN 3-906336-02-6

Band 3
Rolf Tietgens: Die Regentrommel.
Bilder und Gesänge der Indianer
1983, 120 Seiten, 72 Fotos, ISBN 3-906336-03-4

Band 4
Walter Sauer / Dietmar Lauermann: Borris Goetz
oder der Weg eines Malers durch seine Zeit
1986, 271 Seiten, 131 Abbildungen, ISBN 3-906336-04-2

Band 5
Helmut Pabst: Der Ruf der äußersten Grenze.
Aufzeichnungen aus dem Kriege – Rußland 1941-1943
1987, 291 Seiten, ISBN 3-906336-05-0

Band 6
Franz Vonessen: Krisis der praktischen Vernunft.
Ethik nach dem „Tod Gottes"
1988, 318 Seiten, ISBN 3-906336-06-9

Band 7
Alfred Schmid: Von der Natur der Liebe.
Schau und Bekenntnis
1991, 144 Seiten, ISBN 3-906336-07-7

Band 8
Franz Vonessen: Die Herrschaft des Leviathan.
Sieg und Selbstzerstörung des Fortschritts
1996, Neuausgabe, 488 Seiten, ISBN 3-906336-99-9

Band 9
Walter Sauer (Hrsg.): Verlassene Wege zur Natur.
Impulse für eine Neubesinnung. Ein Lesebuch
1992, 394 Seiten, ISBN 3-906336-09-3

Band 10
Franz Vonessen: Signaturen des Kosmos.
Welterfahrung in Mythen, Märchen und Träumen
1992, 383 Seiten, 12 Abbildungen, ISBN 3-906336-10-7

Band 11
Herbert Kessler (Hrsg.): Sokrates – Gestalt und Idee.
Sokrates-Studien I
1993, 202 Seiten, 10 Abbildungen, ISBN 3-906336-11-5

Band 12
Gerd-Klaus Kaltenbrunner: Johannes ist sein Name.
Priesterkönig, Gralshüter, Traumgestalt
1993, 495 Seiten, ISBN 3-906336-12-3

Band 13
Franz Vonessen: Das Unglaubliche der Wahrheit.
Leib und Seele im Zerrspiegel des Zeitgeists
1994, 406 Seiten, ISBN 3-906336-13-1

Band 14
H. Kessler (Hrsg.): Sokrates – Geschichte, Legende, Spiegelungen.
Sokrates-Studien II
1995, 296 Seiten, 15 Abbildungen, ISBN 3-906336-14-X

Band 15
Leopold Ziegler: Der europäische Geist – Die neue Wissenschaft.
Zwei vergessene Schriften
1995, 227 Seiten, ISBN 3-906336-15-8

Band 16
Wolfram Schommers: Das Sichtbare und das Unsichtbare.
Materie und Geist in der Physik
1995, 359 Seiten, 39 Abbildungen, ISBN 3-906336-16-6

Band 17
Gerd-Klaus Kaltenbrunner: Dionysius vom Areopag.
Das Unergründliche, die Engel und das Eine
1996, 1385 Seiten, ISBN 3-906336-17-4

Band 18
H. Kessler (Hrsg.): Sokrates – Bruchstücke zu einem Porträt.
Sokrates-Studien III
1997, 275 Seiten, ISBN 3-906336-18-2

Band 19
Günther Bittner / Volker Fröhlich (Hrsg.): Lebens-Geschichten.
Über das Autobiographische im pädagogischen Denken
1997, 293 Seiten, ISBN 3-906336-19-0

Band 20
Wolfram Schommers: Zeit und Realität.
Physikalische Ansätze – Philosophische Aspekte
1997, 585 Seiten, 45 Abbildungen, ISBN 3-906336-20-4

Band 21
Jens Soentgen: Splitter und Scherben.
Essays zur Phänomenologie des Unscheinbaren
1998, 256 Seiten, ISBN 3-906336-21-2

Band 22
Franz Vonessen: Das kleine Welttheater.
Das Märchen und die Philosophie
1998, 480 Seiten, ISBN 3-906336-22-0

Band 23
Katharina Steinert: Jahreskreise
in Bildern und Sinnbildern
1998, 205 Seiten, 105 Abbildungen, ISBN 3-906336-23-9

Band 24
Michael Hauskeller: Auf der Suche nach dem Guten.
Wege und Abwege der Ethik
1999, 238 Seiten, ISBN 3-906336-24-7

Band 25
Herbert Kessler (Hrsg.): Das Lächeln des Sokrates.
Sokrates-Studien IV
1999, 358 Seiten, ISBN 3-906336-25-5

Band 26
Siegfried Gohr (Hrsg.): Johannes Dörflinger.
Eine Bildmonographie
1999, 409 Seiten, 358 Abbildungen, ISBN 3-906336-26-3

Band 27
Hans von Savigny: Die Invasion der Schnecken.
Erzählungen · Dramen · Gedichte
2000, ca. 700 Seiten, ISBN 3-906336-27-1

Band 28
H.-P. Dürr / F.-A. Popp / W. Schommers (Hrsg.): Elemente des Lebens.
Naturwissenschaftliche Zugänge – Philosophische Positionen
2000, 395 Seiten, 39 Abbildungen, ISBN 3-906336-28-X

Begrenzt lieferbar
Alfred Schmid: Traktat über das Licht.
Eine gnostische Schau
1957, 283 Seiten, ISBN 3-906336-00-X

Englische Ausgabe
The Marvel of Light. An Excursus
London and The Hague: East-West Publications
1984, XXIV, 299 Seiten, ISBN 0-85692-110-6